理工系のための
微分積分の基礎

上村稔大 著

培風館

本書の無断複写は，著作権法上での例外を除き，禁じられています。
本書を複写される場合は，その都度当社の許諾を得てください。

はじめに

　本書は，理工系大学初年級に学習する微分積分の教科書・自習書として書かれたものである．

　微分積分は，理工系の学生にとって必須の学問の一つである．その学習，特に計算力の習得には一定の時間と労力を要する．本書では，その学習をより容易にするように，必要と思われる説明は冗長さをいとわずに行うとともに，学習者が，学習内容を自然に理解できるような試みもいくつか行った．その一つとして，1変数関数のテイラーの定理がある．通常，テイラーの定理は，微分法を一通り学んだ直後に説明が行われるが，本書では，あえて積分法を学んだ後にしている．それは，その証明を部分積分の公式を用いて行うほうが理解しやすいと考えたからである．また，図をできるだけ多く配置して直感的に理解しやすいように工夫するとともに，例や例題を適宜取り入れることで直前の内容を具体的に理解でき，その後の内容にも自然に移行できるようにした．さらには，章末問題は，一部くどいくらいに問題を配置し計算に慣れてもらえるように配慮し，解答も付した．このように，計算を重視する一方で，「数学科」や「数理科学科」などの専門学科以外ではあまりふれられない ε-δ を用いた論理表現を積極的に用いたことも本書の特徴の一つではないかと思う．それは，さらに専門の科目を学ぶ際に役立つよう，数学の論理の流れを追う訓練を積んでほしいと考えたからである．なお，実数の連続性など，やや難しい内容の節には * を付けた．最初はとばして，後で必要になってから読めばよい．

　インターネットで「微分積分」と名の付く教科書・参考書を検索すると，おびただしい数の本がヒットする．そのような状況において，今さら微分積分の本を出版することにためらいを覚える一方で，じっくりと考える余裕のない今の時代においては，このような教科書然とした本をあらためて世に問うことも意味のあることではないかと思い直している．

　本書の執筆をお薦めくださった長井英生先生 (関西大学教授・大阪大学名誉

教授)に感謝の意を表します．また，培風館の岩田誠司さんには本書を執筆するにあたり多大なご尽力をいただき，心よりお礼を申し上げます．

　本書によって，計算力が身につくとともに，数学的な論理表現に慣れ，微分積分への理解がいっそう深まれば幸いです．

　　2019 年 2 月

上 村 稔 大

目 次

ギリシア文字 .... *v*

1章 集合・数列 *1*
    1.1 集合の考え方　1
    1.2 実数の連続性*　9
    1.3 数　列　12

2章 連続関数 *23*
    2.1 関　数　23
    2.2 逆関数　31
    2.3 指数関数・対数関数　36
    2.4 三角関数　41

3章 微　分 *49*
    3.1 微分係数と接線の傾き　49
    3.2 導関数　53
    3.3 平均値の定理　64
    3.4 平均値の定理の応用　68

4章 積　分 *79*
    4.1 不定積分　79
    4.2 定積分　94
    4.3 微分積分学の基本定理　98
    4.4 広義積分　103
    4.5 テイラーの定理　110
    4.6 リーマン積分と区分求積法　117
    4.7 曲線の長さ　121

5章 多変数関数 *129*

- 5.1 多変数関数の極限　129
- 5.2 偏微分　134
- 5.3 陰関数　146
- 5.4 テイラーの定理　150
- 5.5 偏微分の応用——極値問題——　154

6章 重積分 *161*

- 6.1 重積分の定義　161
- 6.2 累次積分　166
- 6.3 重積分における変数変換　173
- 6.4 立体・回転体の体積　178
- 6.5 重積分の広義積分　181

7章 級数 *189*

- 7.1 級数の収束・発散　189
- 7.2 正項級数*　191
- 7.3 絶対収束と条件収束*　196
- 7.4 関数項級数*　198

8章 微分方程式 *207*

- 8.1 微分方程式　207
- 8.2 変数分離形　208
- 8.3 同次形　209
- 8.4 線形微分方程式　210
- 8.5 完全微分方程式　214

章末問題の略解 *219*
索　引 *241*

ギリシア文字

大文字	小文字	英語名	発音	
A	α	alpha	[ǽlfə]	アルファ
B	β	beta	[bíːtə]	ベータ
Γ	γ	gamma	[gǽmə]	ガンマ
Δ	δ	delta	[déltə]	デルタ
E	ε, ϵ	epsilon	[ipsáilən, épsilən]	イ(エ)プシロン
Z	ζ	zeta	[zéːtə]	ツェータ
H	η	eta	[íːta]	イータ
Θ	θ, ϑ	theta	[θíːtə]	シータ
I	ι	iota	[aióutə]	イオタ
K	κ	kappa	[kǽpə]	カッパ
Λ	λ	lambda	[lǽmdə]	ラムダ
M	μ	mu	[mjuː]	ミュー
N	ν	nu	[njuː]	ニュー
Ξ	ξ	xi	[ksiː, (g)zai]	グザイ
O	o	omicron	[o(u)máikrən]	オミクロン
Π	π, ϖ	pi	[pai]	パイ
P	ρ, ϱ	rho	[rou]	ロー
Σ	σ, ς	sigma	[sigmə]	シグマ
T	τ	tau	[tau, tɔː]	タウ
Υ	υ	upsilon	[juːpsáilən, júːpsilən]	ウプシロン
Φ	ϕ, φ	phi	[fai]	ファイ
X	χ	chi	[kai]	カイ
Ψ	ϕ, ψ	psi	[(p)sai]	プサイ
Ω	ω	omega	[óumigə, ómigə]	オメガ

1章

集合・数列

　この章では，本書で断りなく使用する記号や，あとで必要となる考え方について説明をしていく．特に，∀ や ∃ の記号は，理工系学部の数学科，あるいは数理科学科で学ぶ微分積分や解析学の教科書以外ではあまり目にしないが，本書では積極的に用いていくことにする．

1.1　集合の考え方

集合とは

　何らかの基準に基づいて定まるものの"集まり"を**集合**とよぶことにする．例えば，
- 自然数の集まり
- 身長 180 cm 以上の人の集まり
- 閉区間 $[0,1]$ で定義された連続関数の集まり

など．一方で，「身長 180 cm くらいの人の集まり」や，「テニスの上手な人の集まり」は上記の意味で集合ではない．なぜならば，180cm くらいの人といった場合，どこで区切るかは人によって異なる．また「テニスの上手」な人といっても，それこそ人によって違う．このように，一義的に定まらないような基準に基づくものの集まりは，ここでは「集合」とはよばないことにする．よって，集合といえば，何らかの基準に基づいて決まるものの集まりのことをさすことにする．

　以下の集合は，今後断りなく用いることにする．
- 自然数 (**N**atural numbers: $\{1,2,3,\ldots\}$) の集合を $\mathbb{N}$ と表す．
- 有理数 (**Q**uotient numbers) の集合を $\mathbb{Q}$ と表す．

- 整数 (**G**anze **Z**ahl) (ドイツ語): $\{\ldots, -2, -1, 0, 1, 2, 3, \ldots\}$) の集合を $\mathbb{Z}$ と表す.
- 実数 (**R**eal numbers) の集合を $\mathbb{R}$ と表す.

集合 A に属する一つひとつのもののことを A の元(げん), または**要素**とよぶ. a が A の元であるとき, $a \in A$ または $A \ni a$ と表す. b が A の元ではないとき, $b \notin A$ または $A \not\ni b$ と書く. また, 何らかの x に関する基準を $P(x)$ とするとき, その基準を満たす x の全体集合を

$$\{x : P(x)\}$$

と表すことにする. 例えば, A を偶数の集合とすると,

$$A = \{x : x = 2n,\ n \in \mathbb{N}\}$$

と表すことができるが, 簡単に $A = \{2n : n \in \mathbb{N}\}$ と表すこともある.

○問 **1.1** 次の集合を上の基準を用いた表示で表せ.
(1) 3 で割ると 2 余る自然数全体　　(2) 負の奇数全体
(3) 負の偶数全体

区　　間

1 以上で 2 以下であるような実数 x は不等式 $1 \leqq x \leqq 2$ で表される. このような実数 x の全体集合を**閉区間**とよぶが, これを $[1, 2]$ で表す:

$$[1, 2] = \{x \in \mathbb{R} : 1 \leqq x \leqq 2\}.$$

また, 1 より大きく 3 より小さい実数は不等式 $1 < x < 3$ で表されるが, このような不等式を満たす実数全体の集合を $(1, 3)$ と書くことにする. これを**開区間**とよぶ:

$$(1, 3) = \{x \in \mathbb{R} : 1 < x < 3\}.$$

◇例 **1.1**　$a < b$ を満たす実数 a, b に対する閉区間 $[a, b]$, 開区間 (a, b), 半開区間 $(a, b]$, $[a, b)$ はそれぞれ

$$[a, b] = \{x \in \mathbb{R} :\ a \leqq x \leqq b\}, \qquad (a, b) = \{x \in \mathbb{R} :\ a < x < b\},$$
$$(a, b] = \{x \in \mathbb{R} :\ a < x \leqq b\}, \qquad [a, b) = \{x \in \mathbb{R} :\ a \leqq x < b\}$$

と表示される. このとき, a, b のことを, それぞれ区間の**左端点**, **右端点**とい

う．これらをあわせて**端点**とよぶ．また，

$$[a,\infty) = \{x \in \mathbb{R}:\ a \leqq x\}, \qquad (a,\infty) = \{x \in \mathbb{R}:\ a < x\},$$
$$(-\infty,b] = \{x \in \mathbb{R}:\ x \leqq b\}, \qquad (-\infty,b) = \{x \in \mathbb{R}:\ x < b\},$$
$$\mathbb{R} = (-\infty,\infty)$$

として表す．これらを総称して $\mathbb{R}$ の**区間**とよぶ．

集合の演算

$\{x \in \mathbb{R}:\ x^2+1=0\}$ とおくと，これは集合ではあるが，集合の条件を満たす x は存在しない．いい換えると，この集合に属する元は 1 つもない．すなわち，1 つも要素をもたない集合というものが考えられる．このような集合を**空集合**といい，特別な記号 $\varnothing$ (あるいは $\emptyset$) でもって表す．したがって，

$$\{x \in \mathbb{R}:\ x^2+1=0\} = \varnothing$$

である．

2 つの集合 A, B に対して，A の元がすべて B の元であるとき，A は B の**部分集合**という．このとき，

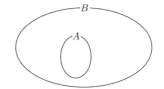

$$A \subset B \quad \text{または} \quad B \supset A$$

で表し，A は B に含まれる，または B は A を含むなどという．また，$A \subset B$ かつ $B \subset A$ となるとき，A と B は**等しい**といい，これを $A = B$ と書くことにする．ここで，空集合 $\varnothing$ はすべての集合の部分集合と約束する．また，A と B の元とをあわせてできる集合を A と B の**和集合**といい，

$$A \cup B$$

と表す．A と B に共通に含まれる元の全体集合を A と B の**共通部分**，**共通集合**，または**積集合**といい，

$$A \cap B$$

と表す．したがって，

$$A \cup B = \{x:\ x \in A \text{ または } x \in B\},$$
$$A \cap B = \{x:\ x \in A \text{ かつ } x \in B\}$$

である (次頁の図参照)．

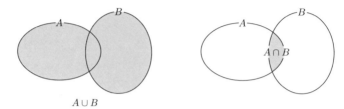

次に，$A \cap B \neq \varnothing$ のとき，A と B は**交わる**といい，$A \cap B = \varnothing$ のときは A と B は**交わらない**，または**(互いに)素**であるという．

◇例 1.2　(1) $(1,3) \cup [2,4] = (1,4]$　(2) $(1,2) \cup [2,3] = (1,3)$
(3) $(1,3) \cap [2,4] = [2,3)$　(4) $[1,2) \cap (2,3) = \varnothing$　(5) $(1,2] \cap [2,3) = \{2\}$

和集合や共通集合に関しては，次の事柄が成り立つ．

集合演算の公式

(1) $A \subset A \cup B$,　$B \subset A \cup B$
(2) $A \cap B \subset A$,　$A \cap B \subset B$
(3) $A \subset C$,　$B \subset C$　ならば　$A \cup B \subset C$
(4) $C \subset A$,　$C \subset B$　ならば　$C \subset A \cap B$
(5) $A \cap A = A$,　$A \cup A = A$
(6) $A \cup B = B \cup A$,　$A \cap B = B \cap A$
(7) (結合律)　$(A \cup B) \cup C = A \cup (B \cup C)$,
　　　　　　$(A \cap B) \cap C = A \cap (B \cap C)$
(8) (分配律)　$(A \cup B) \cap C = (A \cap C) \cup (B \cap C)$,
　　　　　　$(A \cap B) \cup C = (A \cup C) \cap (B \cup C)$

◆例題 1.1　$A = \{2n+1 : n \in \mathbb{Z}\}$, $B = \{2n-1 : n \in \mathbb{Z}\}$ とすると，$A = B$ である．

証明．任意に $z \in A$ をとると，$z = 2n+1$ となる $n \in \mathbb{Z}$ がある．このとき，$z = 2n+1 = 2(n+1)-1$ と書ける．$n+1 \in \mathbb{Z}$ より，$z \in B$ がわかる．よって，$A \subset B$.

同様に $z \in B$ に対して，$z = 2n - 1$ となる $n \in \mathbb{Z}$ がある．すると，$z = 2n - 1 = 2(n - 1) + 1$ であり，$n - 1 \in \mathbb{Z}$ より，$z \in A$ となる．よって，$B \subset A$．

ゆえに，$A = B$ である． □

全体集合 U があって，A の元でない U の元の全体集合を A の**補集合**といい，A^c と表す：

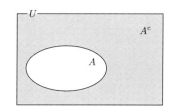

$$A^c = \{x \in U : x \notin A\}.$$

すると，$(A^c)^c = A$ であることは明らかであるが，次の**ド・モルガンの法則**が成り立つ：

$$(A \cup B)^c = A^c \cap B^c, \qquad (A \cap B)^c = A^c \cup B^c.$$

◇**例 1.3** $U = \{1, 2, 3, \ldots, 9\}$ とする．また，$A = \{2, 4, 5, 6, 8\}$, $B = \{1, 3, 6, 9\}$ とする．このとき，

$A^c = \{1, 3, 7, 9\}, \quad B^c = \{2, 4, 5, 7, 8\}, \quad A \cup B = \{1, 2, 3, 4, 5, 6, 8, 9\}.$

○**問 1.2** 上の例 1.3 の集合について，次の集合を求めよ．
(1) $A \cap B$ (2) $A \cap B^c$ (3) $A^c \cup B$ (4) $A^c \cup B^c$

「すべて」と「ある」

いろいろな命題を簡単化して述べるために，次のような記号を導入することにする．「集合 A の任意の要素 a は，条件 $P(a)$ を満たす」(For **all** $a \in A$, the condition $P(a)$ is satisfied) ことを，

$$\forall a \in A, \ P(a)$$

と書くことがある．記号「$\forall$」は「すべて (all)」という意味で大変便利である．また，「集合 A の元 a で，条件 $P(a)$ を満たすものがある」(There **exists** an $a \in A$ such that the condition $P(a)$ is satisfied) ことを，

$$\exists a \in A : P(a)$$

と書くことがある．記号「$\exists$」は「**ある**」，または「**存在する** (exist)」という意味で，これも大変便利である．すると，「すべての正の数 α に対して，自然数

n で，条件 $P(\alpha, n)$ を満たすものがある」は，

$$\forall \alpha > 0, \exists n \in \mathbb{N} : P(\alpha, n) \tag{1.1}$$

となる．

◇例 **1.4** (1) 命題「任意の自然数 n に対して，n が奇数ならば，n^2 も奇数である」は真であるが，これを上の記号を用いて表現してみると

$$\forall n \in \mathbb{N} \ (\mathrm{Odd}(n)), \quad \mathrm{Odd}(n^2)$$

である．ここで $\mathrm{Odd}(x)$ は x が奇数であることを表す．

(2) 命題「任意の自然数 n に対して，$n < p \leqq 2n$ を満たす素数 p が存在する」(ベルトラン–チェビシェフの定理として知られている) は真である．これも上の記号を用いて表現すると，

$$\forall n \in \mathbb{N}, \exists p \in \mathbb{N} \ (\mathrm{Prime}(p)) : n < p \leqq 2n$$

である．ここで $\mathrm{Prime}(x)$ は x が素数であることを表す．

2 つの条件 P, Q に対して，命題「P ならば Q」が真であるとき，このような命題を「$P \Longrightarrow Q$」と書く．また，「$P \Longrightarrow Q$」かつ「$Q \Longrightarrow P$」であるとき，「$P \Longleftrightarrow Q$」と書く．

◆例題 **1.2** 命題「x を無理数，y を 0 でない有理数 $\Longrightarrow xy$ は無理数」を示す．

証明． 背理法により証明する．「xy が無理数でない」，すなわち

「xy が有理数である」

と仮定すると，ある自然数 m と整数 n を用いて，$xy = n/m$ と書ける．また，条件より y も (0 でない) 有理数だから，ある自然数 k と 0 でない整数 ℓ を用いて，$y = \ell/k$ と書ける．よって，

$$\frac{n}{m} = xy = x \cdot \frac{\ell}{k}.$$

これより，

$$x = \frac{kn}{\ell m},$$

したがって，x は有理数となり，仮定に反する． □

1.1 集合の考え方

○**問 1.3** 命題「x を有理数, y を無理数 $\implies x+y$ は無理数」を示せ．

ところで，命題の否定文をつくる際には「すべて」と「ある」が入れ替わることを思い出しておこう．

◇**例 1.5** (1) $x,y \in \mathbb{R}$ とする．「$x=0$ または $y=0$」の否定は「$x \neq 0$ かつ $y \neq 0$」

(2) 「$\forall x \in \mathbb{R},\ x^2 > 0$」の否定は「$\exists x \in \mathbb{R} : x^2 \leq 0$」

○**問 1.4** 命題 (1.1) の否定文 (否定命題) を上の記号を用いて表現せよ．

○**問 1.5** 上の例 1.4 の各命題の対偶命題を上の記号を用いて表現せよ．

n 個の集合 $A_1, A_2, \ldots, A_n$ に対して，これらの集合のいずれかに含まれる元全体の集合を**和集合**，これらのすべてに含まれる元全体の集合を**共通集合**といい，それぞれ

$$A_1 \cup A_2 \cup \cdots \cup A_n \quad \text{または} \quad \bigcup_{k=1}^{n} A_k,$$

$$A_1 \cap A_2 \cap \cdots \cap A_n \quad \text{または} \quad \bigcap_{k=1}^{n} A_k$$

と書き表す．いい換えると，

$$x \in \bigcup_{k=1}^{n} A_k \iff \exists k \in \{1,2,\ldots,n\} : x \in A_k,$$

$$x \in \bigcap_{k=1}^{n} A_k \iff \forall k \in \{1,2,\ldots,n\},\ x \in A_k$$

ということである．もっと一般に，無限個の集合 $A_1, A_2, \ldots, A_n, \ldots$ があるとき，これらの集合のいずれかに含まれる元の全体を

$$\bigcup_{n=1}^{\infty} A_n$$

と書き表し，また，これらの集合すべてに含まれるような元の全体を

$$\bigcap_{n=1}^{\infty} A_n$$

と書き表す．

次に，集合 A, B に対して，A と B の**直積集合**とは，A の元 a と B の元 b との組 (a, b) の全体の集合であり，それを $A \times B$ と表す：

$$A \times B = \{(a, b) : a \in A, b \in B\}.$$

同様に $A_1, A_2, \ldots, A_n$ の各元 $a_k \in A_k$ の組 $(a_1, a_2, \ldots, a_n)$ の全体の集合を $A_1 \times A_2 \times \cdots \times A_n = \prod_{k=1}^{n} A_k$ と表す：

$$\begin{aligned} A_1 \times A_2 \times \cdots \times A_n &= \prod_{k=1}^{n} A_k \\ &= \{(a_1, a_2, \ldots, a_n) : a_k \in A_k, \ k = 1, 2, \ldots, n\}. \end{aligned}$$

特に，$A_1 = A_2 = \cdots = A_n$ のときは，簡単に $A \times A \times \cdots \times A = A^n$ と書くことにする．例えば，$\mathbb{R} \times \mathbb{R} = \mathbb{R}^2$ は座標平面を表し，$\mathbb{R} \times \mathbb{R} \times \mathbb{R} = \mathbb{R}^3$ は座標空間を表す．

二項定理

次に，式や関数の展開や計算を行う際によく用いられる二項定理について簡単に思い出しておく．$x, y \in \mathbb{R}$ に対して，

$$\begin{aligned} (x+y)^1 &= x + y, \\ (x+y)^2 &= x^2 + 2xy + y^2, \\ (x+y)^3 &= x^3 + 3x^2 y + 3xy^2 + y^3, \\ (x+y)^4 &= x^4 + 4x^3 y + 6x^2 y^2 + 4xy^3 + y^4 \end{aligned}$$

$$\begin{array}{ccccc} & & 1 & & \\ & 1 & & 1 & \\ 1 & & 2 & & 1 \\ 1 & 3 & & 3 & 1 \\ 1 & 4 & 6 & 4 & 1 \end{array}$$

パスカルの三角形
(展開式の各係数を三角形状に並べたもの)

であるが，これを一般化したものが**二項定理**である．$n \in \mathbb{N}$ に対して，

$$\begin{aligned} (x+y)^n &= x^n + nx^{n-1}y + \frac{n(n-1)}{2}x^{n-2}y^2 + \cdots + {}_n\mathrm{C}_k x^{n-k}y^k + \cdots + y^n \\ &= \sum_{k=0}^{n} {}_n\mathrm{C}_k x^{n-k}y^k \end{aligned} \quad (1.2)$$

が成り立つ．ただし，

$$n! = n(n-1) \cdots 2 \cdot 1,$$

$$_n\mathrm{C}_k = \frac{n!}{k!(n-k)!} = \frac{n(n-1)\cdots(n-k+1)}{k!}, \quad k = 0, 1, \ldots, n$$

である．また，$0! = 1$ と約束する．

1.2 実数の連続性*

　ここでは，微分積分学，あるいは数学一般を学んでいくうえで基本となる実数全体の集合 $\mathbb{R}$ の性質，特に実数の連続性，あるいは完備性とよばれる性質について簡単に説明を行う．そのまえに，実数のもつ基本的性質について復習しておく．

(1) $\mathbb{R}$ は，(0 による除法を除いて) 加減乗除の演算が可能である．

(2) $\mathbb{R}$ は，通常の大小関係のもと，いわゆる**全順序集合**である：

　(i) $\forall x \in \mathbb{R}, \ x \leqq x$

　(ii) $\forall x, y, z \in \mathbb{R}, \ x \leqq y, \ y \leqq z \implies x \leqq z$

　(iii) $\forall x, y \in \mathbb{R}, \ x \leqq y, \ y \leqq x \implies x = y$

　(iv) $\forall x, y \in \mathbb{R},$「$x \leqq y$」または「$y \leqq x$」のいずれかが成り立つ．

(3) $\mathbb{R}$ は，順序と演算について，次が成り立つ：

$$x \leqq y \implies x + a \leqq y + a,$$
$$x \leqq y, \ a > 0, \ b < 0 \implies ax \leqq ay, \ bx \geqq by.$$

(4) (アルキメデスの公理)

$$0 < x, \ 0 < y \implies x < ny \text{ を満たす } n \in \mathbb{N} \text{ が存在する．}$$

いい換えると，いくらでも大きい自然数が存在する，というのが**アルキメデスの公理**である．

(5) (有理数の**稠密性**)

$$x < y \implies x < p < y \text{ となる有理数 } p \text{ が必ずある．}$$

(6) (絶対値) 実数 x に対して，x の**絶対値** $|x|$ を

$$|x| = \begin{cases} x & (x \geqq 0), \\ -x & (x < 0) \end{cases}$$

によって定めると，以下の性質が成り立つ：

(i) $|x+y| \leqq |x|+|y|$, (ii) $|xy| = |x||y|$, (iii) $|x| = 0 \iff x = 0$.

ここで，(i) の不等式を**三角不等式**とよぶ．

○**問 1.6** 実数の性質 (6) から

$$\forall x, y \in \mathbb{R}, \quad \big||x| - |y|\big| \leqq |x - y|$$

となることを示せ．

★**注意 1.1** 上のアルキメデスの公理は，次の命題と同値である：
$$\text{『} \forall a > 0, 0 < \frac{1}{n} < a \text{ となる } n \in \mathbb{N} \text{ が存在する．』} \cdots (*)$$

実際，任意の $a > 0$ に対して，$x = 1/a, y = 1$ とおくと，アルキメデスの公理より $1/a = x < n \cdot 1 = n$ を満たす自然数 n が存在する．よって，両辺の逆数を考えると $a > 1/n$ となる．逆に $(*)$ を仮定すると，任意の正数 x, y に対して，$a = y/x$ とおくと $1/n < a = y/x$ を満たす自然数 n がある．両辺に x をかけると，アルキメデスの公理が成り立つことがわかる．

<u>**上限と下限**</u>

S を $\mathbb{R}$ の部分集合とする．S が**上に有界**であるとは，$K \in \mathbb{R}$ があって，
$$\forall x \in S, \quad x \leqq K$$
が成り立つときをいう．このとき，K を S の**上界**（じょうかい）という．同様に，S が**下に有界**であるとは，$L \in \mathbb{R}$ があって，
$$\forall x \in S, \quad L \leqq x$$
を満たすときをいう．このとき，L を S の**下界**（かかい）という．上にも下にも有界な集合のことを，単に**有界集合**という．

S を上に有界な集合，K をそのときの上界とする．すると，$K < K'$ を満たす任意の $K' \in \mathbb{R}$ も S の上界となる．すなわち，S が上に有界な集合であって，K を S の (一つの) 上界とすると，それより大きい数 $K' (> K)$ も S の上界となる．したがって，数学的には，<u>K より小さい S の上界はあるか</u>，そして，<u>上界の中で最も小さい数はあるか</u>，という問題がでてくる．同様に，S を下に有界な集合とし，L を (一つの) S の下界とすると，$L' < L$ を満たす $L' \in \mathbb{R}$ も S の下界となる．

1.2 実数の連続性*

したがって，L より大きい S の下界はあるか，そして，下界の中で最も大きい数はあるか，という問題を考えることになる．

そこで，次の定義を行う．S を上に有界な集合とするとき，$\widetilde{K} \in \mathbb{R}$ が S の**最小上界**であるとは，次が成り立つ実数のことである：

(a) $\widetilde{K}$ は S の上界であって，

(b) K を S の任意の上界とすると，$\widetilde{K} \leq K$ を満たす．

同様に，S を下に有界な集合とするとき，$\widetilde{L} \in \mathbb{R}$ が S の**最大下界**であるとは，次が成り立つ実数のことである：

(a)' $\widetilde{L}$ は S の下界であって，

(b)' L を S の任意の下界とすると，$L \leqq \widetilde{L}$ を満たす．

ここで，最小上界 $\widetilde{K}$ および最大下界 $\widetilde{L}$ は，それぞれあるとすれば 1 つだけであることがわかる．最小上界のことを**上限**(じょうげん)ともいい，それを $\sup S$ と書く (superior の略)．同様に，最大下界はあるとすれば 1 つであることもわかる．最大下界のことを**下限**(かげん)ともいい，$\inf S$ と書く (inferior の略)．

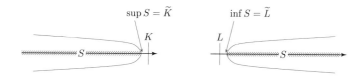

このとき，実数の連続性とは，次のように述べることができる：

(7) (**実数の連続性**) 空でない任意の実数 $\mathbb{R}$ の部分集合が上に有界であれば，必ず $\mathbb{R}$ に上限がある．同様に，空でない任意の実数 $\mathbb{R}$ の部分集合が下に有界であれば，必ず $\mathbb{R}$ に下限がある．

◇**例 1.6** $A = (0, 2)$ とすると，A は上にも下にも有界である．このとき，$\sup A = 2, \inf A = 0$ である．

$\mathbb{Q}$ においては，上のことは必ずしも成り立たない．

◆**例題 1.3** $S = \{x \in \mathbb{Q} : x^2 < 2\}$ とおくと，S は，上にも下にも有界な集合であるが，最小上界および最大下界は $\mathbb{Q}$ においてはない．

証明．実際，任意の $x \in S$ に対して，$x^2 < 2 \leqq 4$ なので，$-2 \leqq x \leqq 2$ が成立するから，2 は S の上界，-2 は S の下界である．ところで，$x^2 < 2$ は $-\sqrt{2} < x < \sqrt{2}$ と同じだから，S の ($\mathbb{R}$ における) 下限は $-\sqrt{2}$，上限は $\sqrt{2}$ となる．一方，$\pm\sqrt{2}$ はどちらも無理数だから，$\mathbb{Q}$ においては下限も上限もないことがわかる． $\square$

★注意 1.2 実数の連続性 (完備性ともいわれる) として，ここでは上限・下限の存在性 (7) で定義したが，これ以外にもデデキントの切断の考え方，有界閉区間の減少列の考え方など，いろいろな同値条件が知られているが，ここではそれらに深入りせず，$\mathbb{R}$ にはそのような性質がある，という程度の認識をもってもらうだけで十分である．

○問 1.7 次の $\mathbb{R}$ の部分集合の下限および上限を求めよ．

(1) $\{(-1)^n : n \in \mathbb{N}\}$　(2) $\left\{\dfrac{1}{n} : n \in \mathbb{N}\right\}$　(3) $\left\{\dfrac{n}{n+1} : n \in \mathbb{N}\right\}$

1.3 数　　列

実数を一列に並べたものを**数列**とよんだ．ここでは，数列の極限について学ぶ．

1.3.1 数列の極限

数列 $\{a_n\}$ が**収束する**とは，ある定数 a があって，n を大きくしていくとき，a_n が限りなく a に近づくときをいう．このとき，a を数列 $\{a_n\}$ の**極限**，あるいは**極限値**という．記号では，

$$\lim_{n\to\infty} a_n = a, \quad a_n \to a \ (n \to \infty), \quad \text{あるいは} \quad a_n \xrightarrow[n\to\infty]{} a$$

と書く．また，数列 $\{a_n\}$ が収束しないとき，すなわち，極限値をもたないか，または $\pm\infty$ に近づくとき，$\{a_n\}$ は**発散する**という．

談話室 (ε-N 論法による表現)

　数列 $\{a_n\}$ が a に収束するというのは，感覚的には，a_n が，十分大きい番号 n については常に a の周辺にまとわりついていると考えることができる．いい換えると，十分大きい番号 n について $|a_n - a|$ の値が常に 0

に近いところにあるといってよい．このことを数学的に表現すると，任意の $\varepsilon > 0$ (まとわりつく範囲) に対して，適当に (十分大きい番号) $N \in \mathbb{N}$ をとると，$n \geqq N$ を満たす任意の $n \in \mathbb{N}$ については，$|a_n - a| < \varepsilon$ となる (a の近くに a_n が常にある)．前節で紹介した記号 ($\forall, \exists$) を用いて表すことにすると，
$$\forall \varepsilon > 0,\ \exists N \in \mathbb{N} : \forall n \geqq N,\ |a_n - a| < \varepsilon$$
である[1]．

収束する数列に関しては，次の定理が成り立つ．

定理 1.1 $\displaystyle\lim_{n\to\infty} a_n = a$, $\displaystyle\lim_{n\to\infty} b_n = b$ のとき，以下が成り立つ．

(1) $\displaystyle\lim_{n\to\infty}(a_n \pm b_n) = a \pm b$ （複号同順）

(2) $\displaystyle\lim_{n\to\infty}(a_n b_n) = ab$

(3) $k \in \mathbb{R}$ に対して，$\displaystyle\lim_{n\to\infty}(ka_n) = ka$.

(4) $\displaystyle\lim_{n\to\infty}\frac{a_n}{b_n} = \frac{a}{b}$ (ただし，$b \neq 0$)

◇**例 1.7** (1) $n \to \infty$ のとき，数列 $\left\{\dfrac{1}{n}\right\}$ は 0 に収束する．

(2) $n \to \infty$ のとき，数列 $\{\sqrt{n+2} - \sqrt{n}\}$ は 0 に収束する．実際，
$$\sqrt{n+2} - \sqrt{n} = \frac{(\sqrt{n+2} - \sqrt{n})(\sqrt{n+2} + \sqrt{n})}{\sqrt{n+2} + \sqrt{n}}$$
$$= \frac{(n+2) - n}{\sqrt{n+2} + \sqrt{n}} = \frac{2}{\sqrt{n+2} + \sqrt{n}} \longrightarrow 0 \quad (n \to \infty).$$

定理 1.2 (はさみうちの定理) 数列 $\{a_n\}, \{b_n\}, \{x_n\}$ に対して，
$$a_n \leqq x_n \leqq b_n, \quad n = k, k+1, k+2, \ldots$$
を満たす $k \in \mathbb{N}$ があり，また $\displaystyle\lim_{n\to\infty} a_n = \lim_{n\to\infty} b_n = a$ が成立するならば，
$$\lim_{n\to\infty} x_n = a$$
である．

---
[1] 同様に，x が c に近づくとき，関数 $f(x)$ の値が α に近づくことを，ε と δ を用いて表現することがあるが，これを「ε-δ 論法」という (第 7 章などで用いられる)．

◇例 1.8 $a_n = \dfrac{(-1)^n}{n}$ とおくと，a_n は 0 に収束する．実際，すべての自然数 n に対して，
$$-\frac{1}{n} \leq \frac{(-1)^n}{n} \leq \frac{1}{n}$$
であって，$\displaystyle\lim_{n\to\infty}\left(-\frac{1}{n}\right) = \lim_{n\to\infty}\frac{1}{n} = 0$．よって，はさみうちの定理により，
$$\lim_{n\to\infty} \frac{(-1)^n}{n} = 0.$$

◆例題 1.4 (1) $0 < r < 1$ ならば，$\displaystyle\lim_{n\to\infty} r^n = 0$ が成り立つ．

(2) $\displaystyle\lim_{n\to\infty} 2^{1/n} = 1$ が成り立つ．

証明．(1) $0 < r < 1$ より，$1/r > 1$ だから，$1/r = 1 + h$ とおくと，$h > 0$ である．二項定理により，任意の $n \geq 2$ に対して，
$$\begin{aligned}r^{-n} = \left(\frac{1}{r}\right)^n &= (1+h)^n \\ &= 1 + nh + \frac{n(n-1)}{2}h^2 + \cdots + {}_nC_k h^k + \cdots + h^n \\ &> nh\end{aligned}$$
が成り立つ．よって，$n \geq 2$ に対して，
$$0 < r^n < \frac{1}{h} \cdot \frac{1}{n}.$$
$n \to \infty$ とすると最右辺は 0 に収束するから，はさみうちの定理により
$$\lim_{n\to\infty} r^n = 0$$
が成り立つ．

(2) $a_n = 2^{1/n}$ とおくと，任意の自然数 n について，$a_n > 1$ である．実際，ある自然数 n について $a_n \leq 1$ が成り立つとすると，すべての自然数 k に対して $(a_n)^k \leq 1$．特に $k = n$ とおくと，
$$2 = \left(2^{1/n}\right)^n = (a_n)^n \leq 1$$
となり矛盾である．よって，すべての自然数 n に対して，$a_n > 1$ となる．ここで，$a_n = 1 + h_n$ とおくと，$h_n > 0$ であるから，ふたたび二項定理により

1.3 数　　列

$$2 = \left(2^{1/n}\right)^n = (a_n)^n = (1+h_n)^n$$
$$= 1 + nh_n + \frac{n(n-1)}{2}h_n^2 + \cdots + {}_nC_k h_n^k + \cdots + h_n^n$$
$$> nh_n$$

となる．よって，

$$0 < h_n < \frac{2}{n}$$

がすべての自然数 n に対して成立する．$\dfrac{2}{n} \to 0 \ (n \to \infty)$ だから，はさみうちの定理により $h_n \to 0 \ (n \to \infty)$ である．したがって，

$$\lim_{n\to\infty} 2^{1/n} = \lim_{n\to\infty} a_n = \lim_{n\to\infty}(1+h_n) = 1+0 = 1$$

が成り立つ． □

◆例題 1.5　次の極限を求める．
 (1) $\displaystyle\lim_{n\to\infty} \frac{3^{n+1}}{4^n+1}$　　(2) $\displaystyle\lim_{n\to\infty}\left\{(n+1)^2 - n^2\right\}$

解答．(1) $\displaystyle\lim_{n\to\infty} \frac{3^{n+1}}{4^n+1} = \lim_{n\to\infty} \frac{3^n \cdot 3}{4^n\left(1+\dfrac{1}{4^n}\right)} = \lim_{n\to\infty}\left(\frac{3}{4}\right)^n \cdot \frac{3}{1+\dfrac{1}{4^n}} = 0 \times 3 = 0$

(2) $(n+1)^2 - n^2 = 2n + 1$ より，

$$\lim_{n\to\infty}\left\{(n+1)^2 - n^2\right\} = \lim_{n\to\infty}(2n+1) = \infty.$$
 □

○問 1.8　次の極限を求めよ．
 (1) $\displaystyle\lim_{n\to\infty} \frac{2^n - 3^n}{2^n + 3^n}$　(2) $\displaystyle\lim_{n\to\infty} \frac{2n^2}{n^2+3}$　(3) $\displaystyle\lim_{n\to\infty} n\left(\sqrt{1+\frac{1}{n}} - 1\right)$

○問 1.9　次のことを示せ．
 (1) $0 < r < 1 \implies nr^n \to 0 \ (n \to \infty)$.
（ヒント：上の例題 1.4 (1) の証明において用いた二項定理の展開式の第 3 項を用いよ．）
 (2) $a > 0 \implies a^{1/n} \to 1 \ (n \to \infty)$.
（ヒント：$a=1$ ならば明らか．$a>1$ のときは，例題 1.4 (2) の証明がそのまま使える．$0<a<1$ のときは，$b=1/a$ とおくと $b>1$ より，$1/a^{1/n} = b^{1/n} \to 1 \ (n\to\infty)$ がいえるので，あとは定理 1.1 (4) を用いよ．）

○問 **1.10** 実数 x に対して，$[x]$ を x を超えない最大の整数とする．すなわち，$[x]$ は $[x] \leqq x < [x]+1$ を満たす唯一の整数である．このとき，

$$\lim_{n \to \infty} \frac{[2^n \pi]}{2^n}$$

を求めよ．ここで，$[\cdot]$ をガウス記号，$[x]$ を「ガウス x」とよぶことがある．

○問 **1.11** $a_n = \dfrac{n}{3^n}$, $n = 1, 2, \ldots$ で定義される数列 $\{a_n\}$ について，以下の問いに答えよ．

(1) $n \geqq 4$ のとき，$\dfrac{a_n}{a_{n-1}} \leqq \dfrac{4}{9}$ を示せ．

(2) $n \geqq 4$ のとき，$a_n \leqq \left(\dfrac{4}{9}\right)^{n-3} a_3$ を示せ．

(3) $\displaystyle\lim_{n \to \infty} a_n$ を求めよ．

有界数列

実数列 $\{a_n\}$ に対して，ある実数 $K \in \mathbb{R}$ があって，

$$\forall n \in \mathbb{N}, \quad a_n \leqq K$$

が成り立つとき，数列 $\{a_n\}$ は**上に有界**という．同様に，ある実数 $L \in \mathbb{R}$ があって，

$$\forall n \in \mathbb{N}, \quad L \leqq a_n$$

が成り立つとき，数列 $\{a_n\}$ は**下に有界**という．上にも下にも有界な数列を，単に**有界**な数列とよぶ．いい換えると，ある実数 $K, L \in \mathbb{R}$ があって，

$$\forall n \in \mathbb{N}, \quad L \leqq a_n \leqq K$$

が成り立つとき，数列 $\{a_n\}$ は有界である．

◇例 **1.9** (1) 数列 $a_n = 2n$ は，

$$\forall n \in \mathbb{N}, \quad 2 \leqq 2n = a_n$$

より，下に有界な数列である．

(2) 数列 $a_n = 1 - \dfrac{1}{n}$ は，

$$\forall n \in \mathbb{N}, \quad 0 \leqq 1 - \dfrac{1}{n} = a_n < 1$$

より，有界な数列である．

1.3.2 単調数列

数列 $\{a_n\}$ に対して,
$$\forall n \in \mathbb{N}, \ a_n \leqq a_{n+1} \tag{1.3}$$
が成り立つとき,数列 $\{a_n\}$ は**単調増加**であるという.同様に,
$$\forall n \in \mathbb{N}, \ a_n \geqq a_{n+1}$$
が成り立つとき,数列 $\{a_n\}$ は**単調減少**であるという.特に,(1.3) の不等式において,等号が外れるとき,すなわち,
$$\forall n \in \mathbb{N}, \ a_n < a_{n+1}$$
が成り立つとき,数列 $\{a_n\}$ は**狭義の単調増加列**という.**狭義の単調減少列**も同様に定義される.

次の定理は,実数の性質 (7)(実数の連続性) から導かれる結果であるが,じつは (7) とも同値である.

定理 1.3 上に有界な単調増加列は収束する.同様に,下に有界な単調減少列は収束する.

◇**例 1.10** 例 1.9 (2) で考えた数列 $a_n = 1 - \dfrac{1}{n}$ は,
$$\forall n \in \mathbb{N}, \quad a_n = 1 - \frac{1}{n} < 1 - \frac{1}{n+1} = a_{n+1} < 1$$
より,上に有界な狭義単調増加列である.また,$a_n \to 1 \ (n \to \infty)$ である.

◆**例題 1.6** $a_n = \left(1 + \dfrac{1}{n}\right)^n$, $n = 1, 2, \ldots$ とおくと,$\{a_n\}$ は上に有界な単調増加列である.

証明. まず,$\{a_n\}$ の有界性を示す.二項定理により,$n \geqq 3$ に対して,
$$\begin{aligned}
a_n &= \left(1 + \frac{1}{n}\right)^n \\
&= 1 + n \cdot \frac{1}{n} + \frac{n(n-1)}{2!} \cdot \left(\frac{1}{n}\right)^2 + \frac{n(n-1)(n-2)}{3!}\left(\frac{1}{n}\right)^3 + \cdots \\
&\quad + \cdots + \frac{n(n-1)(n-2)\cdots 2 \cdot 1}{n!}\left(\frac{1}{n}\right)^n
\end{aligned}$$

$$= 2 + \left(1 - \frac{1}{n}\right) \cdot \frac{1}{2!} + \left(1 - \frac{1}{n}\right)\left(1 - \frac{2}{n}\right) \cdot \frac{1}{3!} + \cdots$$
$$+ \cdots + \left(1 - \frac{1}{n}\right)\left(1 - \frac{2}{n}\right) \cdots \left(1 - \frac{n-1}{n}\right) \cdot \frac{1}{n!} \quad (1.4)$$
$$< 2 + \frac{1}{2} + \frac{1}{3 \cdot 2 \cdot 1} + \frac{1}{4 \cdot 3 \cdot 2 \cdot 1} + \cdots + \frac{1}{n(n-1)(n-2) \cdots 3 \cdot 2 \cdot 1}$$
$$< 2 + \frac{1}{2} + \frac{1}{2 \cdot 2} + \frac{1}{2 \cdot 2 \cdot 2} + \cdots + \frac{1}{2 \cdot 2 \cdot 2 \cdots 2 \cdot 2}$$
$$= 2 + \frac{1}{2} + \frac{1}{2^2} + \frac{1}{2^3} + \cdots + \frac{1}{2^{n-1}}$$
$$= 2 + \frac{1}{2} \cdot \frac{1 - 1/2^{n-1}}{1 - 1/2} = 2 + 1 - \frac{1}{2^{n-1}} < 3.$$

また, $a_1 = 1 + \frac{1}{1} = 2 < 3$, $a_2 = \left(1 + \frac{1}{2}\right)^2 = 2 + \frac{1}{4} < 3$ より, すべての自然数 n に対して, $a_n < 3$ となる. 明らかに $a_n > 0$ だから,
$$\forall n \in \mathbb{N}, \quad 0 < a_n < 3$$
が成り立つ.

次に $\{a_n\}$ の単調性を示す. そのために,
$$a_{n+1} = \left(1 + \frac{1}{n+1}\right)^{n+1}$$
$$= 1 + (n+1)\frac{1}{n+1} + \frac{(n+1)n}{2!}\left(\frac{1}{n+1}\right)^2 + \frac{(n+1)n(n-1)}{3!}\left(\frac{1}{n+1}\right)^3 + \cdots$$
$$+ \cdots + \frac{(n+1)n(n-1)\cdots 2}{n!}\left(\frac{1}{n+1}\right)^n + \frac{(n+1)n(n-1)\cdots 2 \cdot 1}{(n+1)!}\left(\frac{1}{n+1}\right)^{n+1}$$
$$= 2 + \left(1 - \frac{1}{n+1}\right) \cdot \frac{1}{2!} + \left(1 - \frac{1}{n+1}\right)\left(1 - \frac{2}{n+1}\right) \cdot \frac{1}{3!} + \cdots$$
$$+ \cdots + \left(1 - \frac{1}{n+1}\right)\left(1 - \frac{2}{n+1}\right) \cdots \left(1 - \frac{n}{n+1}\right) \cdot \frac{1}{n!}$$
$$+ \frac{(n+1)n(n-1)\cdots 2 \cdot 1}{(n+1)!}\left(\frac{1}{n+1}\right)^{n+1} \quad (1.5)$$

を考える. (1.4) と (1.5) を比べると, $a_n < a_{n+1}$ であることがわかる. ゆえに, $\{a_n\}$ は有界な単調増加列である. よって, 定理 1.3 により, $\{a_n\}$ は極限をもつ. これを e と書く:
$$\lim_{n \to \infty}\left(1 + \frac{1}{n}\right)^n = e.$$
この e はネピアの数とよばれる. □

ところで,いま示したように,$0 < e < 3$ であるが,より具体的に $\left(1+\dfrac{1}{n}\right)^n$ を計算してみると,

$$\left(1+\dfrac{1}{2}\right)^2 = 2.25, \quad \left(1+\dfrac{1}{3}\right)^3 = 2.37037, \quad \left(1+\dfrac{1}{4}\right)^4 = 2.44140,$$

$$\left(1+\dfrac{1}{5}\right)^5 = 2.48832, \left(1+\dfrac{1}{6}\right)^6 = 2.52163, \ldots, \left(1+\dfrac{1}{100}\right)^{100} = 2.70481.$$

さらに先を計算してみると,

$$\left(1+\dfrac{1}{1000}\right)^{1000} = 2.7169239, \quad \left(1+\dfrac{1}{10000}\right)^{10000} = 2.7182682.$$

ちなみに,e は無理数であることが知られていて,次のような近似値をもつ:

$$e \fallingdotseq 2.71828182845904523536028747135266274977572470.$$

実際上は,

$$e = 2.718281828 \tag{1.6}$$

として覚えておけば十分である[2].

◆例題 1.7 極限 $\displaystyle\lim_{n\to\infty}\left(1-\dfrac{1}{n}\right)^n$ を求める.

解答. $b_n = \left(1-\dfrac{1}{n}\right)^n$ とおく.各 $n \in \mathbb{N}$ に対して,

$$1 - \dfrac{1}{n} = \dfrac{n-1}{n} = \dfrac{1}{\dfrac{n}{n-1}} = \dfrac{1}{1+\dfrac{1}{n-1}}$$

に注意すると,

$$b_n = \left(1-\dfrac{1}{n}\right)^n = \dfrac{1}{\left(1+\dfrac{1}{n-1}\right)^n} = \dfrac{1}{\left(1+\dfrac{1}{n-1}\right)^{n-1} \cdot \left(1+\dfrac{1}{n-1}\right)}$$

だから,

$$b_n = \dfrac{1}{a_{n-1}} \cdot \dfrac{1}{1+\dfrac{1}{n-1}} = \dfrac{1}{a_{n-1}} \cdot \dfrac{n-1}{n} \longrightarrow \dfrac{1}{e} \cdot 1 = \dfrac{1}{e} \quad (n\to\infty).$$

よって,

---

[2] 覚え方として,鮒一鉢二鉢一鉢二鉢:フナヒトハチフタハチヒトハチフタハチ.

$$\lim_{n\to\infty}\left(1-\frac{1}{n}\right)^n = \frac{1}{e}.$$
□

○問 1.12 $\lim_{n\to\infty}\left(1-\dfrac{1}{n^2}\right)^n = 1$ を示せ．

◆例題 1.8 数列 $\{a_n\}$ が次の漸化式を満たすとき，極限 $\lim_{n\to\infty} a_n$ を求める：
$$a_1 = 3, \quad a_{n+1} = \frac{1}{3}a_n + 3, \quad n = 1, 2, \ldots.$$

解答． 一般項を求めよう．漸化式を変形すると，
$$a_{n+1} - \frac{9}{2} = \frac{1}{3}\left(a_n - \frac{9}{2}\right), \quad n = 1, 2, \ldots$$
より，数列 $\{a_n - \frac{9}{2}\}$ は公比 $\frac{1}{3}$ の等比数列である．$a_1 - \frac{9}{2} = -\frac{3}{2}$ より
$$a_n - \frac{9}{2} = -\frac{3}{2}\left(\frac{1}{3}\right)^{n-1}.$$
ゆえに，$a_n = -\dfrac{3}{2}\left(\dfrac{1}{3}\right)^{n-1} + \dfrac{9}{2}$ だから，
$$\lim_{n\to\infty} a_n = \lim_{n\to\infty}\left\{-\frac{3}{2}\left(\frac{1}{3}\right)^{n-1} + \frac{9}{2}\right\} = \frac{9}{2}.$$
□

1.3.3 部分列

数列 $\{a_n\}$ において，無限個の自然数からなる部分集合 $\{n_k\} \subset \mathbb{N}$ に対して，その集合の各番号だけの項を抜き出して得られる数列 $\{a_{n_k}\}$ を，もとの数列の**部分列**とよぶ．

部分列に対しては，次の 2 つのことが知られている．証明は省略する．

定理 1.4 数列 $\{a_n\}$ が a に収束するならば，どんな部分列も a に収束する．

定理 1.5 （ボルツァーノ–ワイエルシュトラス） 有界な数列 $\{a_n\}$ は，収束する部分列を含む．

◇例 1.11 $a_n = (-1)^n$ を考えると，この数列は収束しない (実際は，振動する)．また，
$$\forall n \in \mathbb{N}, \quad -1 \leqq a_n \leqq 1$$
である．したがって，有界な数列である．

ところで，$\{2k\}$ に対応する部分列は常に $a_{2k} = 1$ より，$a_{2k} \to 1$ $(k \to \infty)$ となる．また，$\{2k-1\}$ に対応する部分列は常に $a_{2k-1} = -1$ だから，$a_{2k-1} \to -1$ $(k \to \infty)$ である．

章 末 問 題

問題 1.1 $x, y \in \mathbb{R}$ とするとき，次の命題の真偽を調べよ．また，その逆と対偶を述べ，それらの真偽を調べよ．
 (1) 「$y = 0 \implies xy = 0$」   (2) 「$xy \leqq 0 \implies x \geqq 0$ かつ $y \leqq 0$」

問題 1.2 $n \in \mathbb{Z}$ とする．命題「n^2 が 3 の倍数 $\implies n$ は 3 の倍数である」は真であることを証明せよ．

問題 1.3 次の $\mathbb{R}$ の部分集合の下限および上限を求めよ．
 (1) $\left\{ (-1)^{n-1} : n \in \mathbb{N} \right\}$ (2) $\left\{ \dfrac{1}{3n} : n \in \mathbb{N} \right\}$ (3) $\left\{ 1 - \dfrac{1}{n} : n \in \mathbb{N} \right\}$
 (4) $\left\{ \dfrac{(-1)^n}{n} : n \in \mathbb{N} \right\}$ (5) $\left\{ \dfrac{1}{n^2 + 1} : n \in \mathbb{N} \right\}$ (6) $\left\{ 3 + \dfrac{1}{n!} : n \in \mathbb{N} \right\}$

問題 1.4 次の数列の一般項を表し，その極限を求めよ．
 (1) $1, \dfrac{1}{3}, \dfrac{1}{5}, \dfrac{1}{7}, \ldots$ (2) $0, \dfrac{2}{5}, \dfrac{4}{7}, \dfrac{6}{9}, \ldots$ (3) $1, \dfrac{2}{3}, \dfrac{4}{9}, \dfrac{8}{27}, \ldots$

問題 1.5 次の極限を求めよ．
 (1) $\displaystyle\lim_{n \to \infty} \dfrac{2n-3}{3n+1}$ (2) $\displaystyle\lim_{n \to \infty} \dfrac{n+2}{4n^2-1}$ (3) $\displaystyle\lim_{n \to \infty} \dfrac{n}{n^2-3}$
 (4) $\displaystyle\lim_{n \to \infty} \dfrac{n^3-n}{n^3+3n}$ (5) $\displaystyle\lim_{n \to \infty} \dfrac{4^n+2^n}{5^n-1}$ (6) $\displaystyle\lim_{n \to \infty} \left(\sqrt{n+4} - \sqrt{n} \right)$
 (7) $\displaystyle\lim_{n \to \infty} n \left\{ \sqrt{n^2+6n+7} - (n+3) \right\}$
 (8) $\displaystyle\lim_{n \to \infty} \dfrac{1 \cdot 2 + 3 \cdot 4 + 5 \cdot 6 + \cdots + (2n-1) \cdot (2n)}{n^3}$

問題 1.6 $0 \leqq \theta \leqq \pi$ とする．$a_n = \left(4\cos^2 \theta + 2\sin \theta - 3 \right)^n$ とするとき，数列 $\{a_n\}$ が収束するような θ の範囲を求めよ．

問題 1.7 $n \to \infty$ とするとき，$n^{1/n} \to 1$ となることを示せ．
（ヒント：$n^{1/n} = 1 + h_n$ とおくと，$h_n > 0$ が示される．また，例題 1.4 (1) の証明と同様に $n \geqq 2$ に対して，$n = (1 + h_n)^n$ に二項定理の展開式の第 3 項を用いる．）

問題 1.8 次の漸化式で定められる数列 $\{a_n\}$ の極限を求めよ．
 (1) $a_1 = 2, \ a_{n+1} = \dfrac{1}{3} a_n + 2$ (2) $a_1 = 3, \ 2a_{n+1} = 6 - a_n$

問題 1.9 次の問いに答えよ．

(1) 漸化式
$$a_1 = 0, \quad a_{n+1} = \sqrt{a_n + 6}, \quad n = 1, 2, \ldots$$
で与えられる数列 $\{a_n\}$ を考える．$\{a_n\}$ は有界で狭義の単調増加であることを示し，その極限を求めよ．

(ヒント： すべての自然数 n に対して，$0 \leqq a_n < 3$ であることが帰納法によって示される．)

(2) 漸化式
$$a_1 = \sqrt{2}, \quad a_2 = \sqrt{2+\sqrt{2}}, \quad a_{n+1} = \sqrt{2+a_n}, \quad n = 2, 3, 4, \ldots$$
で与えられる数列 $\{a_n\}$ は単調増加となることを示せ．また，$a_n < 2 \ (n \in \mathbb{N})$ を示し，その極限を求めよ．

(3) 漸化式
$$a_1 = 2, \quad a_{n+1} = \frac{1}{2}\Big(a_n + \frac{2}{a_n}\Big), \quad n = 1, 2, \ldots$$
で与えられる数列 $\{a_n\}$ は有界で単調減少であることを示し，その極限を求めよ．

(ヒント： すべての自然数 n に対して，$1 \leqq a_n \leqq 2$ であることが帰納法によって示される．また，単調減少であることは $a_n^2 \geqq 2$ が成り立つことも用いる．)

問題 1.10 $a > 0, \ b > 0$ とする．このとき，極限 $\lim_{n\to\infty} (a^n + b^n)^{1/n}$ を求めよ．

問題 1.11 $\lim_{n\to\infty} \Big(1 + \frac{1}{2n}\Big)^n = \sqrt{e}$ を示せ．

問題 1.12 等式 $1 + \frac{2}{n} = \Big(1 + \frac{1}{n}\Big)\Big(1 + \frac{1}{n+1}\Big)$ を用いて，次を示せ．
$$\lim_{n\to\infty}\Big(1+\frac{2}{n}\Big)^n = e^2$$

問題 1.13 次の等式を数学的帰納法によって示せ．ただし，(3) では $r \neq 1$ である．

(1) $1 + 2 + \cdots + n = \dfrac{n(n+1)}{2}$ (2) $1 + 2^2 + \cdots + n^2 = \dfrac{n(n+1)(2n+1)}{6}$

(3) $1 + r + r^2 + \cdots + r^n = \dfrac{1 - r^{n+1}}{1 - r}$

問題 1.14 次の不等式を数学的帰納法によって示せ．

(1) $a > 0, \ b > 0$ とする．$n \in \mathbb{N}$ に対して，$\dfrac{a^n + b^n}{2} \geqq \Big(\dfrac{a+b}{2}\Big)^n$．

(2) $x \geqq -1$ に対して，$1 + nx \leqq (1+x)^n$．

2章

連続関数

微分積分を理解するうえで,まず基本となるのが関数である.ここでは,いろいろな関数を定義して,それを土台として連続性や極限の考え方を学ぶ.

2.1 関　数

2つの変数 x, y があって,x の値を1つ定めるとそれに応じて y の値ただ1つだけが定まるとき,y は x の関数とよんだ.このとき,x のとる値の集合を,この関数の**定義域**という.また,そのときに対応する y の値の集合を,この関数の**値域**という.

2.1.1 関数の極限

はじめに1変数関数を扱う.すなわち,$\mathbb{R}$ のある部分集合を定義域にもつような関数 $f(x)$ を考える.

◇**例 2.1** (1) $f(x) = x$ は $\mathbb{R}$ を定義域にもつ関数である.
(2) $f(x) = \sqrt{x-3}$ は,区間 $[3, \infty)$ を定義域にもつ関数である.
(3) $f(x) = \dfrac{1}{x-1}$ は,$\{x \in \mathbb{R} : x \neq 1\}$ を定義域にもつ関数である.

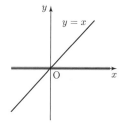
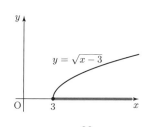
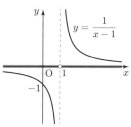

関数の極限

$\mathbb{R}$ の部分集合 A を定義域とする関数 $f(x)$ を

$$f : A \longrightarrow \mathbb{R}$$

と書き，A 上の関数，あるいは A 上で定義された関数という．

$f(x)$ を A 上の関数とする．$c \in \mathbb{R}$ に対して，$\alpha \in \mathbb{R}$ があって，A の元 x が限りなく c に近づくとき，$f(x)$ が限りなく α に近づくならば，

$$x \to c \text{ のとき，} f(x) \to \alpha$$

と書き表す．これを，

$$\lim_{x \to c} f(x) = \alpha, \quad \text{あるいは} \quad f(x) \to \alpha \ (x \to c)$$

と書くこともある．ここで，$x \to c$ とするとき，$f(x)$ の極限を考えるのであるから，x は $f(x)$ の定義域 A に属する必要があるが，c は必ずしも A の元である必要はない．一方，x が限りなく c に近づくとき，$f(x)$ が限りなく大きくなるとき，

$$\lim_{x \to c} f(x) = \infty, \quad \text{あるいは} \quad f(x) \to \infty \ (x \to c)$$

と書き表す．$\lim_{x \to c} f(x) = -\infty$ についても同様に定義する．

x がどんな実数よりも大きくなるとき，x は ∞ に発散するといい，そのときに $f(x)$ が α に近づくとき，

$$\lim_{x \to \infty} f(x) = \alpha, \quad \text{あるいは} \quad f(x) \to \alpha \ (x \to \infty)$$

と書き表す．x がどんな実数よりも小さくなるとき，x は $-\infty$ に発散するという．このとき，

$$\lim_{x \to -\infty} f(x) = \alpha, \quad \text{あるいは} \quad f(x) \to \alpha \ (x \to -\infty)$$

も同様に定義される．

◇例 2.2　(1) $\displaystyle\lim_{x \to 1} x^2 = 1$　　(2) $\displaystyle\lim_{x \to 3} \frac{1}{x+1} = \frac{1}{4}$　　(3) $\displaystyle\lim_{x \to \infty} \frac{1}{x} = 0$

○問 2.1　次の極限を求めよ．

(1) $\displaystyle\lim_{x \to 9} \sqrt{x}$　　(2) $\displaystyle\lim_{x \to 1} \frac{x^2+2}{x^2+1}$　　(3) $\displaystyle\lim_{x \to \infty} \frac{1}{x-1}$

2.1 関数

◇**例 2.3** 関数 $f(x) = \dfrac{x^2-4}{x-2}$ に対して，$x \to 2$ とするときの $f(x)$ の極限を求める．これは，高校のときは，$f(x) = \dfrac{x^2-4}{x-1} = \dfrac{(x+2)(x-2)}{x-2} = x+2$ と約分してから，

$$f(x) = \frac{x^2-4}{x-2} = x+2 \to 4 \ (x \to 2)$$

と求めていたが，そもそも関数 $f(x)$ は $x=2$ では定義されないから，$f(x)$ の定義域は $\{x \in \mathbb{R} : x \neq 2\}$ である．よって，$x \neq 2$ の状態で $x \to 2$ としている点に注意する．したがって，問題なく約分できるのである．

$x \to c$ の "$\to$" にも注意が必要である．これは，x が (A の元をとりながら) c に近づく[1] あらゆる近づき方をしても，$f(x)$ は α に近づくことを述べているのである．A に沿って近づくことを特に強調して，

$$\lim_{\substack{x \to c \\ x \in A}} f(x) = \alpha$$

と書くこともある．例えば，$f(x) = \sqrt{x-2}$ は $I = [2, \infty)$ の範囲で定義されるから，$\lim\limits_{\substack{x \to 2 \\ x \in I}} f(x)$ は，$x > 2$ において，$x \to 2$ とするときの $f(x)$ の極限を意味する．これを $x \to 2+$ と書き，$f(x)$ の 2 における**右極限**という．

◆**例題 2.1** 極限 $\lim\limits_{x \to 0+} \dfrac{x-16}{\sqrt{x}-4}$ を求める．

解答． $f(x) = \sqrt{x}$ は $[0, \infty)$ 上の関数だから，0 では右極限のみ考えられ，

$$\lim_{x \to 0+} \frac{x-16}{\sqrt{x}-4} = \lim_{x \to 0+} \frac{(\sqrt{x}+4)(\sqrt{x}-4)}{\sqrt{x}-4} = \lim_{x \to 0+} (\sqrt{x}+4) = 4$$

となる． □

極限に関しては次の定理が成り立つ．証明は省略する．

定理 2.1 $\lim\limits_{x \to c} f(x) = \alpha$, $\lim\limits_{x \to c} g(x) = \beta$ であるとき，以下が成り立つ．

(1) $\lim\limits_{x \to c} \big(f(x) \pm g(x)\big) = \alpha \pm \beta$ （複号同順）

---

[1] このことを，「A に沿って近づく」という．

(2) $k \in \mathbb{R}$ に対して，$\lim_{x \to c}\bigl(kf(x)\bigr) = k\alpha$.

(3) $\lim_{x \to c}\bigl(f(x)g(x)\bigr) = \alpha\beta$

(4) $\beta \neq 0$ のとき，$\lim_{x \to c}\dfrac{f(x)}{g(x)} = \dfrac{\alpha}{\beta}$.

(5) c のある近傍が存在して，その近傍の点 x に対して，常に $f(x) \leqq g(x)$ が成り立つならば，$\alpha \leqq \beta$ となる．

談話室 (近傍とは)

上の定理の (5) において，「c のある近傍が存在して，その近傍の点 x に対して，常に $f(x) \leqq g(x)$ が成り立つならば」という表現を用いたが，これは，正確には c の適当な (開) 近傍 G があって，

$$\forall x \in G \implies f(x) \leqq g(x)$$

が成り立つことである．ここで，$r > 0$ に対して，開区間

$$B(c, r) = \{x \in \mathbb{R} : |c - x| < r\} = (c - r, c + r)$$

を，**c を中心とする半径 r の開球**といい，c の **r-(開) 近傍**ともよぶ．c の (開) 近傍 G とは，適当な半径 r に対する開球 $B(c, r)$ である．

◆**例題 2.2** 極限 $\displaystyle\lim_{x \to 0}\dfrac{1}{x}\left(1 - \dfrac{1}{\sqrt{1-x}}\right)$ を求める．

解答． 関数 $f(x) = \dfrac{1}{x}\left(1 - \dfrac{1}{\sqrt{1-x}}\right)$ の定義域は，$x \neq 0$ かつ $1 - x > 0$，したがって，$x \neq 0$ かつ $x < 1$ である．よって，$x \to 0$ を考えることができる．そこで，「分子の有理化」を行って極限を求める．

$$\dfrac{1}{x}\left(1 - \dfrac{1}{\sqrt{1-x}}\right) = \dfrac{1}{x} \cdot \dfrac{\sqrt{1-x} - 1}{\sqrt{1-x}} = \dfrac{1}{x} \cdot \dfrac{-x}{\sqrt{1-x}(\sqrt{1-x} + 1)}$$

$$= \dfrac{-1}{\sqrt{1-x}(\sqrt{1-x} + 1)}$$

だから，$x \to 0$ とすると，最右辺は $-\dfrac{1}{2}$ に近づく．　　□

2.1 関数

○問 **2.2** 次の極限を求めよ．

(1) $\displaystyle\lim_{x\to 0}\frac{\sqrt{1-x^2}-\sqrt{1+x^2}}{x^2}$

(2) $\displaystyle\lim_{x\to\infty}\sqrt{2x}(\sqrt{x}-\sqrt{x+1})$

(3) $\displaystyle\lim_{x\to\infty}\frac{1}{\sqrt{x^2+x}-x}$

(4) $\displaystyle\lim_{x\to -\infty}\frac{\sqrt{x^2-1}+2}{x}$

◆例題 **2.3** 極限 $\displaystyle\lim_{x\to\pm\infty}\left(1+\frac{1}{x}\right)^x=e$ を示す．

解答． x が自然数 n で，$n\to\infty$ ならば，例題 1.6 である．ここでは，x は実数の値をとるので注意が必要である．まず，$x\to\infty$ のときの極限を考える．$x>0$ に対して，問 1.10 におけるガウス記号 $[x]$ を用いる．$n=[x]$ とおくと，$n\in\mathbb{N}$ は $n\leqq x<n+1$ を満たす．$\dfrac{1}{n+1}<\dfrac{1}{x}\leqq\dfrac{1}{n}$ だから，

$$\left(1+\frac{1}{n+1}\right)^n<\left(1+\frac{1}{n+1}\right)^x<\left(1+\frac{1}{x}\right)^x\leqq\left(1+\frac{1}{n}\right)^x<\left(1+\frac{1}{n}\right)^{n+1}$$

が成り立つ[2]．ここで $x\to\infty$ とすると，$n\to\infty$ である．このとき，第 1 項は

$$\left(1+\frac{1}{n+1}\right)^n=\left(1+\frac{1}{n+1}\right)^{n+1}\cdot\frac{1}{1+\dfrac{1}{n+1}}\longrightarrow e\cdot 1=e\ (n\to\infty)$$

であり，また最右辺の項は

$$\left(1+\frac{1}{n}\right)^{n+1}=\left(1+\frac{1}{n}\right)^n\cdot\left(1+\frac{1}{n}\right)\longrightarrow e\cdot 1=e\ (n\to\infty)$$

が成り立つ．定理 2.1 (5) を両辺に用いると，$\displaystyle\lim_{x\to\infty}\left(1+\frac{1}{x}\right)^x=e$ となる．

次に，$x\to -\infty$ のときは，$x=-t$ とおくと $t\to\infty$ であり，

$$\left(1+\frac{1}{x}\right)^x=\left(1-\frac{1}{t}\right)^{-t}=\left(\frac{t}{t-1}\right)^t=\left(1+\frac{1}{t-1}\right)^{t-1}\cdot\left(1+\frac{1}{t-1}\right)$$

$$\longrightarrow e\cdot 1=e\ (t\to\infty)$$

であることから，$\displaystyle\lim_{x\to -\infty}\left(1+\frac{1}{x}\right)^x=e$ が示された． □

---

[2] この不等式は，2.3 節において説明する指数関数の狭義の単調性を用いることによって成り立つことがわかる．

2.1.2 連続関数

区間 I 上の関数 $f : I \to \mathbb{R}$ が点 $c \in I$ で**連続**であるとは，$x \in I$ を c に (I に沿って) 近づけたとき，$f(x)$ が $f(c)$ に近づくときをいう．これを，

$$\lim_{x \to c} f(x) = f(c)$$

と書く．特に，x が I に沿っていることを強調したいときは，

$$\lim_{\substack{x \to c \\ x \in I}} f(x) = f(c)$$

と書くこともある．I の各点で連続となるとき，$f(x)$ は I 上の**連続関数**という．閉区間 $I = [a, b]$ $(a < b)$ 上の関数 $f : [a, b] \to \mathbb{R}$ に対して，左端点 a において $f(x)$ が連続であるとは，

$$\lim_{\substack{x \to a \\ x \in [a,b]}} f(x) = f(a)$$

となる．ところで，"$x \to a$ であり，かつ $x \in [a, b]$" は，$a \le x \le b$ の状態で x を a に近づけることであるから，a における右極限を意味する．これより，特に $f(x)$ は点 a で**右連続**とよぶことがある．また，簡単に

$$\lim_{\substack{x \to a \\ x \in [a,b]}} f(x) = \lim_{x \to a+} f(x) = f(a)$$

と書く．同様に，右端点 b において $f(x)$ が連続であることを，$f(x)$ は点 b で**左連続**であるとよぶことがあり，

$$\lim_{\substack{x \to b \\ x \in [a,b]}} f(x) = \lim_{x \to b-} f(x) = f(b)$$

と書く．

命題 2.1 $\displaystyle\lim_{x \to 0} \frac{\sin x}{x} = 1$ が成り立つ．

証明．はじめに $0 < x < \frac{\pi}{2}$ として考える．まず，不等式 (2.1) が成立することを示そう．そのために，右図の図形を用いる．点 O を中心とする，半径 1 の円において，中心角 x の扇形 OAB を考える．点 B より，線分 OA に垂線を下ろし，その交点を H とおく．また，弧

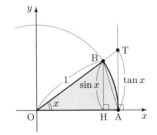

の点 A における円 O の接線が線分 OB の延長した直線と交わる点を T とおく．すると，AT と OA は互いに垂直であり，三角形の面積について考えると，

$$(\triangle\text{OAB の面積}) < (\text{扇形 OAB の面積}) < (\triangle\text{OAT の面積})$$

である．また，$\triangle$OHB は直角三角形で，$\angle\text{OHB} = \dfrac{\pi}{2}$, $\angle\text{HOB} = x$, $\text{OB} = 1$ より，$\dfrac{\text{BH}}{\text{OB}} = \sin x$ ならば，$\text{BH} = 1 \cdot \sin x = \sin x$ だから，

$$\frac{1}{2}\sin x < \frac{1}{2}x < \frac{1}{2}\tan x$$

が成り立つ．$\tan x = \dfrac{\sin x}{\cos x}$ を用いると，

$$\frac{\sin x}{x} < 1 < \frac{\sin x}{x} \cdot \frac{1}{\cos x} \tag{2.1}$$

となる．よって，$\cos x \to 1\ (x \to 0+)$ より，はさみうちの定理から

$$\lim_{x \to 0+} \frac{\sin x}{x} = 1$$

が成り立つ．また，$-\dfrac{\pi}{2} < x < 0$ のときは，$\cos(-x) = \cos x$ だから，

$$\frac{\sin x}{x} = \frac{\sin(-x)}{-x} < 1 < \frac{\sin(-x)}{-x} \cdot \frac{1}{\cos(-x)} = \frac{\sin x}{x} \cdot \frac{1}{\cos x}$$

が成り立つ．よって，$\cos x = \cos(-x) \to 1\ (x \to 0-)$ に注意すると，

$$\lim_{x \to 0-} \frac{\sin x}{x} = 1$$

も成り立つ．ゆえに，

$$\lim_{x \to 0} \frac{\sin x}{x} = 1$$

である． □

○問 **2.3** 次の極限を求めよ．

(1) $\displaystyle\lim_{x \to 0} \frac{\sin 4x}{3x}$ (2) $\displaystyle\lim_{x \to 0} \frac{\sin 4x}{\sin 3x}$ (3) $\displaystyle\lim_{x \to 0} \frac{\tan x}{x}$ (4) $\displaystyle\lim_{x \to -\frac{\pi}{2}} \frac{\cos x}{x + \frac{\pi}{2}}$

次に，閉区間 $[a, b]\ (a < b)$ 上の連続関数のもつ著しい性質を述べることにする．

定理 2.2 (**中間値の定理**) 関数 $f(x)$ が閉区間 $[a,b]$ で連続で，$f(a) < f(b)$ とする．このとき，
$$f(a) < u < f(b)$$
を満たす任意の u に対して，$f(c) = u$ を満たす $c \in (a,b)$ が存在する．

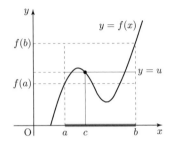

右の図を見れば直感的に明らかであるが，$f(x)$ が閉区間 $[a,b]$ で連続である，という仮定は非常に重要である．例えば，右端点 b で連続でなければ，この定理は必ずしも成り立たないことに注意しておく．

証明は，次の定理を証明すれば十分である．実際，
$$f(x) = F(x) - u$$
とおけば，上の定理と次の定理は同じ意味になる．

定理 2.3 関数 $F(x)$ は閉区間 $[a,b]$ で連続で，$F(a) < 0 < F(b)$ とする．このとき，$F(c) = 0$ を満たす $c \in (a,b)$ が存在する．

証明[3] ここでは，実数の連続性 (7) を用いる．関数 $F(x)$ は $[a,b]$ 上で連続であり，$F(a) < 0$ より，a の十分近くの範囲にあるすべての x について，$F(x) < 0$ とできる．そこで，$A = \{x \in [a,b] : F(x) < 0\}$ とおくと，いま述べたように $A \neq \emptyset$ である．また，$A \subset [a,b]$ より，$x \in A$ ならば $x \leq b$ となる．したがって，A は上に有界である．よって，実数の連続性により，A には上限がある．いま，それを $c = \sup A$ としよう．

(i) $F(c) > 0$ とする．すると，a の場合と同じく，c の十分近い範囲にある x では常に $F(x) > 0$ とできる．いい換えると，ある $\delta > 0$ があって，$c - \delta < x \leq c$ を満たすすべての $x \in [a,b]$ について，$F(x) > 0$ となるようにできる．一方，c は A の上限だから，そのような $\delta > 0$ に対しても，$x' \in A$ があって，$c - \delta < x'$ とできる．すなわち $F(x') < 0$ でなければならないが，これは矛盾である．

(ii) $F(c) < 0$ とする．(i) と同じく，ある $\delta > 0$ があって，$c < x < c + \delta$ を満たすすべての $x \in [a,b]$ について，$F(x) < 0$ となるようにできる．これは c が A の上限であることに反する．

以上 (i), (ii) により $F(c) = 0$ でなければならない． □

---
[3] 実数の連続性の詳しい性質を用いるため，はじめのうちは証明はとばしてもさしつかえない．

2.2 逆関数   31

次の定理の証明は，本書の程度を超えるので省略する．

定理 2.4 （最大値・最小値の定理） $f(x)$ を閉区間 $[a,b]$ 上の連続関数とする．このとき，$f(x)$ はこの区間において必ず最大値・最小値をとる．

2.2 逆関数

逆関数とは，もとの関数にもどす関数のことをいう．そのために 1 対 1 関数の定義からはじめる．

2.2.1 逆関数

集合 A 上の関数 $f : A \to \mathbb{R}$ について，$f(x)$ が A 上で **1 対 1**，または**単射**であるとは，

$$x, x' \in A \ (x \neq x') \implies f(x) \neq f(x')$$

が成り立つときをいう．

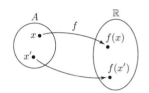

◇**例 2.4** (1) $a, b \in \mathbb{R}$ とする．1 次関数 $f(x) = ax + b$ は，$a \neq 0$ のときに限り $\mathbb{R}$ 上で 1 対 1 である．

(2) 2 次関数 $f(x) = x^2$ を考える．$1 \neq -1$ に対して，$f(1) = 1 = f(-1)$ であるので，$\mathbb{R}$ 上で $f(x) = x^2$ は 1 対 1 ではない．しかし，例えば $I = [0, \infty)$ に定義域を制限すると，$f(x)$ は $[0, \infty)$ 上で 1 対 1 である．実際，$x, x' \geqq 0$ に対して，$x \neq x'$ と仮定すると，$x^2 \neq (x')^2$ より，$f(x) \neq f(x')$. よって，$[0, \infty)$ 上で $f(x) = x^2$ は 1 対 1 である．

集合 $A \subset \mathbb{R}$ 上の 1 対 1 関数 $f(x)$ の値域を $R = \{f(x) : x \in A\}$ とおくと，R の任意の点 y に対して，$y = f(x)$ を満たす $x \in A$ はただ一つだけである．実際，x の他に $f(x') = y$ となる点 $x' \in A$ があるとすると，

$$f(x) = y = f(x')$$

を満たす．このとき，$f(x)$ は 1 対 1 だから，$x = x'$ でなければならない．

そこで，y に x を対応させると，これは関数を定める．この関数を，$f(x)$ の**逆関数**といい，

$$f^{-1} : R \longrightarrow A$$

と書く．特に，$x \in A, y \in R$ に対して，

$$y = f(x) \quad \text{であることと} \quad x = f^{-1}(y) \quad \text{は同値} \tag{2.2}$$

である．このとき，$f^{-1}(x)$ を (f の値域) R 上の関数とみなし，

$$y = f^{-1}(x), \quad x \in R$$

と書く．

★注意 2.1 $f^{-1}(x)$ は，関数の x に対する値 $f(x)$ の逆数 $\dfrac{1}{f(x)}$ ではないことに注意する．

逆関数の求め方

$y = f(x)$ が集合 A 上の関数で，逆関数をもつとする．このとき，$y = f^{-1}(x)$ のグラフは，もとの関数を $y = x$ に関して対称に移動した (折り返した) ものである．すなわち，$y = f(x)$ に対して，y と x を入れ換えた式 $x = f(y)$ を y に関して解いたものが逆関数である．

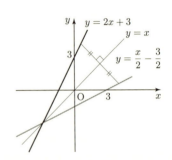

例えば，$\mathbb{R}$ 上の関数 $y = 2x + 3$ の逆関数を求めるために，x と y を入れ換えると，$x = 2y + 3$ である．これを y について解くと，$y = \dfrac{x}{2} - \dfrac{3}{2}$ となる．よって，$y = 2x + 3$ の逆関数は $y = \dfrac{x}{2} - \dfrac{3}{2}$ である．

◇例 2.5   例 2.4 のそれぞれの関数の逆関数を求める．

(1) $a \neq 0$ に対して，$f(x) = ax + b$ は $\mathbb{R}$ 上で 1 対 1 である．$f(x) = y$ とおくと，$y = ax + b$ となる．x と y を入れ換えると $x = ay + b$ となる．y について解くと，$y = \dfrac{x - b}{a}$ となる．よって，

$$y = f^{-1}(x) = \dfrac{x - b}{a}$$

2.2 逆関数　　　　　　　　　　　　　　　　　　　　　　　　　　33

が成り立つ．$f(x)$ の値域は $\mathbb{R}$ より，$f^{-1}(x)$ の定義域は $\mathbb{R}$ である．

(2) $f(x) = x^2$, $x \in [0, \infty)$ とおくと，$f(x)$ は $[0, \infty)$ 上で 1 対 1 である．$y = x^2$ とおき，x と y を入れ換えると $x = y^2$ となる．また，$f(x)$ の値域は $[0, \infty)$ より，$x \geqq 0$ である．したがって，$y = \sqrt{x}$ となる．よって，

$$f^{-1}(x) = \sqrt{x}, \quad x \in [0, \infty)$$

が成り立つ．

ところで，$f(x) = x^2$ は $(-\infty, 0]$ 上の関数とみなしても 1 対 1 である．このときの $f(x)$ の逆関数は，

$$f^{-1}(x) = -\sqrt{x}, \quad x \in [0, \infty)$$

である．　　　　　　　　　　　　　　　　　　　　　　　　　　　　　□

◯問 **2.4**　次の関数の逆関数を求めよ．

(1) $f(x) = x^3 + 1$, $x \in \mathbb{R}$　　　(2) $f(x) = \dfrac{1}{x}$, $x \in (0, \infty)$

2.2.2 単調関数

区間 I 上の関数 $f : I \to \mathbb{R}$ に対して，

$$x, y \in I, \ x < y \implies f(x) \leqq f(y) \tag{2.3}$$

が成り立つとき，$f(x)$ は I 上の**単調増加関数**であるという．同様に，

$$x, y \in I, \ x < y \implies f(x) \geqq f(y) \tag{2.4}$$

が成り立つとき，$f(x)$ は I 上の**単調減少関数**であるという．特に，(2.3) の不等式において等号が外れるとき，すなわち，

$$x, y \in I, \ x < y \implies f(x) < f(y)$$

が成り立つとき，$f(x)$ は I 上の**狭義単調増加関数**という．**狭義単調減少関数**も同様に定義される．単調増加関数と単調減少関数をまとめて**単調関数**とよぶ．

◇例 **2.6**　(1) $f(x) = \sqrt{x}$, $x > 0$ は狭義の単調増加関数である (次頁左図)．

(2) $f(x) = \dfrac{1}{x}$, $x \neq 0$ とすると，$\underline{x > 0 \text{ の範囲}}$，および $\underline{x < 0 \text{ の範囲}}$ それぞれにおいて $f(x)$ は狭義の単調減少関数である (次頁右図)．

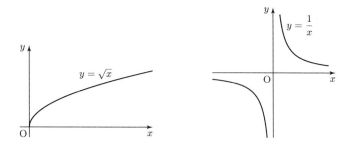

定理 2.5 $f(x)$ を区間 I 上で連続で,かつ狭義の単調関数とする.このとき,$f(x)$ は I 上で 1 対 1 となる.したがって,$f(x)$ には逆関数 $f^{-1}(x)$ がある.また,$f^{-1}(x)$ は連続である.

証明. $f(x)$ を I 上の連続関数で,狭義単調増加とする.$x, x' \in I$, $x \neq x'$ とすると,実数の性質より,「$x < x'$」または「$x > x'$」のいずれかが成り立つ.よって,$f(x)$ は狭義の単調増加関数だから,$x < x'$ ならば $f(x) < f(x')$ が成り立ち,$x' < x$ ならば $f(x') < f(x)$ が成り立つ.いずれの場合も $f(x) \neq f(x')$ が成り立つ.したがって,$f(x)$ は 1 対 1 である.

狭義単調減少関数の場合も同様に示される.逆関数の連続性の証明は省略する. □

2.2.3 合成関数

A, B をともに $\mathbb{R}$ の部分集合とする.また,$f(x)$ は A 上の関数,$g(x)$ は B 上の関数とし,$f(x)$ の値域を R とおく:$R = \{f(x) : x \in A\}$.

$R \subset B$ とする.このとき,A の元 x には,関数 $f(x)$ により $y = f(x) \in R$ が対応し,また,y には,関数 $g(x)$ により $z = g(y) = g(f(x))$ が対応する.そこで,$x \in A$ に,直接 $g(f(x))$ を対応させる関数を考えることができる.これを,$f(x)$ と $g(x)$ の**合成関数**とよび,$(g \circ f)(x)$ で表す:

$$g \circ f : A \longrightarrow \mathbb{R}, \qquad (g \circ f)(x) = g(f(x)), \quad x \in A.$$

ただし,$f(x)$ と $g(x)$ の合成は,$f(x)$ の値域が $g(x)$ の定義域に含まれるときに限り定義される.

関数の合成に関しては,次の定理が成り立つ.

2.2 逆関数

定理 2.6 A 上の関数 $f(x)$ と B 上の関数 $g(x)$ に対して，$R = \{f(x) : x \in A\} \subset B$ とすると，次が成り立つ．

(1) $f(x), g(x)$ がともに 1 対 1 ならば，$(g \circ f)(x)$ も 1 対 1 である．

(2) $(g \circ f)(x)$ が 1 対 1 ならば，$f(x)$ は 1 対 1 である．

証明. (1) $f(x)$ および $g(x)$ を 1 対 1 とする．$x, x' \in A$ を $x \neq x'$ とすると，$f(x)$ が 1 対 1 であることから，$f(x) \neq f(x')$ である．このとき，$y = f(x),\ y' = f(x')$ とおくと，$g(x)$ が 1 対 1 より，

$$(g \circ f)(x) = g(f(x)) = g(y) \neq g(y') = g(f(x')) = (g \circ f)(x')$$

となるから，$(g \circ f)(x)$ は 1 対 1 である．

(2) $(g \circ f)(x)$ を 1 対 1 とする．$x, x' \in A$ を $x \neq x'$ とすると，

$$g(f(x)) = (g \circ f)(x) \neq (g \circ f)(x') = g(f(x')) \quad (2.5)$$

だから，$f(x) \neq f(x')$ でなければならない．実際，$f(x) = f(x')$ とすると，$g(f(x)) = g(f(x'))$ が成り立つが，(2.5) に反する．よって，$f(x)$ は 1 対 1 となる． □

◇**例 2.7** (1) $f(x) = 2x + 1,\ g(x) = x^3$ とする．$f(x)$ の値域は実数全体 $\mathbb{R}$ であり，$g(x)$ の定義域も実数全体であるから，$f(x)$ と $g(x)$ の合成が定義できる．よって，

$$(g \circ f)(x) = g(f(x)) = \bigl(f(x)\bigr)^3 = \bigl(2x + 1\bigr)^3, \quad x \in \mathbb{R}$$

となる．

(2) $f(x) = \sin x,\ g(x) = \dfrac{1}{x}$ とする．このとき，$f(x)$ の値域は $[-1, 1]$ であり 0 を含む．したがって，$[-1, 1]$ は $g(x)$ の定義域に含まれないので，そのままでは $f(x)$ と $g(x)$ は合成できない．そこで，$\sin x = 0$ となる x を $f(x)$ の定義域から除いて考えると，合成を考えることができる．そのとき，

$$(g \circ f)(x) = g(f(x)) = \frac{1}{f(x)} = \frac{1}{\sin x}$$

が合成関数となる．ただし，x は $\sin x \neq 0$ なる x である．

○問 **2.5** 次の関数の合成関数 $(g \circ f)(x)$ を求めよ．

(1) $f(x) = 2x+1,\ g(x) = x^2$
(2) $f(x) = \dfrac{2}{x+1},\ g(x) = 2x+3$
(3) $f(x) = \sqrt{x},\ g(x) = \dfrac{1}{x^2+1}$

2.3 指数関数・対数関数

指数関数の逆関数として対数関数が定義される．ここでは，このことをみていく．

2.3.1 指数関数・対数関数

$a \neq 1$ なる正の数 a に対して，
$$f(x) = a^x$$
を考える．これを **a を底とする指数関数** とよぶ．指数関数のいろいろな値の計算は，次の指数法則に基づいて求められる．

指 数 法 則

x, y を正の数，a, b は実数とする．
(i) $x^a x^b = x^{a+b}$
(ii) $\dfrac{x^a}{x^b} = x^a x^{-b} = x^{a-b}$
(iii) $(x^a)^b = x^{ab}$
(iv) $(xy)^a = x^a y^a$

★**注意 2.2** 上に述べた指数法則や，それに基づいて定義される指数関数は，実際は，$a, b \in \mathbb{Q}$ に対してのみ成立する，あるいは $\mathbb{Q}$ のみでしか定義されない．そのうえで，無理数まで (有理数の場合を連続的に) 拡張することで，実数全体に対して成り立つ法則，あるいは関数なのである．ここでは詳細には立ち入らないことにする．

2.3 指数関数・対数関数

◇例 **2.8** 次が成り立つ.
$$27^{\frac{2}{3}} = \left(27^{\frac{1}{3}}\right)^2 = \left(\sqrt[3]{27}\right)^2 = 3^2 = 9$$

○問 **2.6** 次の値を簡単な形にせよ.
(1) $\left(\dfrac{8}{27}\right)^{-\frac{2}{3}}$ (2) $\left(\dfrac{64}{27}\right)^{\frac{1}{3}}$ (3) $\sqrt{50a^3b^4}$ (4) $\sqrt[4]{x^{60}}$ (5) $\sqrt{28x^9y^{13}}$

指数関数 $y = a^x$ のグラフは,$0 < a < 1$ と $a > 1$ で形が異なる.

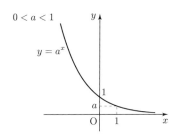
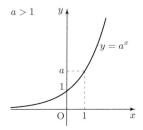

上のグラフにより,$y = a^x$ の値域は $(0, \infty)$ であることがわかる[4]).

次に,**対数関数**は指数関数の逆関数として定義される.a を底とする指数関数 $y = a^x$ は,$0 < a < 1$ (または $a > 1$) に対して,$\mathbb{R}$ 上の狭義単調減少関数 (または狭義単調増加関数) より,$f(x) = a^x$ は $\mathbb{R}$ 上で 1 対 1 である.よって,定理 2.5 より $f(x)$ は逆関数 $f^{-1}(x)$ をもつ.この逆関数を

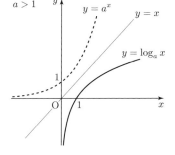

$$f^{-1}(x) = \log_a x, \quad x > 0$$

と書き表す.高校のときに,$\log_a x$ と書くときに,a を**底**,x のことを**真数**とよび,

$$0 < a < 1,\, a \neq 1, \quad x > 0$$

---
4) 正確には,$(0, \infty)$ の任意の値 y に対応する実数 x があること ($y = f(x)$ となる x があること) を証明しなければならない.それは指数関数の "連続性" によって示されるが,ここでは認めることにする.

という条件 (底の条件，真数の条件) として学んだことと思う．これらは，指数関数を考える際には自然にでてくるのである．

ここで，指数の形と対数の形の対応関係について復習しておこう．

指数の形	対数の形
$2^3 = 8$	$3 = \log_2 8$
$\dfrac{1}{100} = 10^{-2}$	$\log_{10} \dfrac{1}{100} = -2$
$10^2 = 100$	$\log_{10} 100 = 2$

○問 **2.7** 次の式を，指数の形のものは対数の形で，対数の形のものは指数の形に書き直せ．

(1) $2^5 = 32$ (2) $10^3 = 1000$ (3) $\log_{\frac{1}{3}} \dfrac{1}{27} = 3$ (4) $\log_5 \dfrac{1}{25} = -2$

対数の演算に関しては，指数の演算に対応して，次の性質をもつ．

指数と対数の関係

$$a^{\alpha+\beta} = a^\alpha a^\beta \quad (x = a^\alpha,\ y = a^\beta) \iff \log_a(xy) = \log_a x + \log_a y$$

$$a^{\alpha-\beta} = \dfrac{a^\alpha}{a^\beta} \quad (x = a^\alpha,\ y = a^\beta) \iff \log_a\left(\dfrac{x}{y}\right) = \log_a x - \log_a y$$

$$a^{\alpha r} = (a^\alpha)^r \quad (x = a^\alpha) \iff \log_a(x^r) = r \log_a x$$

◇例 **2.9** 次の底の変換公式

$$\log_a b = \dfrac{\log_c b}{\log_c a} \tag{2.6}$$

が成り立つ．実際，$\dfrac{\log_c b}{\log_c a} = t$ とおき，分母を払うと $\log_c b = t \log_c a = \log_c a^t$ となる．よって $b = a^t$ が成り立つ．

○問 **2.8** 次の式を対数の演算を用いて変形せよ．

(1) $\log_4(5x) + \log_4(6x)$ (2) $\log_2(4x) - \log_2(16y)$ (3) $2\log_{10} y$

2.3 指数関数・対数関数

○問 **2.9**　次の式を対数の演算を用いて変形せよ．
(1) $\log_3(xy)$　　(2) $\log_{10}\dfrac{4}{3}$　　(3) $\log_2\dfrac{3y}{x}$　　(4) $\log_8\sqrt{x^2 y}$

2.3.2　自 然 対 数

数列の極限の説明 (1.3.2 項 (p.18)) において，
$$e = \lim_{n \to \infty} \left(1 + \frac{1}{n}\right)^n \quad (\fallingdotseq 2.171828)$$
として，ネピアの数 e を定義した．e を底とする対数を特に**自然対数**といい，
$$b = \log_e a = \log a \quad (\Longleftrightarrow \ e^b = a)$$
と底を省略した形で書く．

◆例題 **2.4**　100 万円を，年利 1 ％ で銀行に預け (られ) たとして，それぞれ 1 年複利，半年複利，3 ヶ月複利，1 ヶ月複利，1 日複利，1 時間複利とするときの，1 年後の元利合計はいくらになるだろうか．

解答． 一般に，利率を r とするとき，元金が a 円であれば，1 年複利なら，1 年後の元利合計は $a(1+r)$ となる．これを半年複利とすると，1 年の利子の半年分 (半分の利子) を半年後に元利に合計した分を，それからふたたび半年預けたとき，さらにそれに対する (半年分の) 利子が付くことになる．まず，半年後の元利合計は
$$a\left(1 + r\cdot\frac{1}{2}\right) = a\left(1 + \frac{r}{2}\right)$$
となる．次に，これを元本として，半年預けたときの元利合計は，
$$a\left(1 + \frac{r}{2}\right)\left(1 + \frac{r}{2}\right) = a\left(1 + \frac{r}{2}\right)^2$$
である．したがって，半年複利のもとでの 1 年後の元利合計は $a(1+r/2)^2$ となる．同様に 3 ヶ月複利で考えると，a 円の 1 年後の元利合計は $a(1+r/4)^4$ となる．さらに，1 ヶ月複利では $a(1+r/12)^{12}$，1 日複利では $a(1+r/365)^{365}$，また，$24 \times 365 = 8760$ より，1 時間複利では $a(1+r/8760)^{8760}$ となる．一方，n が十分大きいとき，e と $\left(1+\dfrac{1}{n}\right)^n$ はほぼ等しい．ここで，α と β がほぼ等しいことを $\alpha \sim \beta$ と書くことにすると，

である. このとき, 両辺を n 乗根すると

$$e^{1/n} \sim 1 + \frac{1}{n}$$

が成り立つから, 両辺に a をかけると

$$ae^{1/n} \sim a\left(1 + \frac{1}{n}\right)$$

$$e \sim \left(1 + \frac{1}{n}\right)^n$$

k	$1000000\left(1+\dfrac{0.01}{k}\right)^k$
1 (1 年複利)	1010000.0000
2 (半年複利)	1010025.0000
4 (3 ヶ月複利)	1010037.5625
12 (1 ヶ月複利)	1010045.9609
365 (1 日複利)	1010050.0287
8760 (1 時間複利)	1010050.1613
1314000 (1 分複利)	1010050.1670
$1000000\,e^{0.01}$	1010050.1671

となる. 特に, $n = k/r$ とおくとき,

$$ae^{r/k} \sim a\left(1 + \frac{r}{k}\right)$$

である. ゆえに, n が, したがって, k が十分に大きいとき,

$$ae^r \sim a\left(1 + \frac{r}{k}\right)^k$$

が成り立つ. 以下, $a = 1000000$, $r = 0.01$ とおいて, $a(1+r/k)^k$ の値の近似値について, それぞれ $k = 1, 2, 4, 12, 365, 8760, 1314000$ (1 分複利) のときについて求めたものと, ae^r の値を表にまとめておく.

上の表により, だいたい 1 分複利で算出した値と $1000000\,e^{0.01}$ とが下 3 桁までが等しいことがわかる. 一般に, ae^{nr} の値は, 投資金額 a 円, (年) 利率 r の**連続複利**による n 年後の元利合計である. □

◆**例題 2.5** 投資金額 a 円を半年複利で, 年利率 R で預金した 2 年後の元利合計と, 投資金額 a 円を連続複利の年利率 r で 2 年間預金した 2 年後の元利合計が等しいとき, r の値を R を用いて表すことを考える.

解答. a 円を, 年利率 R の半年複利での 2 年後の元利合計は, $a(1+R/2)^{2\times 2}$ である. 一方, 連続利子率 r で a 円を預金したときの 2 年後の元利合計は, $ae^{r\times 2}$ である. この両辺が等しいことから $a(1+R/2)^4 = ae^{2r}$ が成り立つ. よって,

$$e^{2r} = (1+R/2)^4$$

となる.両辺底 e の対数をとると,
$$\log_e e^{2r} = \log_e \left(1 + R/2\right)^4 \quad \text{より}, \quad 2r = 4\log_e \left(1 + R/2\right)$$
となる.ゆえに,
$$r = 2\log_e \left(1 + \frac{R}{2}\right)$$
が成り立つ. □

○問 **2.10** 上の例題において,R の値を r を用いて表せ.

2.4 三 角 関 数

正弦関数 $f(x) = \sin x$ を考える.

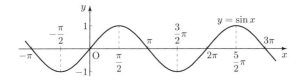

正弦関数は**周期** 2π をもつ:
$$\sin(x + 2\pi) = \sin x, \quad x \in \mathbb{R}.$$
$f(x) = \sin x$ は $\mathbb{R}$ 上で 1 対 1 ではないが,定義域を区間 $\left[-\frac{\pi}{2}, \frac{\pi}{2}\right]$ に制限すると,そこでは狭義単調増加となる.したがって,その区間において逆関数をもつ.さらに,各整数 $k \in \mathbb{Z}$ に対して,区間 $\left[-\frac{\pi}{2} + 2k\pi, \frac{\pi}{2} + 2k\pi\right]$ の範囲で考えると,この区間でも $f(x) = \sin x$ は狭義単調増加関数となる[5].したがって,その区間においても逆関数をもつ.そこで,適当に定義域を制限し,$f(x) = \sin x$ が 1 対 1 となる区間における逆関数を
$$f^{-1}(x) = \sin^{-1} x = \arcsin x$$
と書く (アークサインと読む).

---

[5] その他,各 $k \in \mathbb{Z}$ に対して,$\left[\frac{\pi}{2} + 2k\pi, \frac{3}{2}\pi + 2k\pi\right]$ の範囲に定義域を制限すると,狭義単調減少関数となるので,そこでも逆関数をもつ.

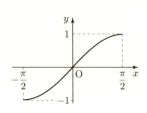
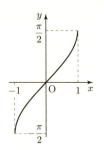

$f(x) = \sin x,\ x \in [-\frac{\pi}{2}, \frac{\pi}{2}]$ \qquad $f(x) = \arcsin x,\ x \in [-1, 1]$

余弦関数 $f(x) = \cos x$ も周期 2π である：

$$\cos(x + 2\pi) = \cos x, \quad x \in \mathbb{R}.$$

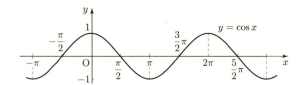

したがって，$\mathbb{R}$ 上で 1 対 1 ではないが，適当な区間 (例えば，整数 k に対して，$[k\pi, \pi + k\pi]$) に制限すると，そこでは狭義の単調関数となる．したがって，その区間では逆関数が存在する．その逆関数を

$$f^{-1}(x) = \cos^{-1} x = \arccos x$$

と書く．

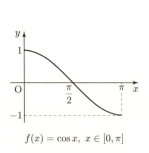
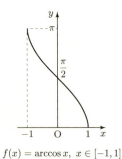

$f(x) = \cos x,\ x \in [0, \pi]$ \qquad $f(x) = \arccos x,\ x \in [-1, 1]$

特に，正弦関数を区間 $[-\frac{\pi}{2}, \frac{\pi}{2}]$ (また，余弦関数を $[0, \pi]$) に制限したとき，この範囲の逆関数を，

2.4 三角関数

$$f^{-1}(x) = \mathrm{Sin}^{-1} x = \mathrm{Arcsin}\, x \quad (f^{-1}(x) = \mathrm{Cos}^{-1} x = \mathrm{Arccos}\, x)$$

と頭文字を大文字で書いて一般の正弦関数(余弦関数)の逆関数と区別する．また，その制限した区間を**主枝**といい，主枝の各 x に対応する逆関数の値を**主値**とよぶ．

正接関数 $f(x) = \tan x$ は周期 π である：

$$\tan(x + \pi) = \tan x, \quad x \in \mathbb{R}.$$

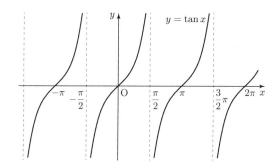

また，正弦関数や余弦関数と同様に，狭義の単調増加関数となる範囲に正接関数を制限したときの逆関数を

$$f^{-1}(x) = \tan^{-1} x = \arctan x$$

と書くことにする．特に $f(x) = \tan x$ の主枝 $\left(-\frac{\pi}{2}, \frac{\pi}{2}\right)$ における逆関数を，

$$f^{-1}(x) = \mathrm{Tan}^{-1} x = \mathrm{Arctan}\, x$$

と頭文字を大文字で書く．

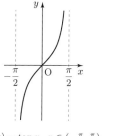

$f(x) = \tan x,\ x \in \left(-\frac{\pi}{2}, \frac{\pi}{2}\right)$

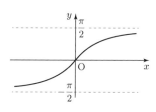

$f(x) = \arctan x,\ x \in (-\infty, \infty)$

◆例題 2.6　$\mathrm{Sin}^{-1}\left(\dfrac{\sqrt{3}}{2}\right)$ の値を求める．

解答．$x = \mathrm{Sin}^{-1}\left(\dfrac{\sqrt{3}}{2}\right)$ とおくと，

$$x = \mathrm{Sin}^{-1}\left(\dfrac{\sqrt{3}}{2}\right) \iff \sin x = \dfrac{\sqrt{3}}{2} \ \left(-\dfrac{\pi}{2} \leqq x \leqq \dfrac{\pi}{2}\right)$$

より，$x = \mathrm{Sin}^{-1}\left(\dfrac{\sqrt{3}}{2}\right) = \dfrac{\pi}{3}$ である． □

○問 2.11　次の値を求めよ．

(1) $\mathrm{Cos}^{-1}\left(\dfrac{\sqrt{3}}{2}\right)$ 　　(2) $\mathrm{Sin}^{-1} 0$ 　　(3) $\mathrm{Tan}^{-1} 1$

◆例題 2.7　極限 $\displaystyle\lim_{x \to 1} \mathrm{Cos}^{-1}\left(\dfrac{1-\sqrt{x}}{1-x}\right)$ を求める．

解答．$\displaystyle\lim_{x \to 1}\dfrac{1-\sqrt{x}}{1-x} = \lim_{x \to 1}\dfrac{1-\sqrt{x}}{(1-\sqrt{x})(1+\sqrt{x})} = \lim_{x \to 1}\dfrac{1}{1+\sqrt{x}} = \dfrac{1}{2}$ であり，また，関数 $\mathrm{Cos}^{-1} x$ は連続であるから，

$$\lim_{x \to 1} \mathrm{Cos}^{-1}\left(\dfrac{1-\sqrt{x}}{1-x}\right) = \mathrm{Cos}^{-1}\left(\dfrac{1}{2}\right) = \dfrac{\pi}{3}$$

となる． □

章末問題

問題 2.1　次の極限を求めよ．

(1) $\displaystyle\lim_{x \to 1}\dfrac{x^2 - 5x + 4}{x^2 - 3x + 2}$ 　　(2) $\displaystyle\lim_{x \to 2}\dfrac{(x-2)^2}{x^2 - 3x + 2}$ 　　(3) $\displaystyle\lim_{x \to \infty}\left(x - \sqrt{x + x^2}\right)$

(4) $\displaystyle\lim_{x \to \infty}\dfrac{5^x}{5 + 5^x}$ 　　(5) $\displaystyle\lim_{x \to 0}\dfrac{\sin(3x)}{x}$ 　　(6) $\displaystyle\lim_{x \to 0}\dfrac{\sin(2x)}{\sin(5x)}$

(7) $\displaystyle\lim_{x \to 0}\dfrac{\sin(3x)}{\tan x}$ 　　(8) $\displaystyle\lim_{x \to 0}\dfrac{1 - \cos x}{x^2}$ 　　(9) $\displaystyle\lim_{x \to 0}\dfrac{x \sin x}{1 - \cos x}$

(10) $\displaystyle\lim_{x \to 0}\dfrac{\tan x - \sin x}{x^3}$ 　　(11) $\displaystyle\lim_{x \to 0+} \sqrt{x} \sin\dfrac{1}{x}$ 　　(12) $\displaystyle\lim_{x \to \infty} \sqrt{x} \sin\dfrac{1}{x}$

(13) $\displaystyle\lim_{x \to 0}\dfrac{e^{2x} - 1}{e^{3x} - 1}$ 　　(14) $\displaystyle\lim_{x \to 0}\dfrac{\log(1 + x)}{x}$

章末問題 45

問題 2.2 $n \in \mathbb{N}$ に対して, 2 次方程式 $x^2 - (n-1)x + n + \sqrt{n^2 + 3n} = 0$ の 2 つの解を α_n, β_n とするとき, 極限 $\displaystyle\lim_{n \to \infty}\left(\frac{1}{\alpha_n} + \frac{1}{\beta_n}\right)$ を求めよ.

問題 2.3 $0 \leqq \theta \leqq \pi$ とする.
$$a_n = \frac{\sin^n \theta}{2 + \cos^n \theta}, \quad n \in \mathbb{N}$$
とするとき, 数列 $\{a_n\}$ が収束するときの θ と, そのときの極限を求めよ.

問題 2.4 次の問いに答えよ.
(1) $\displaystyle\lim_{x \to 1} \frac{\sqrt{x^2 + bx + c} - 2}{x - 1} = 2$ を満たす b, c の値を求めよ.
(2) $\displaystyle\lim_{x \to -\infty} \left(3x + 1 + \sqrt{9x^2 + 4x + 1}\right)$ の値を求めよ.

問題 2.5 次の $\mathbb{R}$ 上の各関数 $f(x)$ が $x = 1$ において連続となるように定数 c を定めよ.

(1) $f(x) = \begin{cases} x + c & (x < 1) \\ -3x + 5 & (x \geqq 1) \end{cases}$ (2) $f(x) = \begin{cases} cx - 3 & (x < 1) \\ x^2 - 5x + 6 & (x \geqq 1) \end{cases}$

(3) $f(x) = \begin{cases} x^2 + cx + 3 & (x < 1) \\ -x^2 + 5x + 4 & (x \geqq 1) \end{cases}$

問題 2.6 次の 2 つの関数は, 互いの逆関数となっているか.
(1) $f(x) = 3x, \quad g(x) = \dfrac{x}{3}$ (2) $f(x) = \dfrac{5}{9}x, \quad h(x) = \dfrac{9}{5}x$
(3) $f(x) = \sqrt[3]{x + 2}, \quad i(x) = x^3 + 2$ (4) $f(x) = \dfrac{1-x}{x}, \quad j(x) = \dfrac{1}{1+x}$

問題 2.7 次の関数の逆関数を求めよ.
(1) $f(x) = x^3 + 1$ (2) $f(x) = (x+3)^{1/3} - 3$ (3) $f(x) = \dfrac{x+2}{x-1}$

問題 2.8 次の関数の逆関数とその定義域を求めよ.
(1) $f(x) = \dfrac{1}{1+x^2}, \ x \in [0, \infty)$ (2) $f(x) = \log_3(\sqrt{x} - 1), \ x \in (1, \infty)$

問題 2.9 次の関数の合成関数 $g \circ f$ を求めよ.
(1) $f(x) = \cos x, \ g(x) = \sqrt{x}$ (2) $f(x) = \dfrac{x}{x^2+1}, \ g(x) = \sqrt{x}$
(3) $f(x) = g(x) = \dfrac{x}{x+1}$

問題 2.10 関数 $f(x)$ が点 $x = a$ で連続ならば, $|f(x)|$ も $x = a$ で連続となることを示せ.

問題 2.11 次の値を求めよ．
(1) $\sin\dfrac{\pi}{8}$ (2) $\cos\dfrac{\pi}{12}$ (3) $\tan\dfrac{\pi}{12}$
(4) $\mathrm{Sin}^{-1}\left(-\dfrac{1}{2}\right)$ (5) $\mathrm{Cos}^{-1}\left(-\dfrac{1}{\sqrt{2}}\right)$ (6) $\mathrm{Tan}^{-1}\left(\dfrac{\sqrt{3}}{3}\right)$

問題 2.12 次を示せ．
(1) $\cos\left(\mathrm{Sin}^{-1}x\right) = \sqrt{1-x^2} \quad (-1 \leqq x \leqq 1)$
(2) $\mathrm{Sin}^{-1}x + \mathrm{Cos}^{-1}x = \dfrac{\pi}{2} \quad (-1 \leqq x \leqq 1)$

問題 2.13 （双曲線関数）
$$\sinh x = \dfrac{e^x - e^{-x}}{2}, \quad \cosh x = \dfrac{e^x + e^{-x}}{2}, \quad \tanh x = \dfrac{\sinh x}{\cosh x} = \dfrac{e^x - e^{-x}}{e^x + e^{-x}}$$
とおいて，これらを**双曲線関数**とよぶ．次を示せ．
(1) $\sinh(x \pm y) = \sinh x \cosh y \pm \cosh x \sinh y$ （複号同順）
(2) $\cosh(x \pm y) = \cosh x \cosh y \pm \sinh x \sinh y$ （複号同順）
(3) $\cosh^2 x - \sinh^2 x = 1$

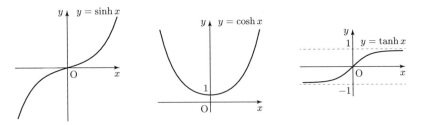

なお，双曲線関数 $\sinh, \cosh, \tanh$ は**ハイパボリックサイン**などと読む．

問題 2.14 次を示せ．
(1) 双曲線関数 $y = \sinh x$ は $\mathbb{R}$ 上で狭義単調増加関数であることを示し，その逆関数を $y = \sinh^{-1}x$ とおくとき，
$$\sinh^{-1}x = \log(x + \sqrt{x^2+1}), \quad x \in \mathbb{R}$$
となることを示せ．
(2) 双曲線関数 $y = \cosh x$ は $[0, \infty)$（または $(-\infty, 0]$）上で狭義単調増加（または狭義単調減少）である．このとき，その逆関数を $y = \cosh^{-1}x$ とおくとき，
$$\cosh^{-1}x = \log(x + \sqrt{x^2-1}), \quad x \geqq 1 \tag{2.7}$$
（または $\cosh^{-1}x = \log(x - \sqrt{x^2-1}), \quad x \geqq 1$）

章末問題　　47

となることを示せ．通常，$y = \cosh x$ の逆関数といえば，(2.7) をさす．

(3) 双曲線関数 $y = \tanh x$ は $\mathbb{R}$ 上で狭義単調増加である．このとき，その逆関数を $y = \tanh^{-1} x$ とおくとき，

$$\tanh^{-1} x = \frac{1}{2} \log \frac{1+x}{1-x}, \quad |x| < 1$$

となることを示せ．

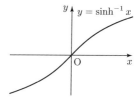
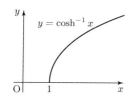
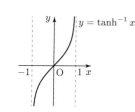

3章

微　分

この章においては，微分積分学の主テーマの一つである微分について学ぶ．

3.1 微分係数と接線の傾き

区間 I 上の関数 $f(x)$ を考える．$x_0 \in I$ に対して，極限
$$\lim_{\substack{x \to x_0 \\ x \in I}} \frac{f(x) - f(x_0)}{x - x_0}$$
があるとき，$f(x)$ は点 $\boldsymbol{x_0}$ で**微分可能である**という．そのときの極限値を x_0 における $f(x)$ の**微分係数**，あるいは微係数といい，その値を
$$f'(x_0), \quad \frac{df}{dx}(x_0)$$
と書き表す．x_0 において $f(x)$ の微分係数を求めることを，x_0 で $f(x)$ を**微分する**という．関数 $f(x)$ が区間 I の各点で微分可能であるとき，$f(x)$ は**区間 I で微分可能である**という．

区間 I が閉区間 $[a,b]$ や半開区間 $[a,b)$ である場合の端点は特別である．例えば，$I = [a,b)$ で x_0 が右端点 $x_0 = a$ のときは，極限
$$\lim_{\substack{x \to a \\ x \in I}} \frac{f(x) - f(a)}{x - a}$$
は，右側から a に近づけることになる：
$$\lim_{\substack{x \to a \\ x \in I}} \frac{f(x) - f(a)}{x - a} = \lim_{x \to a+} \frac{f(x) - f(a)}{x - a}.$$
この場合の極限があるとき，この極限を $f(x)$ の a における**右微分係数**とよぶ．

同様に $I = (a, b]$ で,右端点 $x_0 = b$ のとき,極限は左側から b に近づけるから,そのときの極限があれば,極限値を $f(x)$ の b における**左微分係数**とよぶ.
よって,例えば,関数 $f(x)$ が区間 $[a, b)$ で微分可能であるとは,
　『開区間 (a, b) の各点で微分可能であり,左端点 a では右微分可能』
を意味する.

ところで,1 次関数 $y = f(x) = px + q$ に対して (p をこの直線の**傾き**,q のことを (y) **切片**とよんだ),いま,x が c から $c + \Delta x$ に Δx だけ変化するとき,それに応じて y が Δy だけ変化するとする.すなわち,

$$c \longrightarrow c + \Delta x \implies \Delta y = f(c + \Delta x) - f(c)$$

とする.このとき,

$$\frac{\Delta y}{\Delta x} = \frac{f(c + \Delta x) - f(c)}{(c + \Delta x) - c} = \frac{(p(c + \Delta x) + q) - (pc + q)}{\Delta x} = \frac{p \Delta x}{\Delta x} = p$$

が成立する.したがって,1 次関数では,傾き p は x の変化量とそれに応じて決まる y の変化量との比として定まり,さらにそれが一定であることがわかる.したがって,a における $f(x) = px + q$ の微係数は傾き p と一致する.

例えば,1 次関数 $y = \dfrac{2}{3}x + 4$ で表される直線の傾きは,$p = \dfrac{\Delta y}{\Delta x} = \dfrac{2}{3}$ である.x が 3 増加すると,それに対応して y は 2 増加する.しかも,それがどの $(x$ の$)$ 点から考えても一定である.

次に,区間 I 上の関数 $y = f(x)$ に対して,この関数のグラフ上の任意の 2 点 $P(x_1, y_1)$,$Q(x_2, y_2)$ を結ぶ直線 PQ を考えると,この直線 PQ の傾きは,$\dfrac{y_2 - y_1}{x_2 - x_1}$ である.ただし,$y_1 = f(x_1)$, $y_2 = f(x_2)$ である.x_1 と x_2 の差を $\Delta x = x_2 - x_1$,y_1 と y_2 の差を $\Delta y = y_2 - y_1$ とすれば,点 Q の座標はそれぞれ $x_2 = x_1 + \Delta x$ と $y_2 = y_1 + \Delta y$ となるから,直線 PQ の傾きは

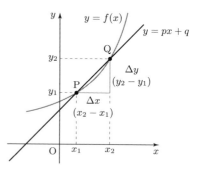

$$\frac{y_2 - y_1}{x_2 - x_1} = \frac{(y_1 + \Delta y) - y_1}{(x_1 + \Delta x) - x_1} = \frac{\Delta y}{\Delta x}$$

3.1 微分係数と接線の傾き

と書ける．いま P を固定したまま，Q を P に近づけることを考える．Q を P に近づけるということは，$x_2 = x_1 + \Delta x$ を x_1 に近づけるということにもなるから，Δx を 0 に近づけることと同じであることに着目しよう．

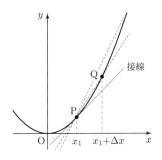

このとき，Δx を 0 に近づけるときの変化量の比 $\dfrac{\Delta y}{\Delta x}$ の極限は，関数のグラフ上の点 P における接線の傾きにほかならない．すなわち，点 P における，関数のグラフの接線の傾きを m_P と表すことにすると，

$$\lim_{\Delta x \to 0} \frac{\Delta y}{\Delta x} = m_\mathrm{P}$$

が成り立つことを意味する．すなわち，

$$f'(x_1) = \frac{df}{dx}(x_1) = \lim_{\Delta x \to 0} \frac{\Delta y}{\Delta x}$$
$$= \lim_{\Delta x \to 0} \frac{f(x_1 + \Delta x) - f(x_1)}{\Delta x} \quad (3.1)$$

である．

◇例 **3.1** 関数 $y = x^2$ のグラフ上の点 $(4, 16)$ における接線を求めよう．

P$(4, 16)$ とすると，Q$(4 + \Delta x, 16 + \Delta y)$ となる．Q も $y = x^2$ のグラフ上にあるから，

$$16 + \Delta y = (4 + \Delta x)^2 = 16 + 8\Delta x + (\Delta x)^2$$

となる．したがって，$\Delta y = 8\Delta x + (\Delta x)^2$ より，両辺を Δx で割ると，

$$\frac{\Delta y}{\Delta x} = \frac{8\Delta x + (\Delta x)^2}{\Delta x} = 8 + \Delta x$$

となる．このとき，$\Delta x \to 0$ とすると

$$\lim_{\Delta x \to 0} \frac{\Delta y}{\Delta x} = 8$$

が成り立つ．したがって，$y = x^2$ のグラフ上の点 P$(4, 16)$ における接線の傾きは 8 となる．よって，接線は

$$y = 8(x - 4) + 16 = 8x - 16$$

である．

◯問 **3.1**　$y = 2x^2$ 上の点 $\mathrm{P}(-1, 2)$ における接線を求めよ．

◆例題 **3.1**　関数 $y = f(x) = 3x^2 + 1$ の $x = 2$ における微係数 $f'(2)$ を求める．

解答．$x = 2$ のときの $y = 3x^2 + 1$ 上の点の y 座標は 13 より，$\mathrm{P}(2, 13)$ とおくと，$\mathrm{Q}(2 + \Delta x, 13 + \Delta y)$ である．Q も $y = 3x^2 + 1$ のグラフ上にあるから，
$$13 + \Delta y = 3(2 + \Delta x)^2 + 1 = 13 + 12\Delta x + 3(\Delta x)^2$$
となる．したがって，$\Delta y = 12\Delta x + 3(\Delta x)^2$ より，両辺を Δx で割り，$\Delta x \to 0$ とすると，
$$\lim_{\Delta x \to 0} \frac{\Delta y}{\Delta x} = \lim_{\Delta x \to 0}(12 + 3\Delta x) = 12$$
が成り立つ．よって，$f'(2) = 12$ である．　□

◯問 **3.2**　$y = f(x) = 2x + 1$ の $x = 3$ における微係数 $f'(3)$ を求めよ．

◯問 **3.3**　$y = -4x^3$ の $x = 2$ における微係数を求めよ．

◆例題 **3.2**　関数 $f(x) = \sqrt{x}$ $(x \geqq 0)$ の微分可能性を調べる．

解答．$f(x) = \sqrt{x}$ の定義域は $I = [0, \infty)$ である．$x, c \in I$ に対して，
$$\frac{f(x) - f(c)}{x - c} = \frac{\sqrt{x} - \sqrt{c}}{x - c} = \frac{1}{\sqrt{x} + \sqrt{c}}, \quad x \neq c$$
の $x \to c$ のときの極限を求めるのであるが，$c > 0$ のときは問題ないが，$c = 0$ のときは，$x \to 0$ は右極限を意味する．まず，$c > 0$ とすると，
$$\lim_{x \to c} \frac{f(x) - f(c)}{x - c} = \lim_{x \to c} \frac{1}{\sqrt{x} + \sqrt{c}} = \frac{1}{2\sqrt{c}}$$
である．よって，$f(x)$ は c において微分可能である．$c = 0$ のときは，
$$\lim_{\substack{x \to 0 \\ x \in I}} \frac{f(x) - f(c)}{x - c} = \lim_{x \to 0+} \frac{1}{\sqrt{x}} = +\infty$$
となり，$f(x)$ は $x = 0$ では微分可能ではない．したがって，$f(x)$ は I から 0 を除いた $(0, \infty)$ で微分可能である．　□

3.2 導関数

定理 3.1 区間 I 上の関数 $f(x)$ に対して，点 $x_0 \in I$ で微分可能ならば，$f(x)$ は x_0 で連続である．したがって，I の各点で微分可能ならば，$f(x)$ は I 上で連続となる．

証明. $f(x)$ は点 x_0 で微分可能であるから，
$$f'(x_0) = \lim_{x \to x_0} \frac{f(x) - f(x_0)}{x - x_0}$$
が存在する．よって，定理 2.1 (3) により，
$$\lim_{x \to x_0} \big(f(x) - f(x_0)\big) = \lim_{x \to x_0} \frac{f(x) - f(x_0)}{x - x_0} \cdot (x - x_0) = f'(x_0) \cdot 0 = 0$$
が成り立つ．よって，$f(x)$ は x_0 で連続である． □

3.2 導関数

関数 $f(x)$ が，定義された区間の各点で微分可能であるとき，その区間の x に微係数 $f'(x)$ を対応させると，関数を定める．この関数を**導関数**とよぶ．ここでは，導関数の性質について考えていく．

3.2.1 導関数の計算

区間 I 上の関数 $y = f(x)$ の各点 x で微分可能であるとき，その導関数を
$$f', \quad \frac{dy}{dx}, \quad \frac{df}{dx}$$
と書く．

◆**例題 3.3** 関数 $y = x^2$, $x \in \mathbb{R}$ の導関数を求める．

解答. $y = x^2$ のグラフ上の任意の点を $\mathrm{P}(x, x^2)$ とすると，$\mathrm{Q}(x+\Delta x, x^2+\Delta y)$ であり，Q も $y = x^2$ のグラフ上にあるから，$(x+\Delta x)^2 = x^2 + \Delta y$ となる．よって，$\Delta y = 2x\Delta x + (\Delta x)^2$ が成り立つ．両辺を Δx で割ると，
$$\frac{\Delta y}{\Delta x} = \frac{2x\Delta x + (\Delta x)^2}{\Delta x} = 2x + \Delta x$$
となるから，$\Delta x \to 0$ とすると，

$$\lim_{\Delta x \to 0} \frac{\Delta y}{\Delta x} = \lim_{\Delta x \to 0}(2x + \Delta x) = 2x$$

が成り立つ．したがって，$y = f(x) = x^2$ の導関数は $f'(x) = 2x$ である． □

◆**例題 3.4** 関数 $y = f(x) = \dfrac{1}{x^2+1}$ の導関数を求める．

解答． $y = \dfrac{1}{x^2+1}$ のグラフ上の任意の点を $\mathrm{P}(x, f(x))$ とすると，$\mathrm{Q}(x+\Delta x, f(x)+\Delta y)$ である．Q は $y = f(x)$ のグラフ上の点だから

$$f(x+\Delta x) = f(x) + \Delta y \quad \text{とすると，} \quad \frac{1}{(x+\Delta x)^2 + 1} = \frac{1}{x^2+1} + \Delta y$$

となるから，

$$\Delta y = \frac{1}{(x+\Delta x)^2 + 1} - \frac{1}{x^2+1} = \frac{(x^2+1) - \{(x+\Delta x)^2 + 1\}}{\{(x+\Delta x)^2 + 1\}(x^2+1)}$$
$$= \frac{-2x\Delta x - (\Delta x)^2}{\{(x+\Delta x)^2 + 1\}(x^2+1)}$$

となる．両辺を Δx で割ると，

$$\frac{\Delta y}{\Delta x} = \frac{-2x - \Delta x}{\{(x+\Delta x)^2 + 1\}(x^2+1)}$$

だから，$\Delta x \to 0$ とすると，

$$-2x - \Delta x \to -2x, \quad \{(x+\Delta x)^2 + 1\}(x^2+1) \to (x^2+1)^2$$

が成り立つ．よって，

$$f'(x) = \lim_{\Delta x \to 0} \frac{\Delta y}{\Delta x} = \lim_{\Delta x \to 0} \frac{-2x - \Delta x}{\{(x+\Delta x)^2 + 1\}(x^2+1)} = -\frac{2x}{(x^2+1)^2}$$

となる． □

導関数の性質をいくつか述べておく．

定理 3.2 区間 I 上の関数 $f(x), g(x)$ はともに I 上で微分可能とする．$G(x)$ は $f(x)$ の値域を含むある区間で微分可能とし，a を定数とする．このとき，以下が成り立つ．

(1) (和・差の微分) $F(x) = f(x) \pm g(x) \implies F'(x) = f'(x) \pm g'(x)$

3.2 導関数

(2) (定数倍の微分) $F(x) = af(x) \implies F'(x) = af'(x)$

(3) (積の微分) $F(x) = f(x)g(x) \implies F'(x) = f'(x)g(x) + f(x)g'(x)$

(4) (商の微分) $F(x) = \dfrac{f(x)}{g(x)} \implies F'(x) = \dfrac{f'(x)g(x) - f(x)g'(x)}{g(x)^2}$

ただし, $g(x) \neq 0$ とする.

(5) (合成関数の微分) $F(x) = G(f(x)) \implies F'(x) = G'(f(x)) \cdot f'(x)$

証明. $\Delta x = h$ とおくと, **(1)** は,

$$\begin{aligned} F'(x) &= \lim_{h \to 0} \frac{F(x+h) - F(x)}{h} \\ &= \lim_{h \to 0} \frac{\bigl(f(x+h) \pm g(x+h)\bigr) - \bigl(f(x) \pm g(x)\bigr)}{h} \\ &= \lim_{h \to 0} \left(\frac{f(x+h) - f(x)}{h} \pm \frac{g(x+h) - g(x)}{h} \right) = f'(x) \pm g'(x) \end{aligned}$$

となり, 成り立つことがわかる. **(2)** も同様に確認できる.

(3) については,

$$\begin{aligned} F'(x) &= \lim_{h \to 0} \frac{F(x+h) - F(x)}{h} = \lim_{h \to 0} \frac{f(x+h)g(x+h) - f(x)g(x)}{h} \\ &= \lim_{h \to 0} \frac{\bigl(f(x+h) - f(x)\bigr)g(x+h) + f(x)\bigl(g(x+h) - g(x)\bigr)}{h} \\ &= \lim_{h \to 0} \left(\frac{f(x+h) - f(x)}{h} \cdot g(x+h) + f(x) \cdot \frac{g(x+h) - g(x)}{h} \right) \end{aligned}$$

であり, $\lim_{h \to 0} g(x+h) = g(x)$ に注意すると, 最後の極限は

$$f'(x)g(x) + f(x)g'(x)$$

となり **(3)** が成立する.

(4) については, $F(x) = \dfrac{f(x)}{g(x)}$ として分母を払うと $f(x) = F(x)g(x)$ となる. これに **(3)** の結果を用いると,

$$f'(x) = F'(x)g(x) + F(x)g'(x) = F'(x)g(x) + \frac{f(x)}{g(x)} \cdot g'(x)$$

となる. よって,

$$F'(x) = \frac{f'(x)g(x) - f(x)g'(x)}{g(x)^2}$$

が得られ，(4) が成立することがわかる．

最後に，
$$F'(x) = \lim_{h \to 0} \frac{G(f(x+h)) - G(f(x))}{h}$$
$$= \lim_{h \to 0} \frac{G(f(x+h)) - G(f(x))}{f(x+h) - f(x)} \cdot \frac{f(x+h) - f(x)}{h}$$

と変形する．このとき，$k = f(x+h) - f(x)$ とおくと，f は連続関数より，$h \to 0$ のとき，$k \to 0$ となる．よって，
$$F'(x) = \lim_{h \to 0} \frac{G(f(x)+k)) - G(f(x))}{k} \cdot \frac{f(x+h) - f(x)}{h}$$
$$= G'(f(x)) \cdot f'(x)$$

となり，(5) が示された． □

◇例 **3.2** (1) 定数関数 $f(x) = c$ に対して，$\bigl(f(x)\bigr)' = (c)' = 0$ が成り立つ．実際，$f(x+h) - f(x) = c - c = 0$ より，
$$f'(x) = \lim_{h \to 0} \frac{f(x+h) - f(x)}{h} = 0$$

となる．

(2) $f(x) = x^2$ とすると，
$$f'(x) = \lim_{h \to 0} \frac{(x+h)^2 - x^2}{h}$$
$$= \lim_{h \to 0} \frac{2xh + h^2}{h} = \lim_{h \to 0} (2x + h) = 2x$$

が成り立つ．

○問 **3.4** 次の関数を微分せよ．

(1) $f(x) = x^2 - 2x + 2$ (2) $f(x) = -2x^2 + 3x + 1$
(3) $f(x) = (x-1)(3x+5)$

◆例題 **3.5** (1) $n \in \mathbb{N}$ とするとき，$\bigl(x^n\bigr)' = nx^{n-1}$．

(2) $\bigl(\sin x\bigr)' = \cos x$, $\bigl(\cos x\bigr)' = -\sin x$
(3) $\bigl(e^x\bigr)' = e^x$

3.2 導関数

証明. (1) $n \in \mathbb{N}$ に対して二項定理を用いると,

$$\begin{aligned}
\left(x^n\right)' &= \lim_{h \to 0} \frac{(x+h)^n - x^n}{h} \\
&= \lim_{h \to 0} \frac{1}{h}\left\{\left(x^n + {}_nC_1 x^{n-1}h + \cdots + {}_nC_{n-1}xh^{n-1} + h^n\right) - x^n\right\} \\
&= \lim_{h \to 0}\left\{{}_nC_1 x^{n-1} + {}_nC_2 x^{n-1}h + \cdots + {}_nC_{n-1}xh^{n-2} + h^{n-1}\right\} \\
&= {}_nC_1 x^{n-1} = nx^{n-1}
\end{aligned}$$

となる.

(2)
$$\begin{aligned}
\left(\sin x\right)' &= \lim_{h \to 0} \frac{\sin(x+h) - \sin x}{h} \\
&= \lim_{h \to 0} \frac{\sin x \cos h + \cos x \sin h - \sin x}{h} \\
&= \lim_{h \to 0} \left(\sin x \cdot \frac{\cos h - 1}{h} + \cos x \cdot \frac{\sin h}{h}\right)
\end{aligned}$$

と変形できる. $\displaystyle\lim_{h \to 0} \frac{\sin h}{h} = 1$ に注意すると,

$$\begin{aligned}
\lim_{h \to 0} \frac{\cos h - 1}{h} &= \lim_{h \to 0} \frac{\cos^2 h - 1}{h(\cos h + 1)} = -\lim_{h \to 0}\left(\frac{\sin h}{h}\right)^2 \cdot \frac{h}{\cos h + 1} \\
&= -1^2 \cdot \frac{0}{0+1} = 0
\end{aligned}$$

となる. よって,

$$\left(\sin x\right)' = \cos x$$

がわかる. 同様に $\left(\cos x\right)' = -\sin x$ も示される.

(3) $f(x) = e^x$ とおく. いま, $h > 0$ を十分小さくとる. このとき,

$$f(x+h) - f(x) = e^{x+h} - e^x = e^x\left(e^h - 1\right)$$

だから,

$$\lim_{h \to 0+} \frac{f(x+h) - f(x)}{h} = \lim_{h \to 0+} e^x \cdot \frac{e^h - 1}{h}$$

である. $e = \displaystyle\lim_{z \to \infty}\left(1 + \frac{1}{z}\right)^z$ を思い出すと (例題 2.3), z が十分大きければ, $e^{1/z}$ と $1 + \dfrac{1}{z}$ はほぼ等しい. (ここで, 例題 2.4 における記号 "$\sim$" をふたたび

用いることにし，α と β がほぼ等しいことを $\alpha \sim \beta$ と書くことにする．）すなわち，
$$e^{1/z} \sim 1 + \frac{1}{z}$$
である．よって，$h = \dfrac{1}{z}$ とおくと，z が十分大きければ，
$$e^h \sim 1 + h.$$
したがって，$e^h - 1 \sim h$ である．すなわち，$\dfrac{e^h - 1}{h} \sim \dfrac{h}{h} = 1$．ゆえに，$z$ が十分大きいとき，$h = \dfrac{1}{z} \sim 0$ だから，
$$\lim_{h \to 0+} e^x \cdot \frac{e^h - 1}{h} = e^x.$$
したがって，e^x の右微分係数が存在して e^x に等しい．

次に，$h > 0$ に対して，
$$f(x-h) - f(x) = e^{x-h} - e^x = e^x\left(e^{-h} - 1\right) = e^x \cdot \frac{1 - e^h}{e^h}$$
より，
$$\lim_{h \to 0+} \frac{f(x-h) - f(x)}{-h} = \lim_{h \to 0+} e^x \cdot \frac{1 - e^h}{-h \cdot e^h} = \lim_{h \to 0+} e^x \cdot \frac{\dfrac{e^h - 1}{h}}{e^h}$$
$$= e^x \cdot \frac{1}{e^0} = e^x$$
であるから，e^x の左微分係数が存在して e^x に等しいので $(e^x)' = e^x$ である． □

○問 **3.5** $(\cos x)' = -\sin x$ を示せ．また，$\tan x = \dfrac{\sin x}{\cos x}$ に商の微分を適用することにより $(\tan x)' = \dfrac{1}{\cos^2 x}$ も示せ．

◆例題 **3.6** (1) $n \in \mathbb{N}$ に対して，$\left(x^{-n}\right)' = -n x^{-n-1}$．
(2) $a > 0$ とするとき，$\left(a^x\right)' = a^x \log a$．
(3) $\left(e^{x^2} \cos x\right)' = e^{x^2}(2x \cos x - \sin x)$

3.2 導関数

証明. (1) $n \in \mathbb{N}$ に対して，$x^{-n} = \dfrac{1}{x^n}$ であるから，商の微分によって，

$$(x^{-n})' = \left(\frac{1}{x^n}\right)' = \frac{0 \cdot x^n - 1 \cdot nx^{n-1}}{(x^n)^2} = -\frac{nx^{n-1}}{x^{2n}} = -nx^{-n-1}$$

となる．

(2) $a > 0$ に対して，$a = e^{\log a}$ に注意すると，

$$a^x = \left(e^{\log a}\right)^x = e^{x \log a}$$

だから，合成関数の微分を用いると，

$$(a^x)' = \left(e^{x \log a}\right)' = e^{x \log a} \cdot \log a = a^x \log a$$

となる．

(3) 合成関数の微分と積の微分を用いると，

$$\left(e^{x^2} \cos x\right)' = \left(e^{x^2} \cdot (2x)\right) \cdot \cos x + e^{x^2}(-\sin x)$$
$$= e^{x^2}(2x \cos x - \sin x)$$

となる． □

定理 3.3（逆関数の微分）$f(x)$ を区間 I 上の狭義単調関数で微分可能とする．このとき，$f'(a) \neq 0$ ならば，逆関数 $f^{-1}(x)$ は点 $f(a)$ において微分可能であり，

$$(f^{-1})'(f(a)) = \frac{1}{f'(a)} \tag{3.2}$$

が成り立つ．

証明. 区間 I 上で関数 $f(x)$ は微分可能だから連続である．また，狭義単調関数より，$f(x)$ は連続な逆関数 $f^{-1}(x)$ をもつ (定理 2.5)．このとき，$f(x) = y$ とおくと，$x = f^{-1}(y)$ となる．したがって，$x = f^{-1}(f(x))$ が成り立つ．特に，$a = f^{-1}(f(a))$ である．

次に，$h \in \mathbb{R}$ に対して，

$$k = f^{-1}(f(a) + h) - f^{-1}(f(a)) = f^{-1}(f(a) + h) - a$$

とおくと，$a + k = f^{-1}(f(a) + h)$ であることと $f(a) + h = f(a + k)$ は同じである．すなわち，$h = f(a + k) - f(a)$ である．$f^{-1}(x)$ は連続だから，$h \to 0$ のとき，$k \to 0$ である．よって，

$$\lim_{h \to 0} \frac{f^{-1}(f(a)+h) - f^{-1}(f(a))}{h}$$
$$= \lim_{k \to 0} \frac{k}{f(a+k) - f(a)} = \lim_{k \to 0} \frac{1}{\dfrac{f(a+k) - f(a)}{k}} = \frac{1}{f'(a)}$$

が成り立つ. □

逆関数の微分 (3.2) は, 簡単に次のように理解することもできる：

$$\frac{dx}{dy}(b) = \frac{1}{\dfrac{dy}{dx}(a)}, \qquad b = f(a). \tag{3.3}$$

◆**例題 3.7** (1) $\left(\log_e x\right)' = (\log x)' = \dfrac{1}{x}, \quad x > 0$

(2) $\left(\mathrm{Arcsin}\, x\right)' = \left(\mathrm{Sin}^{-1} x\right)' = \dfrac{1}{\sqrt{1-x^2}}, \quad |x| < 1$

証明. (1) $y = \log x = \log_e x$ は, $y = e^x$ の逆関数である. $y = f(x) = e^x$ は狭義単調増加な連続関数である. また, $f'(x) = e^x > 0$ だから, 定理 3.3 により,

$$\left(\log_e y\right)' = \frac{1}{(e^x)'} = \frac{1}{e^x} = \frac{1}{y} \quad (y = e^x).$$

よって, (1) が成り立つ.

(2) $y = \mathrm{Sin}^{-1} x$ は, 関数 $y = f(x) = \sin x$ を $I = [-\frac{\pi}{2}, \frac{\pi}{2}]$ に制限したときの逆関数である. また, $f(x)$ は I 上で狭義単調増加な連続関数であり,

$$f'(x) = \cos x \neq 0 \quad \left(-\frac{\pi}{2} < x < \frac{\pi}{2}\right)$$

となる. したがって, $y = \sin x$ に対して,

$$-\frac{\pi}{2} < x < \frac{\pi}{2} \iff -1 < y < 1$$

だから, $\left(\mathrm{Sin}^{-1} y\right)' = \dfrac{1}{(\sin x)'} = \dfrac{1}{\cos x} \ (y = \sin x)$ である. $-\frac{\pi}{2} < x < \frac{\pi}{2}$ のとき, $\cos x > 0$ であることに注意すると,

$$\cos x = \sqrt{1 - \sin^2 x} = \sqrt{1 - y^2}$$

である. よって, $\left(\mathrm{Sin}^{-1} y\right)' = \dfrac{1}{\sqrt{1-y^2}}$ となり (2) が示された. □

3.2 導関数

○問 **3.6** 次を示せ.

(1) $\left(\operatorname{Arccos} x\right)' = \left(\operatorname{Cos}^{-1} x\right)' = -\dfrac{1}{\sqrt{1-x^2}}, \quad |x| < 1$

(2) $\left(\operatorname{Arctan} x\right)' = \left(\operatorname{Tan}^{-1} x\right)' = \dfrac{1}{1+x^2}, \quad x \in \mathbb{R}$

◆例題 **3.8** $f(x)$ を区間 I 上で微分可能な関数とし，各 $x \in I$ に対して，$f(x) > 0$ を満たすならば，$y = \log f(x)$ は I 上で微分可能であり，

$$\left(\log f(x)\right)' = \frac{f'(x)}{f(x)}, \quad x \in I$$

が成り立つ．

証明．$g(x) = \log x, \ x > 0$ とおくと，$\log f(x)$ は
$$\log f(x) = g(f(x))$$
と書けることから，$g(x)$ と $f(x)$ の合成関数である．特に，$x \in I$ に対して $f(x) > 0$ より，この合成関数は定義されることに注意する．よって，$g'(x) = \dfrac{1}{x}$ に注意すると，

$$\left(\log f(x)\right)' = \left(g(f(x))\right)' = g'(f(x)) \cdot f'(x) = \frac{f'(x)}{f(x)}$$

である． □

◆例題 **3.9** (1) $a \in \mathbb{R}$ に対して，$\left(x^a\right)' = a x^{a-1}, \ x > 0.$

(2) $\left(x^x\right)' = x^x (\log x + 1), \ x > 0$

証明．(1) a が 0 以外の整数であれば，例題 3.5 (1) と例題 3.6 (1) においてすでに示されている．$a = 0$ のときは，$x^0 = 1 \ (x > 0)$ は定数関数より，この場合も例題 3.5 (1) で示している．そこで，それ以外の a について考える．
  $x = e^{\log x}$ に注意すると，

$$x^a = (e^{\log x})^a = e^{a \log x}, \quad x > 0$$

より，合成関数の微分から

$$\left(x^a\right)' = (e^{a \log x})' = e^{a \log x} \cdot (a \log x)'$$

$$= e^{a\log x} \cdot \frac{a}{x} = x^a \cdot \frac{a}{x} = ax^{a-1}, \quad x > 0$$

となり，$a = n \in \mathbb{Z}$ のときの結果と一致する．よって，すべての実数 a に対して (1) が成り立つ．

(2) $x > 0$ に対して，$x = e^{\log x}$ より，

$$x^x = (e^{\log x})^x = e^{x\log x}$$

となる．よって，ふたたび合成関数と積の微分により，

$$(x^x)' = \left(e^{x\log x}\right)' = e^{x\log x} \cdot (x\log x)'$$
$$= x^x \cdot \left(1 \cdot \log x + x \cdot \frac{1}{x}\right) = x^x(\log x + 1)$$

が成り立つ． □

○問 **3.7** 次の関数の微分をせよ．

(1) $f(x) = x^2 + \dfrac{2}{x^2}$　(2) $f(x) = \dfrac{1+\cos x}{x+\sin x}$　(3) $f(x) = \left(1+e^{-2x}\right)^{-1}$

3.2.2　高階の導関数

区間 I 上の関数 $y = f(x)$ を I で微分可能とし，さらにその導関数 $y = f'(x)$ も I で微分可能とすると，$y = f'(x)$ の導関数 $(f')'(x)$ が定義できる．これを $f(x)$ の **2 階の導関数**，または **2 次導関数**とよび，

$$y'', \quad f'', \quad \frac{d^2y}{dx^2}, \quad \frac{d^2f}{dx^2}$$

と書き表す．さらに，2 階の導関数 $y = f''(x)$ が I で微分可能であるとき，その導関数を

$$y''', \quad f''', \quad \frac{d^3y}{dx^3}, \quad \frac{d^3f}{dx^3}$$

と書き表し，これを $f(x)$ の **3 階の導関数**，または **3 次導関数**とよぶ．以下同様に，$n \in \mathbb{N}$ $(n \geqq 4)$ に対して，$y = f(x)$ が I 上 n 回続けて微分可能とするとき，その導関数を **n 次導関数**とよび，

$$y^{(n)}, \quad f^{(n)}, \quad \frac{d^ny}{dx^n}, \quad \frac{d^nf}{dx^n}$$

と書き表す．2 階以上の導関数のことを，まとめて**高階の導関数**とよぶ．

3.2 導関数

◇**例 3.3**　(1) $f(x) = x^4 + 2x^3 + x - 3$ のとき,
$$f'(x) = 4x^3 + 6x^2 + 1, \quad f''(x) = 12x^2 + 12x.$$

(2) $f(x) = xe^{3x}$ のとき,
$$f'(x) = e^{3x} + 3xe^{3x}, \quad f''(x) = 3e^{3x} + 3e^{3x} + 9xe^{3x} = 6e^{3x} + 9xe^{3x}.$$

○**問 3.8**　次の関数の 2 次導関数を求めよ.
(1) $f(x) = x^5 - 4x^3 + x^2 + 1$　　(2) $f(x) = \log(1 + x)$

◆**例題 3.10**　$n \in \mathbb{N}$ とする.
(1) $f(x) = e^x$ のとき, $f^{(n)}(x) = (e^x)^{(n)} = e^x$.
(2) $f(x) = x^n$ のとき, $f^{(n)}(x) = (x^n)^{(n)} = n!$.
(3) $f(x) = \sin x$ のとき, $f^{(n)}(x) = (\sin x)^{(n)} = \sin\left(x + \dfrac{n}{2}\pi\right)$.

証明. (1) $(e^x)' = e^x$ より, 微分しても導関数は変化しないので, $(e^x)^{(n)} = e^x$ が成り立つ.

(2) $f(x) = x^n$ とおくと, $f'(x) = nx^{n-1}$, $f''(x) = n(n-1)x^{(n-2)}$ となる. 以下, 繰り返すと,
$$f^{(n)}(x) = n(n-1)(n-2)\cdots 3 \cdot 2 \cdot 1 \cdot x^{n-n}$$
$$= n(n-1)(n-2)\cdots 3 \cdot 2 \cdot 1 = n!$$
となる.

(3) $f(x) = \sin x$ に対して, $f'(x) = \cos x = \sin\left(x + \dfrac{1}{2}\pi\right)$ である. 次に, 合成関数の微分を使うと,
$$f''(x) = \left(\sin\left(x + \dfrac{1}{2}\pi\right)\right)' = \cos\left(x + \dfrac{1}{2}\pi\right) \cdot \left(x + \dfrac{1}{2}\pi\right)'$$
$$= \cos\left(x + \dfrac{1}{2}\pi\right) = \sin\left(x + \dfrac{1}{2}\pi + \dfrac{1}{2}\pi\right) = \sin\left(x + \dfrac{2}{2}\pi\right)$$
である. さらに,
$$f^{(3)}(x) = \left(\sin\left(x + \dfrac{2}{2}\pi\right)\right)' = \cos\left(x + \dfrac{2}{2}\pi\right) \cdot \left(x + \dfrac{2}{2}\pi\right)'$$
$$= \cos\left(x + \dfrac{2}{2}\pi\right) = \sin\left(x + \dfrac{2}{2}\pi + \dfrac{1}{2}\pi\right) = \sin\left(x + \dfrac{3}{2}\pi\right)$$

となるから，以下同様に計算すると，

$$f^{(n)}(x) = (\sin x)^{(n)} = \sin\left(x + \frac{n}{2}\pi\right), \quad n = 1, 2, \ldots$$

が成り立つことがわかる． □

○問 3.9 (1) $n \in \mathbb{N}$ に対して，$f(x) = \cos x$ の n 次導関数を求めよ．
(2) $f(x) = e^{-x}\sin x$ の 3 次導関数を求めよ．
(3) $f(x) = e^{-x}\cos x$ の 3 次導関数を求めよ．

3.3 平均値の定理

ここでは，閉区間上で定義された微分可能な関数の性質について，いくつか述べることにする．

定理 3.4 (ロルの定理) 関数 $f(x)$ を閉区間 $[a,b]$ $(a < b)$ で連続で，開区間 (a,b) で微分可能とする．このとき，$f(a) = f(b)$ ならば，

$$f'(c) = 0, \quad c \in (a,b)$$

を満たす c が存在する．

証明． $f(x)$ が定数関数，すなわち，$f(x) = f(a) = f(b)$, $x \in [a,b]$ を満たすとき，任意の $c \in (a,b)$ に対して $f'(c) = 0$ となるので定理は成立する．

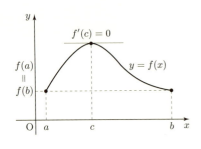

そこで，以下，$f(x)$ は定数関数でないとする．すると，$f(\xi) \neq f(a) = f(b)$ を満たす $\xi \in (a,b)$ がある．$f(\xi) > f(a) = f(b)$ とすれば，最大値・最小値定理 (定理 2.4) より，$f(x)$ は (a,b) 内で最大値をとる．このとき，十分小さい $h > 0$ に対して，

$$\frac{f(c+h) - f(c)}{h} \leqq 0$$

が常に成り立つ．左辺において，$h \to 0+$ とすれば，$f(x)$ は微分可能より，$f'_+(c) = f'(c) \leqq 0$ が成立する．同様に，

3.3 平均値の定理

$$\frac{f(c-h)-f(c)}{-h} \geqq 0$$

より，

$$0 \leqq \lim_{h \to 0+} \frac{f(c-h)-f(c)}{-h} = f'_-(c) = f'(c)$$

となる．よって，$f'(c) = 0$ でなければならない．

$f(\xi) < f(a) = f(b)$ の場合は，$f(x)$ は (a,b) 内で最小値をとるから，同様の議論で $f'(c) = 0$ となる $c \in (a,b)$ が存在することが示される． □

この結果から，次の定理を示すことができる．

定理 3.5　(コーシーの平均値の定理)　関数 $f(x), g(x)$ をともに，閉区間 $[a,b]$ $(a < b)$ で連続で，開区間 (a,b) において微分可能とする．また，(a,b) の各点 x において，$g'(x) \neq 0$ とする．このとき，

$$\frac{f(b)-f(a)}{g(b)-g(a)} = \frac{f'(c)}{g'(c)}, \quad c \in (a,b)$$

を満たす c が存在する．

証明．　まず，$g(a) \neq g(b)$ を示す．そのために，$g(a) = g(b)$ と仮定すると，ロルの定理 (定理 3.4) より，$g'(c) = 0$ を満たす $c \in (a,b)$ があるが，これは定理の仮定に反する．よって，$g(a) \neq g(b)$ である．次に，

$$F(x) = \{g(b)-g(a)\}f(x) - \{f(b)-f(a)\}g(x), \quad x \in [a,b]$$

とおくと，$F(x)$ は $[a,b]$ において連続，(a,b) で微分可能である．また，$F(a) = F(b)$ だから，ふたたびロルの定理により，$F'(c) = 0$ を満たす $c \in (a,b)$ がある．よって，

$$0 = F'(c) = \{g(b)-g(a)\}f'(c) - \{f(b)-f(a)\}g'(c)$$

であるから，

$$\frac{f(b)-f(a)}{g(b)-g(a)} = \frac{f'(c)}{g'(c)}, \quad c \in (a,b)$$

が成り立つ． □

上の定理において，$g(x) = x$ とおくと，次のラグランジュの平均値の定理が得られる．

定理 3.6 (ラグランジュの平均値の定理) 関数 $f(x)$ が閉区間 $[a,b]$ ($a<b$) で連続で, 開区間 (a,b) で微分可能ならば,

$$\frac{f(b)-f(a)}{b-a} = f'(c), \quad c \in (a,b) \tag{3.4}$$

を満たす c が存在する.

平均値の定理を利用することにより, 次の命題を示すことができる.

命題 3.1 関数 $f(x)$ は閉区間 $I=[a,b]$ で連続, 開区間 (a,b) で微分可能とする. このとき, 以下が成り立つ.
(1) $f(x)$ は I において定数関数 $\iff \forall x \in (a,b),\ f'(x)=0$
(2) $f(x)$ は I において単調増加関数 $\iff \forall x \in (a,b),\ f'(x) \geqq 0$
(3) $f(x)$ は I において単調減少関数 $\iff \forall x \in (a,b),\ f'(x) \leqq 0$

証明. (1) は (2), (3) よりでてくる. また, (3) は $-f(x)$ を考えれば, (2) よりでてくる. したがって, (2) を示せば十分である.

まず, 任意の $x \in (a,b)$ に対して, $f'(x) \geqq 0$ を仮定する. いま, $x<y$ を満たす $x,y \in I$ を任意にとる. ラグランジュの平均値の定理を閉区間 $[x,y]$ に対して適用すると,

$$\frac{f(y)-f(x)}{y-x} = f'(c) \geqq 0, \quad c \in (x,y)$$

を満たす c が存在するが, 分母を払うと

$$f(y)-f(x) = f'(c)(y-x) \geqq 0$$

が成り立つ. これは $f(x)$ が I で単調増加であることを示している.

逆に, $f(x)$ を I 上の単調増加関数とする. 任意に $x \in (a,b)$ をとり, $x+h \in (a,b)$ を満たす任意の $h>0$ に対して, $f(x+h) \geqq f(x)$ であるから,

$$\frac{f(x+h)-f(x)}{h} \geqq 0$$

が成り立つ. よって, $h \to 0+$ とすると,

$$f'(x) = f'_+(x) = \lim_{h \to 0+} \frac{f(x+h)-f(x)}{h} \geqq 0$$

となる. 同様に, $x-h \in (a,b)$ を満たす任意の $h>0$ に対して, $f(x-h) \leqq f(x)$

3.3 平均値の定理

であるから,
$$\frac{f(x-h)-f(x)}{-h} \geqq 0$$
となる．よって, $h \to 0+$ とすると,
$$f'(x) = f'_-(x) = \lim_{h \to 0+} \frac{f(x-h)-f(x)}{-h} \geqq 0$$
が成り立つ．

いずれにしても $f'(x) \geqq 0$ となることがわかる. □

命題 3.2 関数 $f(x)$ は開区間 (a,b) で微分可能とする．このとき，以下が成り立つ．
(1) $\forall x \in (a,b),\ f'(x) > 0 \implies f(x)$ は (a,b) において狭義の単調増加
(2) $\forall x \in (a,b),\ f'(x) < 0 \implies f(x)$ は (a,b) において狭義の単調減少

証明． (1) を示せば十分である．$x < y$ を満たす $x, y \in (a,b)$ を任意にとる．先の命題の証明と同様に，閉区間 $[x,y]$ に対してラグランジュの平均値の定理を適用すると，
$$\frac{f(y)-f(x)}{y-x} = f'(c), \quad c \in (x,y)$$
を満たす c が存在するが，分母を払うと,
$$f(y) - f(x) = f'(c)(y-x) > 0$$
となる． □

★**注意 3.1** 上の命題の (1), (2) における各命題の逆は，一般には成立しない．例えば，$f(x) = x^3,\ x \in (-1,1)$ とおくと，$f(x)$ は開区間 $(-1,1)$ において狭義の単調増加であり，かつ微分可能であるが，$f'(0) = 0$ となる．

系 3.1 関数 $f(x)$ が点 a で微分可能で，$f'(a) > 0$ が成り立つならば,
$$f(a-h) < f(a) < f(a+h), \ \ h > 0$$
を満たす h が存在する．

証明． $f(x)$ は点 a で微分可能で，仮定より

$$f'(a) = \lim_{h \to 0+} \frac{f(a+h) - f(a)}{h} = \lim_{h \to 0+} \frac{f(a-h) - f(a)}{-h} > 0$$

である.よって,十分小さい $h > 0$ に対して,

$$\frac{f(a+h) - f(a)}{h} \quad と \quad \frac{f(a-h) - f(a)}{-h}$$

はともに $f'(a)$ と同符号であり,したがって,ともに正の数である.よって,そのような $h > 0$ に対して,

$$\frac{f(a+h) - f(a)}{h} > 0, \quad \frac{f(a-h) - f(a)}{-h} > 0$$

であるから,2 つの不等式のそれぞれで分母を払うと,

$$f(a+h) - f(a) > 0, \quad f(a-h) - f(a) < 0$$

となる.まとめると,

$$f(a-h) < f(a) < f(a+h)$$

が成り立つ. □

3.4 平均値の定理の応用

ここでは,平均値の定理の応用として,不等式の証明や,不定形の極限の導出について述べることにする.また,関数の最大値や最小値を求める問題についても考える.

不等式の証明

◆例題 **3.11** $x > 0$ のとき,$x > \log(x+1)$ を示す.

証明. $x > 0$ のとき,$f(x) = x - \log(x+1)$ とおく.任意の $x > 0$ に対して,$f(x)$ は閉区間 $[0, x]$ で連続,開区間 $(0, x)$ で微分可能である.よって,ラグランジュの平均値の定理により

$$\frac{f(x) - f(0)}{x - 0} = f'(c), \quad c \in (0, x)$$

を満たす c が存在する.$f(0) = 0 - \log 1 = 0$,$f'(c) = 1 - \dfrac{1}{c+1} = \dfrac{c}{c+1} > 0$ に注意すると,

3.4 平均値の定理の応用 69

$$\frac{x - \log(x+1)}{x} = \frac{c}{c+1} > 0$$

となる．したがって，$x > 0$ ならば，$x > \log(x+1)$ が成り立つ． □

○問 3.10　$x > 0$ のとき，$e^{-x} > 1 - x$ が成り立つことを示せ．

不定形の極限

　平均値の定理を利用して，不定形の極限を求めることができるロピタルの定理を紹介しておく．点 c に対して，

$$\lim_{x \to c\pm} f(x) = \lim_{x \to c\pm} g(x) = 0$$

を満たすか，

$$\lim_{x \to c\pm} f(x) = \lim_{x \to c\pm} g(x) = \infty,$$

または

$$\lim_{x \to c\pm} f(x) = \lim_{x \to c\pm} g(x) = -\infty$$

を満たしているとき，

$$\lim_{x \to c\pm} \frac{f(x)}{g(x)}$$

の形の極限を**不定形の極限**とよぶ．

　はじめに，平均値の定理が直接適用できる場合の結果について述べる．

定理 3.7　(ロピタルの定理 I：$\frac{0}{0}$ 型の不定形)　関数 $f(x), g(x)$ は点 c を含む開区間 (a, b) で微分可能であって，

$$x \neq c,\ x \in (a, b)\ \text{のとき}, \quad g(x) \neq 0,\ g'(x) \neq 0$$

とする．さらに，$\lim_{x \to c} f(x) = \lim_{x \to c} g(x) = 0$ とする．このとき，極限値 $\lim_{x \to c} \dfrac{f'(x)}{g'(x)} = A$ が存在すれば，

$$\lim_{x \to c} \frac{f(x)}{g(x)}$$

も存在して，A に等しい．

証明. $h > 0$ を $c+h \in (a,b)$ を満たすようにとる．$f(x), g(x)$ はともに閉区間 $[c, c+h]$ で連続，開区間 $(c, c+h)$ で微分可能であり，$g'(x) \neq 0$, $x \in (c, c+h)$ を満たす．よって，$f(c) = g(c) = 0$ に注意すると，コーシーの平均値の定理により，

$$\frac{f(c+h)}{g(c+h)} = \frac{f(c+h)-f(c)}{g(c+h)-g(c)} = \frac{f'(\xi)}{g'(\xi)}, \quad \xi \in (c, c+h) \qquad (3.5)$$

を満たす ξ が存在する．$h \to 0$ のとき $\xi \to c$ となるから，左辺の右極限がある．同様に，左極限もあることがわかり，さらに (3.5) の極限と一致する．よって，

$$\lim_{h \to 0} \frac{f(c+h)}{g(c+h)} = \frac{f'(c)}{g'(c)}$$

が成り立つ． □

定理 3.8 (ロピタルの定理 II：$\frac{\infty}{\infty}$ 型の不定形)　関数 $f(x), g(x)$ を開区間 $I = (c, b)$ (または，$I = (a, c)$) で微分可能とし，

$$\forall x \in I, \quad f(x) \neq 0, \; g(x) \neq 0, \; g'(x) \neq 0$$

を満たし，$\displaystyle\lim_{x \to c+} f(x) = \lim_{x \to c+} g(x) = \infty$ (または $\displaystyle\lim_{x \to c-} f(x) = \lim_{x \to c-} g(x) = \infty$) とする．このとき，極限値 $\displaystyle\lim_{x \to c+} \frac{f'(x)}{g'(x)} = A$ $\left(\text{または } \displaystyle\lim_{x \to c-} \frac{f'(x)}{g'(x)} = A\right)$ が存在すれば，

$$\lim_{x \to c+} \frac{f(x)}{g(x)} \quad \left(\text{または } \lim_{x \to c-} \frac{f(x)}{g(x)} \right)$$

も存在して，A に等しい．

★**注意 3.2**　(1) ロピタルの定理 II において，$\displaystyle\lim_{x \to c+} f(x) = \lim_{x \to c+} g(x) = -\infty$ (または $\displaystyle\lim_{x \to c-} f(x) = \lim_{x \to c-} g(x) = -\infty$) であって，それ以外の条件が同様に成り立てば，同じ結論が成立する．また，$c = \infty$ または $c = -\infty$ の場合でも定理は成立する．

(2) 2 つのロピタルの定理 I, II において，$A = \infty$ または $A = -\infty$ となる場合，特に，$\displaystyle\lim_{x \to c} f'(x) = \lim_{x \to c} g'(x) = \beta$ ($\beta = 0$ または ∞) を満たし，さらに $f'(x), g'(x)$ が微分可能であり，極限値 $\displaystyle\lim_{x \to c} \frac{f''(x)}{g''(x)} = B$ が存在すれば，

3.4 平均値の定理の応用

$\lim_{x \to c} \dfrac{f(x)}{g(x)}$ が存在して，B に等しいことがわかる．すなわち，

$$\lim_{x \to c} \frac{f(x)}{g(x)} = \lim_{x \to c} \frac{f'(x)}{g'(x)} = \lim_{x \to c} \frac{f''(x)}{g''(x)}$$

が成り立つ．

◇例 3.4　(1) $\lim_{x \to 0} \dfrac{\log(1+x)}{x} = \lim_{x \to 0} \dfrac{1}{x+1} = 1$

(2) $\lim_{x \to \infty} \dfrac{x^2 - 2x + 1}{3x^2 + 2x + 1} = \lim_{x \to \infty} \dfrac{2x - 2}{6x + 2} = \lim_{x \to \infty} \dfrac{2}{6} = \dfrac{1}{3}$

(3) $\lim_{x \to \infty} \dfrac{x^3}{e^x} = \lim_{x \to \infty} \dfrac{3x^2}{e^x} = \lim_{x \to \infty} \dfrac{6x}{e^x} = \lim_{x \to \infty} \dfrac{6}{e^x} = 0$

(4) $\alpha > 0$ に対して，$\lim_{x \to \infty} \dfrac{\log x}{x^\alpha} = \lim_{x \to \infty} \dfrac{1/x}{\alpha x^{\alpha-1}} = \lim_{x \to \infty} \dfrac{1}{\alpha x^\alpha} = 0$.

○問 3.11　次の極限を求めよ．ただし，(3) では $a, b \neq 0, a \neq b$ とする．

(1) $\lim_{t \to 0} \dfrac{e^{5t} - 1}{t}$　(2) $\lim_{x \to 0} \dfrac{x - \sin x}{\tan x}$　(3) $\lim_{x \to 1} \dfrac{x^a - 1}{x^b - 1}$

極限の計算

関数 $f(x)g(x)$ や $f(x) - g(x)$ の極限を計算する際に，積や差を

$$f(x) \cdot g(x) = \frac{f(x)}{1/g(x)} = \frac{g(x)}{1/f(x)},$$

$$f(x) - g(x) = (f(x)g(x))\left(\frac{1}{g(x)} - \frac{1}{f(x)}\right)$$

とみることにより，ロピタルの定理が適用できる場合がある．

また，関数 $f(x)^{g(x)}$ は，対数をとって，

$$\log(f(x)^{g(x)}) = g(x) \log f(x)$$

として，

$$\lim_{x \to c} \bigl(f(x)\bigr)^{g(x)} = e^{\left(\lim_{x \to c} g(x) \log f(x)\right)}$$

を計算することで求められる場合がある．

◇例 3.5　(1) $\displaystyle\lim_{x\to 0+} x\log x = \lim_{x\to 0+}\frac{\log x}{\dfrac{1}{x}} = \lim_{x\to 0+}\frac{\dfrac{1}{x}}{-\dfrac{1}{x^2}} = \lim_{x\to 0+}(-x) = 0$

(2) $\displaystyle\lim_{x\to 0+} x^x = \lim_{x\to 0+} e^{\log(x^x)} = \lim_{x\to 0+} e^{x\log x} = e^{\left(\lim\limits_{x\to 0+} x\log x\right)} = e^0 = 1$

◆例題 3.12　極限 $\displaystyle\lim_{x\to 0}\left(\frac{1}{x}-\frac{1}{\sin x}\right)$ を求める.

解答. $\dfrac{1}{x}-\dfrac{1}{\sin x}=\dfrac{1}{x\sin x}\cdot(\sin x - x)=\dfrac{1}{\dfrac{\sin x}{x}}\cdot\dfrac{\sin x - x}{x^2}$ となる. また, $\displaystyle\lim_{x\to 0}\frac{\sin x}{x}=1$ に注意すると, $\displaystyle\lim_{x\to 0}\frac{\sin x - x}{x^2}$ を求めればよい. よって, ロピタルの定理 I により,

$$\lim_{x\to 0}\frac{\sin x - x}{x^2} = \lim_{x\to 0}\frac{\cos x - 1}{2x} = \lim_{x\to 0}\frac{-\sin x}{2} = 0$$

だから,

$$\lim_{x\to 0}\left(\frac{1}{x}-\frac{1}{\sin x}\right) = \frac{1}{1}\cdot 0 = 0$$

である. □

○問 3.12　$x\to 0$ とするとき, 次の極限を求めよ.

(1) $\dfrac{1}{x}-\dfrac{1}{\tan x}$　(2) $\dfrac{1}{\log(x+1)}-\dfrac{1}{x}$　(3) $(\cos x)^{1/x^2}$　(4) $(\tan 2x)^x$

最大・最小

区間 I 上の関数 $f(x)$ について, ある $c\in I$ があって,

$$\forall x\in I,\quad f(x)\leqq f(c)$$

が成り立つとき, $f(c)$ を $f(x)$ の**最大値**とよび, そのときの c を $f(x)$ の**最大点**とよぶ. 同様に, ある $c\in I$ があって,

$$\forall x\in I,\quad f(c)\leqq f(x)$$

が成り立つとき, $f(c)$ を $f(x)$ の**最小値**とよび, そのときの c を $f(x)$ の**最小点**とよぶ. 最大値, あるいは最小値をとる c が存在しないこともある. また, 存在しても複数個あることも考えられる.

◇**例 3.6** (1) 2 つの関数 $y = x^2$, $y = \sqrt{x-5}$ の最小値はともに 0 である．前者の最小点は 0 であり，後者は 5 である．また，これらの関数はともに最大値をとる x の値はない．

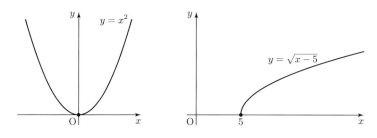

(2) $y = 20 - (x-2)^2(x+2)^2$ は $x = \pm 2$ のとき最大値 20 をとるが，最小値は存在しない．$y = \dfrac{1}{x^2}$ は最大値も最小値も存在しない．

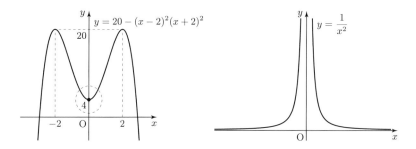

ところで，$y = 20 - (x-2)^2(x+2)^2$ は，$x = 0$ では，全体で見ると最小値ではないが，$x = 0$ の付近で見ると最も小さい値をとっている．すなわち，定義域を $-2 < x < 2$ に制限すると，$x = 0$ では最小値 4 をとることがわかる．

上の例のように，定義域を適当に制限するとき，その範囲で関数が最小値をとるならば，その値を極小値とよぶ．すなわち，区間 I 上の関数 $f(x)$ について，ある $c \in I$ および c の近傍 B があって，

$$\forall x \in B, \quad f(x) \leqq f(c)$$

を満たすとき，$f(c)$ を**極大値**とよび，c を**極大点**とよぶ．同様に，ある $c \in I$ および c の近傍 B があって，

$$\forall x \in B, \quad f(c) \leqq f(x)$$

を満たすとき，$f(c)$ を **極小値**，点 c を **極小点** とよぶ．極大値と極小値をまとめて **極値** とよぶ．明らかに最大値は極大値となり，最小値は極小値となる．

補題 3.1 関数 $f(x)$ を閉区間 $[a,b]$ で連続，開区間 (a,b) で微分可能とする．このとき，$f(x)$ が極大点 $c \in (a,b)$ をもてば，$f'(c) = 0$ となる．同様に，$f(x)$ が極小点 $c \in (a,b)$ をもてば，$f'(c) = 0$ となる．

証明． $c \in (a,b)$ を $f(x)$ の極大点とすると，
$$\forall x \in (c-r, c+r), \quad f(x) \leqq f(c)$$
を満たす $r > 0$ がある．$h > 0$ を $c+h \in (c-r, c+r)$ を満たすように任意にとる．すると，
$$\frac{f(c+h) - f(c)}{h} \leqq 0$$
が成り立つ．よって，$h \to 0+$ とすると，$f'_+(c) = f'(c) \leqq 0$ が成り立つ．

逆に，$h > 0$ を $c-h \in (c-r, c+r)$ を満たすように任意にとると，
$$\frac{f(c-h) - f(c)}{-h} \geqq 0$$
が成り立つ．よって，$h \to 0+$ とすると，$f'_-(c) = f'(c) \geqq 0$ が成り立つ．

ゆえに，$f'(c) = 0$ でなければならない．

$c \in (a,b)$ が極小点のときも同様に，$f'(c) = 0$ を示すことができる． □

★**注意 3.3** (1) 上の補題で，c が (a,b) の元であることは重要である．c が例えば，左端点 $c = a$ で極小値をとるとすると，必ずしも $f'(c) = 0$ とはならない．例えば，$f(x) = \dfrac{1}{x+1}$, $x \in I = [0,1]$ を考えると（次頁の左図），$f(x)$ は $x = 0$ で最大値，したがって，極大値をとるが $f'(0) = -1 \neq 0$ である．

また，$f(x)$ が微分可能であるという仮定も重要である．$f(x) = |x|$, $x \in I = [-1, 1]$ を考えると（次頁の真ん中図），$x = 0$ はこの区間で最小値を，したがって極小値をとるが，$f'(0)$ は存在しない．

(2) 逆に $f'(c) = 0$ となる $c \in (a,b)$ が存在したとしても，$f(c)$ が極値となるとは限らない．$f(x) = x^3$, $x \in I = [-1, 1]$ を考えると $f'(0) = 0$ であるが（次頁の右図），$x = 0$ は極大点とも極小点ともならない．

3.4 平均値の定理の応用　　　　　　　　　　　　　　　　　　　　　　　75

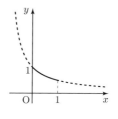

$f(x) = \dfrac{1}{x+1}$, $x \in [0,1]$

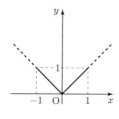

$f(x) = |x|$, $x \in [-1,1]$

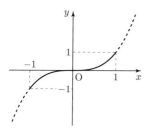

$f(x) = x^3$, $x \in [-1,1]$

◆例題 3.13　次の関数の極値を求める．
(1)　$f(x) = (x^2 - 3)e^x$ 　　　　(2)　$f(x) = |x-3|\sqrt{x}$

解答． (1) $f'(x) = 2xe^x + (x^2 - 3)e^x = (x+3)(x-1)e^x$ となる．$f'(x) = 0$ とおくと，$x = -3, 1$ である．増減表を書くと，以下のようになる．

x	$\cdots$	-3	$\cdots$	1	$\cdots$
$f'(x)$	$+$	0	$-$	0	$+$
$f(x)$	↗	極大 $6e^{-3}$	↘	極小 $-2e$	↗

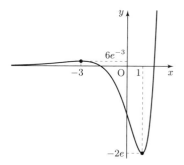

よって，$x = -3$ のとき極大値 $6e^{-3}$ をとり，$x = 1$ のとき極小値 $-2e$ をとる．

(2) 定義域は $x \geqq 0$ である．また，$0 \leqq x \leqq 3$ のとき $f(x) = -(x-3)\sqrt{x}$，$3 \leqq x$ のとき $f(x) = (x-3)\sqrt{x}$ である．よって，$0 < x < 3$ のときは，

$$f'(x) = -\frac{3}{2}\sqrt{x} + \frac{3}{2}\frac{1}{\sqrt{x}} = \frac{3}{2} \cdot \frac{1-x}{\sqrt{x}},$$

$x > 3$ のときは，

$$f'(x) = \frac{3}{2}\sqrt{x} - \frac{3}{2}\frac{1}{\sqrt{x}} = \frac{3}{2} \cdot \frac{x-1}{\sqrt{x}}$$

であるから，$x > 3$ のときは，常に $f'(x) > 0$ となる．よって，$0 \leqq x$ において増減表を書くと，以下のようになる．

x	0	$\cdots$	1	$\cdots$	3	$\cdots$
$f'(x)$		$+$	0	$-$		$+$
$f(x)$	0	↗	極大 2	↘	極小 0	↗

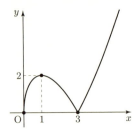

よって,$x=1$ のとき極大値 2 をとり,$x=0,3$ のとき極小値 0 をとる. □

◯問 **3.13** 次の関数の極値を求めよ.

(1) $f(x) = xe^{-2x}$ (2) $f(x) = x^3(1-x)^4$ (3) $f(x) = |x|\sqrt{x+3}$

章 末 問 題

問題 3.1 次の関数を微分せよ.

(1) $y = 6x^3 + x + 1$ (2) $y = 4\sqrt{x} + 5$ (3) $y = \sqrt{x} + \dfrac{1}{x} + \dfrac{2}{x^2}$

(4) $y = (1+x)^3$ (5) $y = \left(x + \dfrac{2}{x}\right)^2$ (6) $y = \sqrt{x} + \sqrt[3]{x} + \dfrac{3}{x}$

(7) $y = \dfrac{3}{2+x}$ (8) $y = \dfrac{5x+1}{2x-3}$ (9) $y = \dfrac{x^2+x-2}{2x^2-x+1}$

(10) $y = (5x+3)^8$ (11) $y = \dfrac{1}{\sqrt{3+x}}$ (12) $y = \sqrt{1+x^2}$

(13) $y = x^2\sqrt{x+1}$ (14) $y = \dfrac{1}{\sqrt{x^2-3x+2}}$ (15) $y = \dfrac{x}{\sqrt{1+x^2}}$

(16) $y = 3\sin(2x)$ (17) $y = \cos\dfrac{x}{5}$ (18) $y = \tan(4x)$

(19) $y = \sin(3\pi - x^2)$ (20) $y = \tan\sqrt{1+2x}$ (21) $y = x\sin x$

(22) $y = x^2 + 4\cos\dfrac{x}{3}$ (23) $y = \dfrac{x^2}{\cos(2x)}$ (24) $y = \sin^{-1}\left(\dfrac{x}{3}\right)$

(25) $y = \cos^{-1}(x^2)$ (26) $y = \tan^{-1}\left(\dfrac{3}{x^2}\right)$ (27) $y = \tan^{-1}\left(\dfrac{x}{1-x^2}\right)$

(28) $y = e^{4x}$ (29) $y = e^{\sqrt{x}}$ (30) $y = e^{3x^2}$

(31) $y = xe^{-5x}$ (32) $y = e^{-\cos x}\sin(3x)$ (33) $y = 10^{3x}$

(34) $y = \log(x^2+3)$ (35) $y = x\log(x+1)$ (36) $y = \log(1+\sin(2x))$

(37) $y = \log\left(x+\sqrt{x^2+4}\right)$ (38) $y = \log\left(\sqrt{x+2}+\sqrt{x-2}\right)$

章末問題　　　　　　　　　　　　　　　　　　　　　　　　　　　　　　　　77

(39) $y = \dfrac{e^x}{x}$　　(40) $y = (x^2+2)^7$　　(41) $y = \sin^3 x \cdot \tan x$

(42) $y = x^2 e^{\frac{1}{x}}$　　(43) $y = \dfrac{1-\tan x}{1+\tan x}$　　(44) $y = \log \dfrac{1-\cos x}{1+\cos x}$

問題 3.2 次の関数の n 次導関数を求めよ．

(1) $y = x^\alpha,\ \alpha \in \mathbb{R}$　　(2) $y = \log(1+x)$　　(3) $y = \dfrac{1}{1-x}$

(4) $y = xe^x$

問題 3.3 $a \geqq 1$ とするとき，次の不等式を示せ：
$$\sqrt{a+x} < a + \frac{1}{2}x, \quad x > 0.$$

問題 3.4 (ライプニッツの公式) 関数 $f(x), g(x)$ をともに n 階微分可能 $(n \in \mathbb{N})$ とすると，以下が成立することを数学的帰納法によって示せ：
$$\bigl(f(x) \cdot g(x)\bigr)^{(n)} = \sum_{k=0}^{n} {}_n\mathrm{C}_k f^{(k)}(x) \cdot g^{(n-k)}(x),$$
ただし，$f^{(0)} = f,\ g^{(0)} = g$ とする．

問題 3.5 次の極限を求めよ．

(1) $\displaystyle\lim_{x \to 0} \dfrac{3^x - 2^x}{x}$　　(2) $\displaystyle\lim_{x \to \infty} \dfrac{\log x}{x}$　　(3) $\displaystyle\lim_{x \to \infty} \dfrac{\log(\log x)}{x}$

(4) $\displaystyle\lim_{x \to \infty} \dfrac{x^2}{e^x}$　　(5) $\displaystyle\lim_{x \to 0} \dfrac{\cosh x - 1}{x^2}$　　(6) $\displaystyle\lim_{x \to 0} \dfrac{\tan x - x}{x^3}$

(7) $\displaystyle\lim_{x \to 0+} \sqrt{x} \log x$　　(8) $\displaystyle\lim_{x \to 0+} (\log x) \sin x$

問題 3.6 次の関数の極値を求めよ．

(1) $f(x) = x^3 - 3x + 1$　　(2) $f(x) = x^4 - 2x^2 + 5$　　(3) $f(x) = \dfrac{x+2}{x^2+x+2}$

問題 3.7 区間 I で定義された関数 $f(x)$ は，次の条件を満たすとき I 上で凸関数であるという：
$$f\bigl(tx + (1-t)y\bigr) \leqq tf(x) + (1-t)f(y), \quad x, y \in I,\ 0 \leqq t \leqq 1. \tag{3.6}$$

また，$-f(x)$ が I 上で凸であるとき，$f(x)$ は I 上で凹関数であるという．

このとき，任意の $n \in \mathbb{N}$ と $t_1 + t_2 + \cdots + t_n = 1$ を満たす任意の非負実数列 $t_1, t_2, \ldots, t_n$ と任意の $x_i \in I,\ i = 1, 2, \ldots, n$ に対して，
$$f\Bigl(\sum_{k=1}^{n} t_k x_k\Bigr) \leqq \sum_{k=1}^{n} t_k f(x_k)$$
が成り立つことを，n に対する数学的帰納法によって証明せよ．

問題 3.8 次の関数は凸関数であるか，凹関数であるか，あるいはそのいずれでもないか，判定せよ．

(1) $f(x) = |x-1|$ (2) $f(x) = x^2 + |x+1|$ (3) $f(x) = x^3 - |x-1|$
(4) $f(x) = x^4 + x^2 + 1$ (5) $f(x) = \sqrt{x}$ (6) $f(x) = e^{-x}$
(7) $f(x) = e^x - \log x$

問題 3.9 $f(x), g(x)$ がともに区間 I 上の凸関数であるとき，$f(x) + g(x)$ も区間 I 上の凸関数となることを示せ．

4 章

積　分

この章においては，微分積分学のもう一つの主テーマである積分について学ぶ．

4.1 不定積分

はじめに，**積分**を"微分の逆"の演算として定義する．

4.1.1 不定積分

区間 I 上の関数 $f(x)$ に対して，

$$F'(x) = f(x), \quad x \in I \tag{4.1}$$

となる I 上の関数 $F(x)$ があるとき，$F(x)$ を $f(x)$ の積分とよぶことにする．

$F(x)$ を $f(x)$ の積分とするとき，定数 c に対して，$F(x) + c, x \in I$ を考えると，

$$\bigl(F(x) + c\bigr)' = f(x), \quad x \in I$$

より，$F(x) + c, x \in I$ も $f(x)$ の積分となる．よって，$f(x)$ の積分はいくつもある．一方，$F_1(x)$ と $F_2(x)$ をともに $f(x)$ の積分とする：

$$F_1'(x) = F_2'(x) = f(x), \quad x \in I.$$

このとき，$G(x) = F_1(x) - F_2(x)$ とおくと，$G(x)$ は I 上で微分可能であり，

$$G'(x) = F_1'(x) - F_2'(x) = f(x) - f(x) = 0, \quad x \in I$$

となる．したがって，命題 3.1 (3) により，$G(x)$ は定数関数となる．よって，定数 C を用いて，$G(x) = F_1(x) - F_2(x) = C, x \in I$ と書ける．すなわち，

$$F_1(x) = F_2(x) + C, \quad x \in I$$

となる．つまり，

$f(x)$ の積分は，定数項を除いて 1 つに定まる．

そこで，$f(x)$ の (一つの) 積分 $F(x)$ を $f(x)$ の**原始関数**といい，(任意) 定数 C をあわせて考えた $F(x) + C$ のことを $f(x)$ の**不定積分**とよび，

$$\int f(x)\,dx = F(x) + C$$

と書く．また，この (任意) 定数 C を**積分定数**という．さらに，$f(x)$ をこの不定積分の**被積分関数**という．

$$F'(x) = f(x) \iff \int f(x)\,dx = F(x) + C$$

◇例 **4.1** 以下，積分定数を C とする．

(1) $(x^2)' = 2x$ より，$\displaystyle\int x\,dx = \frac{1}{2}x^2 + C$.

(2) $(e^x)' = e^x$ より，$\displaystyle\int e^x\,dx = e^x + C$.

(3) $F(x) = \log|x|$ とおく．$x > 0$ のときは，$F(x) = \log x$ より $F'(x) = \dfrac{1}{x}$ である．$x < 0$ のときは，$F(x) = \log(-x)$ より $F'(x) = \dfrac{1}{-x} \cdot (-x)' = \dfrac{1}{x}$ となる．いずれの場合も，$F'(x) = \dfrac{1}{x}$ より

$$\int \frac{1}{x}\,dx = \log|x| + C.$$

(4) $(\sin x)' = \cos x, (\cos x)' = -\sin x$ より，

$$\int \cos x\,dx = \sin x + C, \quad \int \sin x\,dx = -\cos x + C.$$

また，

$$(\tan x)' = \left(\frac{\sin x}{\cos x}\right)' = \frac{\cos x \cdot \cos x - \sin x \cdot (-\sin x)}{(\cos x)^2} = \frac{1}{\cos^2 x}$$

4.1 不定積分

より，
$$\int \frac{1}{\cos^2 x}\,dx = \tan x + C.$$

(5) $\left(\mathrm{Arcsin}\,x\right)' = \left(\mathrm{Sin}^{-1} x\right)' = \dfrac{1}{\sqrt{1-x^2}}$ $(-1 < x < 1)$ だから，
$$\int \frac{1}{\sqrt{1-x^2}}\,dx = \mathrm{Arcsin}\,x + C.$$

同様に，
$$-\int \frac{1}{\sqrt{1-x^2}}\,dx = \mathrm{Arccos}\,x + C, \quad \int \frac{1}{1+x^2}\,dx = \mathrm{Arctan}\,x + C$$
である．

(6) $F(x) = x\log x - x$ の微分を考えると，
$$F'(x) = 1 \cdot \log x + x \cdot \frac{1}{x} - 1 = \log x$$
より，
$$\int \log x\,dx = x\log x - x + C.$$

○問 4.1　次の不定積分を求めよ．

(1) $\displaystyle\int x^3\,dx$　　　(2) $\displaystyle\int \sqrt{x}\,dx$　　　(3) $\displaystyle\int \frac{1}{x^2}\,dx$

○問 4.2　次の不定積分を求めよ．

(1) $\displaystyle\int \frac{1}{e^x}\,dx$　　　(2) $\displaystyle\int 2^x\,dx$

積分に対して，次の定理が成り立つ．

定理 4.1　$f(x), g(x)$ をともに区間 I 上の関数とし，k を定数とすると，以下の性質が成り立つ．

(1) $\displaystyle\int \bigl(f(x) \pm g(x)\bigr)dx = \int f(x)\,dx \pm \int g(x)\,dx$

(2) $\displaystyle\int k f(x)\,dx = k \int f(x)\,dx$

いくつかの関数の原始関数のまとめ

関　数	原　始　関　数
x^α $(\alpha \neq -1)$	$\dfrac{x^{\alpha+1}}{\alpha+1}$
e^x	e^x
a^x $(a>0,\ a\neq 1)$	$\dfrac{a^x}{\log a}$
$\dfrac{1}{x}$	$\log|x|$
$\dfrac{1}{x^2-a^2}$ $(a\neq 0)$	$\dfrac{1}{2a}\log\left|\dfrac{x-a}{x+a}\right|$
$\dfrac{1}{\sqrt{x^2+a}}$ $(a\neq 0)$	$\log\left(x+\sqrt{x^2+a}\right)$
$\sqrt{x^2+a}$ $(a\neq 0)$	$\dfrac{1}{2}\left(x\sqrt{x^2+a}+a\log\left|x+\sqrt{x^2+a}\right|\right)$
$\sin x$	$-\cos x$
$\cos x$	$\sin x$
$\tan x$	$-\log|\cos x|$
$\dfrac{1}{\cos^2 x}$	$\tan x$
$\dfrac{1}{\sin^2 x}$	$-\dfrac{1}{\tan x}$
$\log x$	$x\log x - x$

不定積分を求めるときに, 次に述べる置換積分, 部分積分は非常に有効である.

4.1.2　置　換　積　分

◆例題 4.1　不定積分 $\displaystyle\int (3x-5)^5\,dx$ を求める.

解答. 直接 $(3x-5)^5$ を展開して計算することもできるが, 次のように考えて解くこともできる. $u=3x-5$ とおくと, $\dfrac{du}{dx}=3$ であるから, 形式的に $dx=\dfrac{1}{3}du$ とし, 与えられた積分の式に代入すると,

$$\int (3x-5)^5\,dx = \int u^5\,\frac{du}{3} = \frac{1}{3}\int u^5\,du = \frac{1}{3}\cdot\frac{u^6}{6}+C = \frac{(3x-5)^6}{18}+C$$

となる. ただし, C は積分定数である.　　□

4.1 不定積分

上の例題 4.1 において,
$$f(x) = \frac{x^6}{18}, \quad g(x) = 3x - 5$$
とおくと, $f(x)$ と $g(x)$ との合成関数は $f(g(x)) = \dfrac{(3x-5)^6}{18}$ となるから, **合成関数の微分の公式**を用いると,
$$\left(\frac{(3x-5)^6}{18}\right)' = \bigl(f(g(x))\bigr)' = f'(g(x)) \cdot g'(x) = \frac{(3x-5)^5}{3} \cdot 3 = (3x-5)^5$$
が成り立つ. これは,
$$\int (3x-5)^5 \, dx = \frac{(3x-5)^6}{18} + C$$
を意味するが,
$$\int f'(g(x)) \cdot g'(x) \, dx = \int \bigl(f(g(x))\bigr)' \, dx = f(g(x)) + C$$
でもある. 上の例題でいうと, $u = g(x)$ とおくと, $\dfrac{du}{dx} = g'(x)$ だから,
$$\int f'(g(x)) \cdot g'(x) \, dx = \int f'(u) \cdot \frac{du}{dx} \, dx$$
であり, あたかも $\dfrac{du}{dx} \cdot dx = du$ と積の形とみて,
$$\int f'(u) \, du = f(u) + C$$
と (変数を u として) 考えて積分を行い, 最後に u を $g(x)$ にもどすことで不定積分を求めることができる.

このように, 被積分関数を別の関数に置き換えて積分を行うことを**置換積分**とよぶ.

◆**例題 4.2** 次の不定積分を求める.

(1) $\displaystyle\int (x^2+1)^\alpha x \, dx, \quad \alpha \neq -1$ 　　　　(2) $\displaystyle\int \sqrt{1-x^2} \, dx$

解答. (1) $u = x^2+1$ とおくと, $\dfrac{du}{dx} = 2x$ だから, $x \, dx = \dfrac{du}{2}$ となる. よって, C を積分定数として,

$$\int (x^2+1)^\alpha x\,dx = \frac{1}{2}\int u^\alpha\,du = \frac{u^{\alpha+1}}{2(\alpha+1)} + C = \frac{(x^2+1)^{\alpha+1}}{2(\alpha+1)} + C$$

である.

(2) $u = \mathrm{Sin}^{-1} x\ (-1 \leqq x \leqq 1)$ とおくと, $x = \sin u\ \left(-\frac{\pi}{2} \leqq u \leqq \frac{\pi}{2}\right)$ である. 逆関数の微分公式により,

$$\frac{du}{dx} = \frac{1}{\dfrac{dx}{du}} = \frac{1}{\cos u}$$

となることから, $dx = \cos u\,du$ となる. よって, C を積分定数として, $\cos u \geqq 0\ \left(-\frac{\pi}{2} \leqq u \leqq \frac{\pi}{2}\right)$ に注意すると,

$$\int \sqrt{1-x^2}\,dx = \int \sqrt{1-\sin^2 u}\,\cos u\,du = \int \cos^2 u\,du$$
$$= \frac{1}{2}\int \bigl(1+\cos(2u)\bigr)du = \frac{1}{2}u + \frac{1}{4}\sin(2u) + C$$
$$= \frac{1}{2}\mathrm{Sin}^{-1}x + \frac{1}{4}\sin\bigl(2\,\mathrm{Sin}^{-1}x\bigr) + C$$

が成り立つ. □

○問 **4.3** 次の不定積分を求めよ.

(1) $\displaystyle\int \frac{1}{(3x-2)^2}\,dx$ (2) $\displaystyle\int \frac{4x}{(2x^2+1)^3}\,dx$ (3) $\displaystyle\int x\sqrt{x^2+3}\,dx$

○問 **4.4** 次の不定積分を求めよ. ただし, $\alpha \neq -1$ とする.

(1) $\displaystyle\int \cos^\alpha x \sin x\,dx$ (2) $\displaystyle\int \frac{\log x}{x}\,dx$ (3) $\displaystyle\int \cos^3 x\,dx$

次に, $\bigl(\log f(x)\bigr)' = \dfrac{f'(x)}{f(x)}$ となることを利用すると,

$$\int \frac{f'(x)}{f(x)}\,dx = \log f(x) + C \tag{4.2}$$

が成り立つ.

以降, C が積分定数であることが明らかな場合はいちいち断らないことにする.

4.1 不定積分

◆例題 4.3　次の不定積分を求める．

(1) $\displaystyle\int \frac{2x+1}{x^2+x}\,dx$　　(2) $\displaystyle\int \frac{3e^x}{1+e^x}\,dx$　　(3) $\displaystyle\int \tan x\,dx$

解答．(1) $f(x) = x^2 + x$ とおくと，$f'(x) = 2x+1$ だから，

$$\int \frac{2x+1}{x^2+x}\,dx = \log|x^2+x| + C.$$

(2) $(1+e^x)' = e^x$ より，

$$\int \frac{3e^x}{1+e^x}\,dx = 3\log(1+e^x) + C.$$

(3) $\tan x = \dfrac{\sin x}{\cos x}$, $(\cos x)' = -\sin x$ に注意すると，

$$\int \tan x\,dx = \int \frac{\sin x}{\cos x}\,dx = -\log|\cos x| + C. \qquad \square$$

4.1.3　部分積分

積の微分 $(f(x)g(x))' = f'(x)g(x) + f(x)g'(x)$ において，両辺の不定積分を考えて，積分の性質 (定理 4.1) を用いると，

$$f(x)g(x) = \int f'(x)g(x)\,dx + \int f(x)g'(x)\,dx \qquad (4.3)$$

となる．これを書き換えると，

$$\int f'(x)g(x)\,dx = f(x)g(x) - \int f(x)g'(x)\,dx \qquad (4.4)$$

が成り立つことがわかる．これを**部分積分の公式**とよぶ．ここで，(4.3) の左辺で積分定数を省略しているが，じつは右辺に不定積分が残っているので，そのときに現れる積分定数とまとめて書くことにすればよいので，この段階では積分定数は書かない．

◆例題 4.4　次の不定積分を求める．

(1) $\displaystyle\int e^x x\,dx$　　(2) $\displaystyle\int \log x\,dx$

解答．(1) $(e^x)' = e^x$ より，

$$\int e^x x\,dx = \int (e^x)' x\,dx = e^x x - \int e^x x'\,dx = xe^x - \int e^x\,dx = xe^x - e^x + C.$$

(2) $x' = 1$ より,
$$\int \log x \, dx = \int x' \log x \, dx = x \log x - \int x \cdot (\log x)' \, dx$$
$$= x \log x - \int 1 \, dx = x \log x - x + C. \qquad \square$$

◯問 **4.5** 次の不定積分を求めよ.

(1) $\displaystyle\int x^3 e^{x^2} \, dx$ (2) $\displaystyle\int x \sin x \, dx$ (3) $\displaystyle\int x \log x \, dx$ (4) $\displaystyle\int \tan^{-1} x \, dx$

4.1.4 有理関数の積分

ここからは，具体的な関数の積分を求める手法をいくつか述べる.
n を 0 以上の整数とし, $a_k \in \mathbb{R}$, $k = 0, 1, \ldots, n$ に対して,
$$f(x) = a_0 + a_1 x + a_2 x^2 + \cdots + a_n x^n, \quad x \in \mathbb{R}$$
の形の関数を **n 次多項式**とよぶ. ただし, $a_n \neq 0$ とする. このとき, n を $f(x)$ の**次数**とよぶ. また, 多項式 $f(x)$, $g(x)$ に対して,
$$\frac{f(x)}{g(x)}$$
と書ける関数を**有理関数**という. ただし, $g(x) \neq 0$ の x に対してのみ定義される. ところで, 多項式は有理関数であり, 多項式の積分はすでに学んでいる. したがって, ここでは $g(x)$ の次数が $f(x)$ の次数より大きい場合の有理関数の積分を考える. これらの関数の積分は, 多くの場合,

- **部分分数に分解**したり,

- これまで学んだ積分の手法 (合成関数の微分, 積の微分や部分積分の公式)

を組み合わせることにより導出できる. 例えば, $(\log|x|)' = \dfrac{1}{x}$ であるから,
$$\int \frac{a}{x+b} \, dx = a \log|x+b| + C$$
となる. ところで, $x^2 - a^2 = (x+a)(x-a)$ という因数分解に注意すると,
$$\frac{1}{x^2 - a^2} = \frac{1}{2a}\left(\frac{1}{x-a} - \frac{1}{x+a}\right)$$
と 2 つの分数に分解することができる. このように, 分数をいくつかの分数に分解することを**部分分数分解**という. このとき,

$$\int \frac{1}{x^2-a^2}\,dx = \frac{1}{2a}\int\left(\frac{1}{x-a}-\frac{1}{x+a}\right)dx = \frac{1}{2a}\log\left|\frac{x-a}{x+a}\right|+C$$

となる. また, $(\tan^{-1} x)' = \dfrac{1}{x^2+1}$ より,

$$\int \frac{c}{(x-a)^2+b^2}\,dx = \frac{c}{b}\tan^{-1}\left(\frac{x-a}{b}\right)+C$$

がわかる. さらに, $\bigl((x^2+a)^{-n}\bigr)' = -2nx(x^2+a)^{-(n+1)}$ より, $n \geqq 2$ について

$$\int \frac{x}{(x^2+a)^n}\,dx = -\frac{1}{2(n-1)}\cdot\frac{1}{(x^2+a)^{n-1}}+C$$

が成り立つ.

◆例題 4.5 $n \in \mathbb{N}$, $a \neq 0$ に対して, $I_n = \displaystyle\int \frac{dx}{(x^2+a)^n}$ とおくと[1], 漸化式

$$I_{n+1} = \frac{1}{a}\left\{\frac{x}{2n(x^2+a)^n}+\frac{2n-1}{2n}I_n\right\} \tag{4.5}$$

が成り立つ.

解答. $n \in \mathbb{N}$ に対して,

$$I_n = \int (x^2+a)^{-(n+1)}\cdot(x^2+a)\,dx = \int x\cdot x(x^2+a)^{-(n+1)}\,dx + aI_{n+1}$$

と変形すると, $x(x^2+a)^{-(n+1)} = \left(-\dfrac{1}{2n}(x^2+a)^{-n}\right)'$ に注意して, 右辺の第 1 項に部分積分の公式を適用すると,

$$I_n = \int x\left(-\frac{1}{2n}(x^2+a)^{-n}\right)'dx + aI_{n+1}$$

$$= -\frac{1}{2n}x(x^2+a)^{-n}+\frac{1}{2n}\int(x^2+a)^{-n}\,dx + aI_{n+1}$$

$$= -\frac{1}{2n}x(x^2+a)^{-n}+\frac{1}{2n}I_n + aI_{n+1}$$

が成り立つ. よって, これをまとめると (4.5) が得られる. □

---

[1] $\displaystyle\int \frac{1}{(x^2+a)^n}\,dx$ と書くべきであるが, 簡単のために $\displaystyle\int \frac{dx}{(x^2+a)^n}$ と書く. 以下同様である.

上の例題によって，帰納的に計算することにより，$\dfrac{1}{(x^2+a)^n}$ の形の有理関数の不定積分は求められる．

◆例題 4.6 次の不定積分を求める．

(1) $\displaystyle\int \dfrac{3x-1}{x^2+x-6}\,dx$　　　(2) $\displaystyle\int \dfrac{3}{(x+1)^2(x^2+2)}\,dx$

解答． (1) $x^2+x-6=(x-2)(x+3)$ より，まず

$$\dfrac{3x-1}{x^2+x-6}=\dfrac{a}{x-2}+\dfrac{b}{x+3}$$

となるように，被積分関数を部分分数に分解する．これが恒等式となるような a,b を求める．

$$\dfrac{a}{x-2}+\dfrac{b}{x+3}=\dfrac{a(x+3)+b(x-2)}{(x-2)(x+3)}=\dfrac{(a+b)x+(3a-2b)}{(x-2)(x+3)}$$

より，$a+b=3,\ 3a-2b=-1$ となるから，これを解くと，$a=1,\ b=2$ である．したがって，

$$\int \dfrac{3x-1}{x^2+x-6}\,dx=\int\left(\dfrac{1}{x-2}+\dfrac{2}{x+3}\right)dx$$

$$=\log|x-2|+2\log|x+3|+C=\log|x-2|(x+3)^2+C$$

となる．

(2) (1) と同様に部分分数に分解するが，一気に分解するのではなく順序を追って行う．まず，$(x+1)^2$ と x^2+2 はともに 2 次式であることより，

$$\dfrac{3}{(x+1)^2(x^2+2)}=\dfrac{ax+b}{(x+1)^2}+\dfrac{cx+d}{x^2+2}$$

が恒等式となるように a,b,c,d を求める．右辺の第 2 項は

$$\dfrac{cx+d}{x^2+2}=\dfrac{c}{2}\cdot\dfrac{2x}{x^2+2}+\dfrac{d}{x^2+2}$$

であり，これら右辺の 2 つの有理関数の積分はこれまでの手法により簡単に求めることができる．一方，右辺の第 1 項は，

$$\dfrac{a(x+1)+(b-a)}{(x+1)^2}=\dfrac{a}{x+1}+\dfrac{b-a}{(x+1)^2}$$

4.1 不定積分

と変形することにより，右辺のそれぞれの有理関数の積分は簡単に求めることができる．以上により，被積分関数に対して，はじめから

$$\frac{3}{(x+1)^2(x^2+2)} = \frac{a}{x+1} + \frac{b}{(x+1)^2} + \frac{cx+d}{x^2+2} \tag{4.6}$$

が恒等式となるような a, b, c, d を求めることができればよい．そこで, (4.6) の右辺を通分すると，

$$\frac{a}{x+1} + \frac{b}{(x+1)^2} + \frac{cx+d}{x^2+2}$$

$$= \frac{a(x+1)(x^2+2) + b(x^2+2) + (cx+d)(x+1)^2}{(x+1)^2(x^2+2)}$$

$$= \frac{(a+b)x^3 + (a+b+d+2c)x^2 + (2a+c+2d)x + (2a+2b+d)}{(x+1)^2(x^2+2)}$$

だから，

$$a+c = a+b+d+2c = 2a+c+2d = 0, \quad 2a+2b+d = 3$$

となればよい．これを解くと，$a = \frac{2}{3}$, $b = 1$, $c = -\frac{2}{3}$, $d = -\frac{1}{3}$ だから，

$$\frac{3}{(x+1)^2(x^2+2)} = \frac{2}{3(x+1)} + \frac{1}{(x+1)^2} - \frac{2x+1}{3(x^2+2)}.$$

よって，

$$\int \frac{3}{(x+1)^2(x^2+2)}\,dx$$

$$= \int \left\{ \frac{2}{3(x+1)} + \frac{1}{(x+1)^2} - \frac{1}{3}\left(\frac{2x}{x^2+2} + \frac{1}{x^2+2}\right) \right\} dx$$

$$= \frac{2}{3}\log|x+1| - \frac{1}{x+1} - \frac{1}{3}\log(x^2+2) - \frac{1}{3\sqrt{2}}\tan^{-1}\left(\frac{x}{\sqrt{2}}\right) + C$$

が成り立つ． □

三角関数を含んだ関数の積分

三角関数 $(\sin x,\ \cos x,\ \tan x)$ を含んだ関数の積分は，多くの場合，

$$t = \tan\frac{x}{2} \tag{4.7}$$

とおくと，t に関する有理関数の積分に帰着される．

もちろん，
$$t = \tan x, \quad t = \cos x \quad \text{や} \quad t = \sin x$$
とおくことで t の有理関数の積分となる場合もある．

さて，(4.7) を両辺 x に関して微分すると，
$$\frac{dt}{dx} = \frac{1}{2} \cdot \frac{1}{\cos^2 \frac{x}{2}} = \frac{1}{2}\left(1 + \tan^2 \frac{x}{2}\right) = \frac{1}{2}(1 + t^2)$$
である．よって，$dx = \dfrac{2}{1+t^2} dt$ となる．また，倍角の公式により，
$$\sin x = \sin\left(2 \cdot \frac{x}{2}\right) = 2 \sin \frac{x}{2} \cos \frac{x}{2} = 2 \tan \frac{x}{2} \cos^2 \frac{x}{2}$$
$$= 2 \cdot \frac{\tan \frac{x}{2}}{1 + \tan^2 \frac{x}{2}} = \frac{2t}{1+t^2}$$
である．同様に，
$$\cos x = \cos\left(2 \cdot \frac{x}{2}\right) = 2 \cos^2 \frac{x}{2} - 1 = \frac{2}{1 + \tan^2 \frac{x}{2}} - 1$$
$$= \frac{2}{1+t^2} - 1 = \frac{1-t^2}{1+t^2}$$
が成り立つ．まとめると，

$$t = \tan \frac{x}{2} \implies \sin x = \frac{2t}{1+t^2}, \ \cos x = \frac{1-t^2}{1+t^2}, \ dx = \frac{2}{1+t^2} dt.$$

◆**例題 4.7** 不定積分 $\displaystyle\int \frac{dx}{1 + \cos x}$ を求める．

解答． 上で述べた置換を用いて解こう．$t = \tan \dfrac{x}{2}$ とおくと，
$$\cos x = \frac{1-t^2}{1+t^2}, \quad dx = \frac{2}{1+t^2} dt$$
であるから，
$$\int \frac{dx}{1 + \cos x} = \int \frac{1}{1 + \dfrac{1-t^2}{1+t^2}} \cdot \frac{2}{1+t^2} dt$$
$$= \int \frac{1+t^2}{2} \cdot \frac{2}{1+t^2} dt = \int dt = t + C = \tan \frac{x}{2} + C$$

となる. □

○問 **4.6** 次の不定積分を求めよ.

(1) $\displaystyle\int \frac{dx}{1+\sin x}$ (2) $\displaystyle\int \frac{dx}{2+\cos x}$ (3) $\displaystyle\int \frac{dx}{2+\tan x}$

無理関数を含んだ関数の積分 (I)

$f(x)$ が, x と x の 1 次式の無理関数, すなわち $\sqrt[n]{ax+b}$ の関数と x を含んだ形となっている場合を考える. このときは,
$$t = \sqrt[n]{ax+b}$$
とおくことにより, $f(x)$ の不定積分は t の有理関数の不定積分となる. 実際, $t^n = ax+b$ より, 両辺を x で微分すると, $nt^{n-1}\dfrac{dt}{dx} = a$ となる. よって,
$$dx = \frac{nt^{n-1}}{a}dt$$
と変換できる.

◆例題 **4.8** 不定積分 $\displaystyle\int \frac{dx}{x+2\sqrt{x+3}}$ を求める.

解答. 被積分関数は x と $\sqrt{x+3}$ を含んだ関数である. よって, $t = \sqrt{x+3}$ とおくと, $dx = 2t\,dt$ である. また $x = t^2 - 3$ より

$$\begin{aligned}
\int \frac{dx}{x+2\sqrt{x+3}} &= \int \frac{2t}{(t^2-3)+2t}dt = \int \frac{(2t+2)-2}{t^2+2t-3}dt \\
&= \int \left(\frac{2t+2}{t^2+2t-3} - \frac{2}{(t+1)^2-4}\right)dt \\
&= \log(t^2+2t-3) - 2\cdot\frac{1}{4}\log\left|\frac{(t+1)-2}{(t+1)+2}\right| + C \\
&= \log\left(x+2\sqrt{x+3}\right) - \frac{1}{2}\log\left|\frac{\sqrt{x+3}-1}{\sqrt{x+3}+3}\right| + C
\end{aligned}$$

となる. □

無理関数を含んだ関数の積分 (II)

$f(x)$ が，x と x の 2 次式の無理関数，すなわち $\sqrt{ax^2+bx+c}$ の関数と x を含んだ形となっている場合を考える．ただし，$a \neq 0$ とする．このときは，ax^2+bx+c が正となる x が存在する範囲であるが，それは次の 2 つの場合だけである．

- $a > 0$ のとき．このときは，
$$t - \sqrt{a}x = \sqrt{ax^2+bx+c}$$
とおくことで t の有理関数の不定積分に帰着される．

- $a < 0$ かつ $ax^2+bx+c = 0$ が異なる 2 つの実数解をもつとき．このときは，$ax^2+bx+c=0$ の異なる解を p, q とし，
$$t = \sqrt{\frac{a(x-p)}{x-q}}$$
とおくと，t の有理関数の不定積分に帰着される．実際，
$$t^2 = \frac{a(x-p)}{x-q} \iff x = \frac{qt^2 - ap}{t^2 - a}$$
より，
$$\frac{dx}{dt} = \frac{2qt(t^2-a) - (qt^2-ap)\cdot 2t}{(t^2-a)^2} = \frac{2at(p-q)}{(t^2-a)^2}$$
となるから，
$$dx = \frac{2at(p-q)}{(t^2-a)^2}\,dt$$
と変換できる．

◆例題 **4.9** 次の不定積分を求める．

(1) $\displaystyle \int \frac{dx}{\sqrt{x^2-x-1}}$ 　　(2) $\displaystyle \int \frac{dx}{(x+1)\sqrt{1-x^2}}$

解答．(1) 無理関数内における x^2 の係数は $a = 1 > 0$ より，$t - x = \sqrt{x^2-x-1}$ とおくと，$(t-x)^2 = x^2 - x - 1$ となるから，$x = \dfrac{t^2+1}{2t-1}$ かつ

$$\frac{dx}{dt} = \frac{2t(2t-1) - 2(t^2+1)}{(2t-1)^2} = \frac{2(t^2-t-1)}{(2t-1)^2}$$

4.1 不定積分

が成り立つ．また，

$$\sqrt{x^2 - x - 1} = t - x = t - \frac{t^2 + 1}{2t - 1} = \frac{t^2 - t - 1}{2t - 1}$$

だから，

$$\int \frac{dx}{\sqrt{x^2 - x - 1}} = \int \frac{2t - 1}{t^2 - t - 1} \cdot \frac{2(t^2 - t - 1)}{(2t - 1)^2} dt$$

$$= \int \frac{2}{2t - 1} dt = \log|2t - 1| + C$$

$$= \log\left|2x + 2\sqrt{x^2 - x - 1} - 1\right| + C$$

となる．

(2) 被積分関数の無理関数内における x^2 の係数は $a = -1 < 0$ であり，$1 - x^2 = 0$ を解くと $x = \pm 1$ となる．$t = \sqrt{\dfrac{1 - x}{x + 1}}$ とおくと，$t^2 = \dfrac{1 - x}{x + 1}$ より，

$$x = \frac{1 - t^2}{1 + t^2} \implies \frac{dx}{dt} = -\frac{4t}{(1 + t^2)^2}$$

である．一方，$x + 1 = \dfrac{1 - t^2}{1 + t^2} + 1 = \dfrac{2}{1 + t^2}$ より，

$$(x + 1)\sqrt{1 - x^2} = (x + 1)\sqrt{(1 + x)^2 \frac{1 - x}{1 + x}} = \left(\frac{2}{1 + t^2}\right)^2 t = \frac{4t}{(1 + t^2)^2}$$

となるから，

$$\int \frac{dx}{(x + 1)\sqrt{1 - x^2}} = \int \frac{(1 + t^2)^2}{4t} \cdot \left(-\frac{4t}{(1 + t^2)^2}\right) dt$$

$$= -\int dt = -t + C = -\sqrt{\frac{1 - x}{1 + x}} + C$$

となる． □

○問 **4.7** 次の不定積分を求めよ．

(1) $\displaystyle \int \frac{dx}{\sqrt{x^2 + 1}}$ (2) $\displaystyle \int \sqrt{x^2 + 9} \, dx$ (3) $\displaystyle \int \frac{dx}{\sqrt{4x - x^2}}$

4.2 定積分

区間 I 上の関数 $f(x)$ の原始関数 (の一つ) を $F(x)$ とする.このとき,$a, b \in I$ に対して,値 $F(b) - F(a)$ を,$x = a$ から $x = b$ までの関数 $f(x)$ の**定積分**とよび,次のように書き表す:

$$\int_a^b f(x)\,dx = \Big[F(x)\Big]_a^b = F(b) - F(a). \tag{4.8}$$

ここで $G(x)$ を $f(x)$ の別の原始関数とすると,定数 C を用いて,$G(x) = F(x) + C$ と書き表されるが,

$$\Big[G(x)\Big]_a^b = \Big[F(x) + C\Big]_a^b = \Big(F(b) + C\Big) - \Big(F(a) + C\Big)$$
$$= F(b) - F(a) = \Big[F(x)\Big]_a^b$$

となり,$f(x)$ の定積分の値は変わらない.したがって,

$$\int_a^b f(x)\,dx$$

の値は,原始関数のとり方によらずにただ一つの値に定まる.よって,定積分の値 (4.8) は,原始関数の一つを求めて,その関数の値の差を計算すればよい.

◇**例 4.2** 定積分 $\int_0^3 x^3\,dx$ を求める.$\int x^3\,dx = \dfrac{x^4}{4} + C$ より,

$$\int_0^3 x^3\,dx = \Big[\dfrac{x^4}{4}\Big]_0^3 = \dfrac{3^4 - 0^4}{4} = \dfrac{81}{4}$$

となる.

定積分の性質について述べておこう.

定理 4.2 (積分の性質 1) 区間 I 上の関数 $f(x), g(x)$ は,それぞれ原始関数をもつとする.このとき,各 $a, b \in I$ に対して,以下が成立する.

(1) $\alpha, \beta \in \mathbb{R}$ に対して,

$$\int_a^b \Big(\alpha f(x) \pm \beta g(x)\Big)\,dx = \alpha \int_a^b f(x)\,dx \pm \beta \int_a^b g(x)\,dx.$$

4.2 定 積 分

(2) 定数 $c \in I$ に対して, $\displaystyle\int_a^b f(x)\,dx = \int_a^c f(x)\,dx + \int_c^b f(x)\,dx$.

(3) $\displaystyle\int_a^b f(x)\,dx = -\int_b^a f(x)\,dx$

(4) $\displaystyle\int_a^a f(x)\,dx = 0$

証明. $f(x), g(x)$ の原始関数 (の一つ) を, それぞれ $F(x), G(x)$ とすると, $F'(x) = f(x)$, $G'(x) = g(x)$ である. 微分の性質 (定理 3.2) から

$$\Big(\alpha F(x) \pm \beta G(x)\Big)' = \alpha F'(x) \pm \beta G'(x) = \alpha f(x) \pm \beta g(x)$$

より, $\alpha F(x) \pm \beta G(x)$ は $\alpha f(x) \pm \beta g(x)$ の原始関数となる. よって,

$$\int_a^b \Big(\alpha f(x) \pm \beta g(x)\Big) dx = \Big[\alpha F(x) \pm \beta G(x)\Big]_a^b$$
$$= \Big(\alpha F(b) \pm \beta G(b)\Big) - \Big(\alpha F(a) \pm \beta G(a)\Big)$$
$$= \alpha \Big(F(b) - F(a)\Big) \pm \beta \Big(G(b) - G(a)\Big)$$
$$= \alpha \int_a^b f(x)\,dx \pm \beta \int_a^b g(x)\,dx$$

となり (1) が成立する. また,

$$\int_a^b f(x)\,dx = F(b) - F(a)$$
$$= \Big(F(b) - F(c)\Big) + \Big(F(c) - F(a)\Big)$$
$$= \int_c^b f(x)\,dx + \int_a^c f(x)\,dx$$

だから, (2) が成り立つ. さらに,

$$\int_a^b f(x)\,dx = F(b) - F(a) = -\Big(F(a) - F(b)\Big) = -\int_b^a f(x)\,dx,$$
$$\int_a^a f(x)\,dx = F(a) - F(a) = 0$$

より, (3), (4) が成立する. □

定理 4.3 (積分の性質 2) $f(x), g(x)$ を閉区間 $[a, b]$ $(a < b)$ 上の連続関数とする.このとき,

(1) $\forall x \in (a, b), f(x) \leqq g(x) \implies \int_a^b f(x)\,dx \leqq \int_a^b g(x)\,dx$

また,ある点 $x_0 \in (a, b)$ で $f(x_0) < g(x_0)$ を満たせば,

$$\int_a^b f(x)\,dx < \int_a^b g(x)\,dx.$$

(2) $\left| \int_a^b f(x)\,dx \right| \leqq \int_a^b |f(x)|\,dx$

証明. $f(x), g(x)$ の原始関数をそれぞれ $F(x), G(x)$ とする.各 $x \in [a, b]$ に対して,$H(x) = G(x) - F(x)$ とおくと,仮定より,

$$H'(x) = G'(x) - F'(x) = g(x) - f(x) \geqq 0, \quad a < x < b$$

となる.よって,命題 3.1 より,$H(x)$ は $[a, b]$ 上で単調増加関数となる.すなわち,$H(a) \leqq H(b)$ となるから,

$$0 \leqq H(b) - H(a) = \Big(G(b) - F(b)\Big) - \Big(G(a) - F(a)\Big)$$
$$= \Big(G(b) - G(a)\Big) - \Big(F(b) - F(a)\Big)$$
$$= \int_a^b g(x)\,dx - \int_a^b f(x)\,dx$$

となり,(1) のはじめの主張が示された.さらに,ある点 $x_0 \in (a, b)$ で

$$f(x_0) < g(x_0)$$

ならば,

$$H'(x_0) = G'(x_0) - F'(x_0) = g(x_0) - f(x_0) > 0$$

となる.よって,系 3.1 より,十分小さい $h > 0$ があって,

$$\Big(H(a) \leqq\Big) H(x_0 - h) < H(x_0) < H(x_0 + h) \Big(\leqq H(b)\Big)$$

となる.したがって,

$$\int_a^b g(x)\,dx - \int_a^b f(x)\,dx = \int_a^b \Big(g(x) - f(x)\Big)dx$$
$$= H(b) - H(a)$$

$$= \Big(H(b) - H(x_0 + h)\Big)_{\geqq 0} + \Big(H(x_0 + h) - H(x_0 - h)\Big)_{> 0}$$
$$+ \Big(H(x_0 - h) - H(a)\Big)_{\geqq 0} > 0$$

が成り立つ[2]．よって，(1) の後半の主張が示された．

次に，
$$-|f(x)| \leqq f(x) \leqq |f(x)|, \quad a \leqq x \leqq b$$
であるから，(1) を用いると
$$-\int_a^b |f(x)|\, dx \leqq \int_a^b f(x)\, dx \leqq \int_a^b |f(x)|\, dx$$
より，(2) が示された． □

◇例 **4.3** (1) $(\log x)' = \dfrac{1}{x}$ より，
$$\int_1^e \frac{dx}{x} = \Big[\log x\Big]_1^e = \log e - \log 1 = 1.$$

(2) $(x^{-n+1})' = (-n+1)x^{-n}$ より，$n \geqq 2$ に対して，
$$\int_1^3 \frac{dx}{x^n} = \int_1^3 x^{-n}\, dx = \Big[-\frac{1}{n-1}x^{-n+1}\Big]_1^3$$
$$= -\frac{1}{n-1}(3^{-n+1} - 1) = \frac{1}{n-1}\Big(1 - \frac{1}{3^{n-1}}\Big).$$

(3) $(\arctan x)' = \dfrac{1}{1+x^2}$ より，
$$\int_{-1}^{1/\sqrt{3}} \frac{dx}{1+x^2} = \Big[\arctan\ x\Big]_{-1}^{1/\sqrt{3}} = \arctan\Big(\frac{1}{\sqrt{3}}\Big) - \arctan(-1)$$
$$= \frac{\pi}{6} - \Big(-\frac{\pi}{4}\Big) = \frac{5}{12}\pi.$$

○問 **4.8** 次の定積分を求めよ．
(1) $\displaystyle\int_1^2 x^4\, dx$ (2) $\displaystyle\int_1^8 \sqrt[3]{x}\, dx$ (3) $\displaystyle\int_0^1 e^{2x}\, dx$ (4) $\displaystyle\int_0^{\pi/6} \sin(3\theta)\, d\theta$

---

[2] ここで，$(A)_{\geqq 0}$ は $A \geqq 0$ を，$(A)_{>0}$ は $A > 0$ を意味するものとする．

4.3 微分積分学の基本定理

まず，次の定理を紹介する．

定理 4.4 $f(x)$ を閉区間 $[a,b]$ $(a<b)$ 上の連続関数とすると，
$$F'(x) = f(x), \quad x \in (a,b)$$
を満たす $[a,b]$ 上で連続，開区間 (a,b) において微分可能な関数 $F(x)$ が存在する．

★**注意 4.1** この定理は，$f(x)$ は連続である必要はなく，積分が存在する関数であれば成立するのであるが，それには"微分の逆"として定義した積分の考え方では示すことはできない．積分の定義そのものを拡げておく必要がある．それは，区分求積法の考え方である**リーマン積分**として積分を定義しておく必要がある．これについては，次節において説明する．ここではその議論は省略する．したがって，定理の証明も省略する．

次に，「微分と積分が互いに逆の操作・演算である」ことを主張する微分積分学の基本定理について述べる．

定理 4.5 (微分積分学の基本定理) $f(x)$ を閉区間 $[a,b]$ $(a<b)$ 上の連続関数とする．このとき，$a<c<d<b$ を満たす任意の $c,d \in \mathbb{R}$ に対して，
$$\frac{d}{dx} \int_c^x f(t)\,dt = f(x), \quad x \in [c,d] \tag{4.9}$$
が成り立つ．特に，$f(x)$ が開区間 (a,b) において微分可能な関数ならば，
$$\int f'(x)\,dx = f(x) + C \tag{4.10}$$
が成り立つ．ここで，C は積分定数である．

次の 2 つの定理は，平均値の定理の積分版である．

定理 4.6 (積分の平均値の定理 1) $f(x)$ を閉区間 $[a,b]$ $(a<b)$ 上の連続関数とする．このとき，$a<c<d<b$ を満たす任意の $c,d \in \mathbb{R}$ に対して，
$$\frac{1}{d-c} \int_c^d f(x)\,dx = f(\xi), \quad \xi \in (c,d) \tag{4.11}$$

4.3 微分積分学の基本定理

を満たす ξ が存在する.

定理 4.7 (積分の平均値の定理 2) $f(x)$, $g(x)$ をともに閉区間 $[a,b]$ $(a<b)$ 上の連続関数とする. また, $x \in (a,b)$ ならば, 常に $g(x) > 0$ (または, 常に $g(x) < 0$) を満たすとする. このとき, $a < c < d < b$ を満たす任意の $c,d \in \mathbb{R}$ に対して,

$$\int_c^d f(x)g(x)\,dx = f(\xi)\int_c^d g(x)\,dx, \quad \xi \in (c,d) \qquad (4.12)$$

を満たす ξ が存在する.

◇**例 4.4** 関数 $f(x) = \sin x$, $g(x) = x$ を閉区間 $\left[0, \frac{\pi}{2}\right]$ で考える. 部分積分の公式により,

$$\int_0^{\pi/2} x \sin x\,dx = \bigl[-x\cos x\bigr]_0^{\pi/2} + \int_0^{\pi/2} \cos x\,dx = 0 + \bigl[\sin x\bigr]_0^{\pi/2} = 1$$

であり, $\int_0^{\pi/2} x\,dx = \dfrac{\pi^2}{8}$ となる. また, $1 = \dfrac{8}{\pi^2} \cdot \dfrac{\pi^2}{8}$ に注意すると,

$$f(0) = \sin 0 = 0 < \frac{8}{\pi^2} < 1 = \sin\frac{\pi}{2} = f\left(\frac{\pi}{2}\right)$$

だから, 中間値の定理により,

$$f(x_0) = \sin x_0 = \frac{8}{\pi^2}, \quad x_0 \in \left(0, \frac{\pi}{2}\right)$$

を満たす x_0 が存在する. よって,

$$\int_0^{\pi/2} x \sin x\,dx = 1 = (\sin x_0)\int_0^{\pi/2} x\,dx$$

となる.

定積分の計算方法

定積分を計算するにあたっては, 被積分関数の原始関数を求めることが具体的には必要となる. その際に, 不定積分で得られた手法がそのまま定積分においても役に立つ.

定理 4.8 (定積分の置換積分) 関数 $f(x)$ は閉区間 $[a,b]$ $(a<b)$ 上で連続とする.また,関数 $\varphi(x)$ は閉区間 $[\alpha,\beta]$ 上で連続,開区間 (α,β) で微分可能とする.さらに,$\varphi(x)$ の値域は $[a,b]$ に含まれるものとし,

$$\varphi(\alpha)=a, \quad \varphi(\beta)=b$$

とする.このとき,

$$\int_\alpha^\beta f(\varphi(t))\varphi'(t)\,dt = \int_a^b f(x)\,dx \tag{4.13}$$

が成り立つ.

証明. これは,不定積分の置換積分の考え方でも述べたが,合成関数の微分を用いて導出される.それを示すために,

$$F(x)=\int_a^x f(u)\,du,\ x\in[a,b], \qquad G(t)=F(\varphi(t)),\ t\in[\alpha,\beta]$$

とおく.$f(x)$ は $[a,b]$ 上で連続だから,微分積分学の基本定理 (定理 4.5) により,$F'(x)=f(x)$ を満たす.一方,$\varphi(x)$ は微分可能であるから,

$$\frac{d}{dt}G(t) = \frac{d}{dt}\Big(F(\varphi(t))\Big) = F'(\varphi(t))\cdot\varphi'(t) = f(\varphi(t))\cdot\varphi'(t)$$

となる.よって,$G(t)$ は $f(\varphi(t))\cdot\varphi'(t)$ の原始関数 (の一つ) である.よって,

$$\int_\alpha^\beta f(\varphi(t))\cdot\varphi'(t)\,dt = \Big[G(t)\Big]_\alpha^\beta = G(\beta)-G(\alpha)$$
$$= F(\varphi(\beta))-F(\varphi(\alpha))$$
$$= F(b)-F(a) = \int_a^b f(t)\,dt$$

となり,定理が示された. □

(4.13) は,$x(t)=\varphi(t)$ として,次のように簡略化すると計算しやすくなる:

$$\int_\alpha^\beta f(x(t))\frac{dx}{dt}\,dt = \int_a^b f(x)\,dx.$$

◆**例題 4.10** 次の定積分を求める.

(1) $\displaystyle\int_e^{e^3}\frac{\log t}{t}\,dt$ (2) $\displaystyle\int_0^1 t\sqrt{1-t^2}\,dt$ (3) $\displaystyle\int_0^{3/4}\frac{dt}{\sqrt{9-4t^2}}$

4.3 微分積分学の基本定理

解答. (1) $x(t) = \log t$ とおくと，$\dfrac{dx}{dt} = \dfrac{1}{t}$, $x(e) = \log e = 1$, $x(e^3) = \log e^3 = 3$ より，

$$\int_e^{e^3} \frac{\log t}{t}\, dt = \int_1^3 x\, dx = \left[\frac{x^2}{2}\right]_1^3 = 4$$

となる．

(2) $x(t) = 1 - t^2$ とおくと，$\dfrac{dx}{dt} = -2t$, $x(0) = 1$, $x(1) = 0$ より，

$$\int_0^1 t\sqrt{1-t^2}\, dt = -\frac{1}{2}\int_1^0 \sqrt{x}\, dx = -\left[\frac{x^{3/2}}{3}\right]_1^0 = \frac{1}{3}$$

となる．

(3) $x(t) = \dfrac{2t}{3}$ とおくと，$\dfrac{dx}{dt} = \dfrac{2}{3}$, $x(0) = 0$, $x\left(\dfrac{3}{4}\right) = \dfrac{1}{2}$ より，

$$\int_0^{3/4} \frac{dt}{\sqrt{9-4t^2}} = \int_0^{1/2} \frac{1}{3\sqrt{1-x^2}} \cdot \frac{3}{2}\, dx = \frac{1}{2}\left[\mathrm{Sin}^{-1} x\right]_0^{1/2} = \frac{\pi}{12}$$

となる． □

○**問 4.9** 次の定積分を求めよ．

(1) $\displaystyle\int_0^{3/2} \frac{dt}{9+4t^2}$ (2) $\displaystyle\int_0^{\pi/3} \cos^2 t \sin t\, dt$ (3) $\displaystyle\int_0^2 \sqrt{4-t^2}\, dt$

定理 4.9 (定積分の部分積分法) 関数 $f(x)$ は閉区間 $[a,b]$ ($a < b$) 上で連続，開区間 (a,b) で微分可能とする．また，関数 $g(x)$ は閉区間 $[a,b]$ 上で連続とする．このとき，$G(x)$ を $g(x)$ の原始関数とすると，

$$\int_a^b f(x)g(x)\, dx = \Big[f(x)G(x)\Big]_a^b - \int_a^b f'(x)G(x)\, dx \qquad (4.14)$$

が成り立つ．特に，

$$\int_a^b f(x)G'(x)\, dx = \Big[f(x)G(x)\Big]_a^b - \int_a^b f'(x)G(x)\, dx$$

となる．

証明. これは，不定積分の部分積分 (4.4) の定積分版である．実際，積の微分により，

$$(f(x)G(x))' = f'(x)G(x) + f(x)G'(x) = f'(x)G(x) + f(x)g(x).$$

よって，$f(x)G(x)$ は $f'(x)G(x) + f(x)g(x)$ の原始関数だから，

$$\int_a^b \Big(f'(x)G(x) + f(x)g(x)\Big)dx = \Big[f(x)G(x)\Big]_a^b$$

である．一方，左辺は積分の線形性 (定理 4.2 (1)) より，

$$\int_a^b \Big(f'(x)G(x) + f(x)g(x)\Big)dx = \int_a^b f'(x)G(x)\,dx + \int_a^b f(x)g(x)\,dx.$$

よって，

$$\int_a^b f'(x)G(x)\,dx + \int_a^b f(x)g(x)\,dx = \Big[f(x)G(x)\Big]_a^b$$

より，第 1 項を右辺に移項すれば (4.14) がわかる． □

◆例題 4.11 $n \geq 2$ のとき，

$$\int_0^{\pi/2} \sin^n x\,dx = \begin{cases} \dfrac{n-1}{n} \cdot \dfrac{n-3}{n-2} \cdots \dfrac{1}{2} \cdot \dfrac{\pi}{2} & (n \text{ は偶数}), \\ \dfrac{n-1}{n} \cdot \dfrac{n-3}{n-2} \cdots \dfrac{2}{3} & (n \text{ は奇数}). \end{cases} \quad (4.15)$$

解答． $I_n = \displaystyle\int_0^{\pi/2} \sin^n x\,dx$ とおく．(4.14) を使う．$n \geq 2$ のとき，

$$\sin^n x = \big(\sin^{n-1} x\big)\sin x = \sin^{n-1} x \cdot \big(-\cos x\big)'$$

より，

$$I_n = \Big[-\sin^{n-1} x \cos x\Big]_0^{\pi/2} + (n-1)\int_0^{\pi/2} \sin^{n-2} x \cos^2 x\,dx$$

$$= (n-1)\int_0^{\pi/2} \sin^{n-2} x(1 - \sin^2 x)\,dx = (n-1)\big(I_{n-2} - I_n\big)$$

となる．これより，

$$I_n = \frac{n-1}{n} I_{n-2}, \quad n \geq 2$$

が成り立つ．一方，$I_0 = \dfrac{\pi}{2}$, $I_1 = \displaystyle\int_0^{\pi/2} \sin x\,dx = \Big[-\cos x\Big]_0^{\pi/2} = 1$ に注意すると，(4.15) を得る． □

4.4 広義積分

いままでは，閉区間 $[a,b]$ $(a < b)$ における定積分を考えた．応用上，開区間 (a,b) や $(-\infty, b]$ や $[a, \infty)$ など無限区間上の関数で，必ずしも有界とは限らない関数についても積分する必要がある．そのために，言葉を用意する．

開区間 (a,b) 上の連続関数 $f(x)$ に対して，$\lim_{x \to a+} f(x) = \infty$ または $-\infty$ を満たすとき，a を $f(x)$ の**特異点**とよぶ．同様に，$\lim_{x \to b-} f(x) = \infty$ または $-\infty$ を満たすときも b を $f(x)$ の特異点とよぶ．

まず，半開区間 $(a,b]$ または $[a,b)$ 上の連続関数が特異点をもつときの積分を考える．そのために，$F(x)$ を $f(x)$ の原始関数の一つとする：

$$F'(x) = f(x).$$

積分する区間が半開区間 $(a,b]$ の場合

$f(x)$ を，点 a を特異点にもつ半開区間 $(a,b]$ 上の連続関数とする．いま，$a < a+\varepsilon < b$ を満たす $\varepsilon > 0$ を任意にとる．すると，$f(x)$ は $[a+\varepsilon, b]$ 上の連続関数であるから，

$$\int_{a+\varepsilon}^{b} f(x)\,dx = \Big[F(x)\Big]_{a+\varepsilon}^{b}$$
$$= F(b) - F(a+\varepsilon)$$

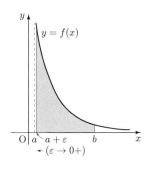

である．$\varepsilon \to 0+$ のとき，$F(a+\varepsilon)$ が右極限 $F(a+)$ をもてば，

$$\int_{a}^{b} f(x)\,dx = \lim_{\varepsilon \to 0+} \Big[F(x)\Big]_{a+\varepsilon}^{b}$$
$$= \lim_{\varepsilon \to 0+} \Big(F(b) - F(a+\varepsilon)\Big) = F(b) - F(a+)$$

とおいて，これを $(a,b]$ における $f(x)$ の**広義積分**とよぶ．$\varepsilon \to 0+$ のとき，$F(a+\varepsilon)$ が極限をもたなければ，広義積分 $\int_{a}^{b} f(x)\,dx$ は**発散する**という．

◆例題 4.12　$\alpha > 0$ のとき，$\displaystyle\int_0^1 \frac{dx}{x^\alpha}$ の収束・発散を調べる．

解答． これは，0 を特異点にもつ $(0,1]$ 上の関数 $f(x) = \dfrac{1}{x^\alpha}$ の広義積分である．$\alpha = 1$ のときは，$(\log x)' = \dfrac{1}{x}$ より，

$$\int_0^1 \frac{dx}{x} = \lim_{\varepsilon \to 0+} \Big[\log x\Big]_\varepsilon^1 = \lim_{\varepsilon \to 0+} (-\log \varepsilon) = \infty$$

となり，広義積分 $\displaystyle\int_0^1 \frac{dx}{x}$ は発散する．次に，$\alpha \neq 1$, $\alpha > 0$ のときは，$(x^{-\alpha+1})' = (1-\alpha)x^{-\alpha}$ より，

$$\int_0^1 \frac{dx}{x^\alpha} = \lim_{\varepsilon \to 0+} \left[\frac{1}{1-\alpha} x^{-\alpha+1}\right]_\varepsilon^1 = \frac{1}{1-\alpha} \lim_{\varepsilon \to 0+} \left(1 - \varepsilon^{-\alpha+1}\right)$$

$$= \begin{cases} \dfrac{1}{1-\alpha} & (0 < \alpha < 1), \\ \infty & (\alpha > 1) \end{cases}$$

が成り立つことから，$0 < \alpha < 1$ のとき収束して，$\alpha \geqq 1$ のとき発散する．　□

積分する区間が半開区間 $[a,b)$ の場合

b を特異点にもつ半開区間 $[a,b)$ 上の連続関数 $f(x)$ の広義積分も同様に定義する．すなわち，$\varepsilon \to 0+$ のとき，$F(b-\varepsilon)$ が左極限 $F(b-)$ をもてば，

$$\int_a^b f(x)\, dx = \lim_{\varepsilon \to 0+} \Big[F(x)\Big]_a^{b-\varepsilon}$$

$$= \lim_{\varepsilon \to 0+} \Big(F(b-\varepsilon) - F(a)\Big)$$

$$= F(b-) - F(a)$$

と定め，$[a, b)$ における $f(x)$ の**広義積分**とよぶ．

なお，開区間 (a,b) 上の連続関数 $f(x)$ に対しても，同様に (a, b) における広義積分 $\displaystyle\int_a^b f(x)\, dx$ が定義される．

4.4 広義積分

> **積分する区間が無限区間 $[a, \infty)$ の場合**
>
> $f(x)$ を無限区間 $[a, \infty)$ 上の連続関数とする．また，$f(x)$ の原始関数を $F(x)$ とする．$a < L$ を満たす任意の $L \in \mathbb{R}$ に対して，
> $$\int_a^L f(x)\,dx = \Big[F(x)\Big]_a^L = F(L) - f(a)$$
> が成り立つ．このとき，$F(\infty) = \lim_{L \to \infty} F(L)$ が存在するとき，
> $$\int_a^\infty f(x)\,dx = \lim_{L \to \infty} \Big[F(x)\Big]_a^L = \lim_{L \to \infty}\Big(F(L) - F(a)\Big)$$
> $$= F(\infty) - F(a)$$
> と定めて，$[a, \infty)$ における $\boldsymbol{f(x)}$ の**広義積分**とよぶことにする．$L \to \infty$ のとき，$F(L)$ が収束しなければ広義積分 $\displaystyle\int_a^\infty f(x)\,dx$ は**発散**するという．なお，$(-\infty, a]$ における広義積分 $\displaystyle\int_{-\infty}^a f(x)\,dx$ も同様に定義される．

◆**例題 4.13** $\alpha > 0$ のとき，$\displaystyle\int_1^\infty \frac{dx}{x^\alpha}$ の収束・発散を調べる．

解答． $[1, \infty)$ 上で定義された連続関数 $f(x) = \dfrac{1}{x^\alpha}$ の広義積分である．$\alpha = 1$ のときは，$(\log x)' = \dfrac{1}{x}$ より，
$$\int_1^\infty \frac{dx}{x} = \lim_{L \to \infty}\Big[\log x\Big]_1^L = \lim_{L \to \infty}(\log L - \log 1) = \infty$$
となり，広義積分 $\displaystyle\int_1^\infty \frac{dx}{x}$ は発散する．次に，$\alpha \neq 1$, $\alpha > 0$ のときは，
$$\int_1^\infty \frac{dx}{x^\alpha} = \lim_{L \to \infty}\Big[\frac{1}{1-\alpha}x^{-\alpha+1}\Big]_1^L = \frac{1}{1-\alpha}\lim_{L \to \infty}\big(L^{-\alpha+1} - 1\big)$$
$$= \begin{cases} \dfrac{1}{\alpha - 1} & (\alpha > 1), \\ \infty & (0 < \alpha < 1) \end{cases}$$
が成り立つから，$1 < \alpha$ のときは収束して，$0 < \alpha \leqq 1$ のときは発散する． □

◯問 **4.10** 次の広義積分を求めよ.

(1) $\displaystyle\int_0^1 \frac{dx}{\sqrt{1-x^2}}$ (2) $\displaystyle\int_0^1 \frac{dx}{\sqrt{x-x^2}}$

広義積分の収束判定条件

広義積分の値を具体的に求めることより,それが収束するか発散するかのみを調べる必要がある場合がある.そのときに威力を発揮するのが,これから述べる比較判定法である.

定理 4.10 (比較判定法) 関数 $f(x), g(x)$ はともに区間 I 上で連続とする.
(1) I が半開区間 $(a, b]$ (または $[a, b)$) の場合.$(a, b]$ (または $[a, b)$) の各点 x に対して,
$$|f(x)| \leqq g(x)$$
が成り立ち,広義積分 $\displaystyle\int_a^b g(x)\,dx$ が収束すれば,広義積分 $\displaystyle\int_a^b f(x)\,dx$ は収束する.

(2) I が無限区間 $[a, \infty)$ の場合.$[a, +\infty)$ の各点 x において,
$$|f(x)| \leqq g(x)$$
が成り立ち,広義積分 $\displaystyle\int_a^\infty g(x)\,dx$ が収束すれば,広義積分 $\displaystyle\int_a^\infty f(x)\,dx$ は収束する.

では,具体的な関数を用いて比較判定法にもち込める例を紹介する.

◆**例題 4.14** (1) (半開区間 (I)) $f(x)$ は $(a, b]$ 上の連続関数で,
$$0 < \exists \lambda < 1,\ \exists C > 0 : \forall x \in (a, b],\ (x-a)^\lambda |f(x)| \leqq C \tag{4.16}$$
を満たせば,広義積分 $\displaystyle\int_a^b f(x)\,dx$ は収束する.

(2) (半開区間 (II)) $f(x)$ は $[a, b)$ 上の連続関数で,
$$0 < \exists \lambda < 1,\ \exists C > 0 : \forall x \in [a, b),\ (b-x)^\lambda |f(x)| \leqq C \tag{4.17}$$
を満たせば,広義積分 $\displaystyle\int_a^b f(x)\,dx$ は収束する.

4.4 広義積分

(3) (無限区間) $f(x)$ は $[a, \infty)$ 上の連続関数で,

$$\exists \lambda > 1,\ \exists R > a,\ \exists C > 0 : \forall x \in [R, \infty),\ x^\lambda |f(x)| \leqq C \qquad (4.18)$$

を満たせば, 広義積分 $\displaystyle\int_a^\infty f(x)\,dx$ は収束する.

証明. **(1)** (4.16) を仮定する. このとき, $g(x) = C(x-a)^{-\lambda}$, $x \in (a, b]$ とおくと, 各 $x \in (a, b]$ に対して, $|f(x)| \leqq g(x)$ であり, かつ

$$\int_a^b g(x)\,dx = \left[\frac{C}{1-\lambda}(x-a)^{1-\lambda}\right]_a^b = \frac{C}{1-\lambda}(b-a)^{1-\lambda}$$

となり, 広義積分 $\displaystyle\int_a^b g(x)\,dx$ は収束する. よって, 比較判定法により広義積分 $\displaystyle\int_a^b f(x)\,dx$ も収束する.

(2) (4.17) を仮定する. このとき, $g(x) = C(b-x)^{-\lambda}$, $x \in [a, b)$ とおくと, **(1)** のときと同様に, 各 $x \in [a, b)$ に対して, $|f(x)| \leqq g(x)$ であり, $\displaystyle\int_a^b g(x)\,dx = \frac{C}{1-\lambda}(b-a)^{1-\lambda}$ となる. よって, 比較判定法により $\displaystyle\int_a^b f(x)\,dx$ は収束する.

(3) (4.18) を仮定する. $g(x) = Cx^{-\lambda}$, $x \in [R, \infty)$ とおき, $\lambda > 1$ に注意すると,

$$\lim_{L \to \infty} \int_R^L g(x)\,dx = \lim_{L \to \infty} \left[\frac{C}{1-\lambda} x^{1-\lambda}\right]_R^L$$

$$= \frac{C}{1-\lambda} \lim_{L \to \infty} \left(L^{1-\lambda} - R^{1-\lambda}\right) = \frac{C}{\lambda-1} \cdot R^{1-\lambda}$$

となり, 広義積分 $\displaystyle\int_R^\infty g(x)\,dx$ は収束する. また, $|f(x)| \leqq g(x)$, $x \in [R, \infty)$ だから, 比較判定法より, 広義積分 $\displaystyle\int_R^\infty f(x)\,dx$ が収束する. さらに, $f(x)$ は $[a, R]$ において連続だから, $\displaystyle\int_a^R f(x)\,dx$ は収束する. よって,

$$\int_a^\infty f(x)\,dx = \int_a^R f(x)\,dx + \int_R^\infty f(x)\,dx$$

は収束する. □

◆例題 4.15　広義積分 $\int_0^1 \dfrac{\sin x}{\sqrt{1-x}}\,dx$ は収束する.

解答． $f(x) = \dfrac{\sin x}{\sqrt{1-x}}$, $x \in [0,1)$ とおくと，特異点 $b=1$ における広義積分である．このとき，$\lambda = \dfrac{1}{2} < 1$ に対して，

$$(1-x)^{1/2} \left| \dfrac{\sin x}{\sqrt{1-x}} \right| = |\sin x| \leqq 1, \quad x \in [0,1)$$

が成り立つから，判定条件 (4.17) より，広義積分 $\int_0^1 \dfrac{\sin x}{\sqrt{1-x}}\,dx$ は収束する.
□

○問 4.11　次の広義積分の収束・発散を調べよ.

(1) $\int_0^1 \sin \dfrac{1}{x}\,dx$　　　　(2) $\int_1^\infty \dfrac{dx}{x\sqrt{x-1}}$

◆例題 4.16　(ガンマ関数) 広義積分 $\int_0^\infty e^{-x} x^{t-1}\,dx$ $(t>0)$ は収束する.

解答． $t>0$ に対して，$f(x) = e^{-x} x^{t-1}$, $x \in (0,\infty)$ とおく．$0<t<1$ のとき，$x=0$ は $f(x)$ の特異点である．よって，$0<t<1$ ならば，$x=0$ と $x=\infty$ における広義積分である．$t \geqq 1$ のときは，$x=0$ で $f(x)$ は連続だから，$x=\infty$ における広義積分である．そこで，無限区間を $(0,1]$ と $[1,\infty)$ の 2 つに分けて，それぞれ広義積分の収束性をみることにする.

i) $[1,\infty)$ のとき．$x \geqq 1$ に対して，

$$g(x) = x^2 \cdot f(x) = e^{-x} x^{t+1}$$

とおくと，$g(x)$ は有界関数である．実際，

$$g'(x) = -e^{-x} x^{t+1} + (t+1) e^{-x} x^t$$
$$= x^t e^{-x} (t+1-x), \quad x \geqq 1$$

となることより，増減表は以下のようになる.

4.4 広義積分

	1	⋯	$t+1$	⋯
g'		$+$	0	$-$
g	e^{-1}	↗	極大かつ最大	↘

よって，
$$0 \leqq g(x) = x^2 \cdot f(x) \leqq g(t+1) = e^{-t-1}(t+1)^{t+1}, \quad x \geqq 1$$
となることがわかる．したがって，$\lambda = 2\,(>1)$ として (4.18) の条件が成り立つことから，$f(x) = e^x x^{t-1}$ は $[1, \infty)$ において広義積分が収束する．

ii) $[0,1]$（または $(0,1]$）のとき．$t \geqq 1$ のときは，$f(x)$ は $[0,1]$ 上で連続だから，$[0,1]$ 上で積分可能である．よって，$t \geqq 1$ のときは，広義積分 $\int_0^\infty e^{-x} x^{t-1} dx$ は収束する．次に，$0 < t < 1$ のときは，$g(x) = x^{1-t} \cdot f(x) = e^{-x}$ は明らかに $(0,1]$ において有界関数である．したがって，$0 < \lambda = 1-t < 1$ として，(4.17) の条件が成立するから，$f(x) = e^{-x} x^{t-1}$ は $(0,1]$ において広義積分が収束する．

よって，$t > 0$ に対して，広義積分 $\int_0^\infty e^{-x} x^{t-1} dx$ は収束する． □

上の例題 4.16 の広義積分の値を t の関数とみたとき，これを**ガンマ関数**といい，
$$\Gamma(t) = \int_0^\infty e^{-x} x^{t-1} dx, \quad t > 0$$
と書く．ガンマ関数は，次のような性質をもつ：

(1) $\Gamma(t+1) = t\,\Gamma(t) \quad (t > 0),$
(2) $\Gamma(1) = 1,\ \Gamma(n) = (n-1)!,\ n = 2, 3, \ldots.$

実際，部分積分の公式によって，
$$\Gamma(t+1) = \int_0^\infty e^{-x} x^t\, dt$$
$$= \left[-e^{-x} x^t\right]_0^\infty + \int_0^\infty e^{-x} \cdot (t x^{t-1})\, dt$$
$$= t \int_0^\infty e^{-x} x^{t-1}\, dt = t\,\Gamma(t)$$

が成り立つ．t が自然数 n のときは，(1) により，帰納的に
$$\Gamma(n) = (n-1)\Gamma(n-1) = \cdots = (n-1)(n-2)\cdots 3 \cdot 2 \cdot 1 \cdot \Gamma(1)$$
$$= (n-1)!\,\Gamma(1)$$
が得られる．また，$\Gamma(1) = \int_0^\infty e^{-x}\,dx = \Big[-e^{-x}\Big]_0^\infty = e^0 = 1$. よって，(2) が成立する． □

4.5 テイラーの定理

関数 $f(x)$ を閉区間 $[a,b]$ 上で連続であり，開区間 (a,b) において微分可能とすると，微分積分学の基本定理により
$$f(b) - f(a) = \int_a^b f'(t)\,dt$$
となる．書き換えると，
$$f(b) = f(a) + \int_a^b f'(t)\,dt \tag{4.19}$$
である．これは，$f(b)$ を，$f(a)$ の値と $f(x)$ の微分 (の積分) で求められることを意味する．

◇例 **4.5** $\sqrt{10}$ の近似値を求める．そのために，関数 $f(t) = \sqrt{t}$ に区間 $[9,10]$ 上で (4.19) を適用すると，
$$\sqrt{10} = \sqrt{9} + \int_9^{10} \left(\sqrt{t}\right)'\,dt = 3 + \frac{1}{2}\int_9^{10} \frac{dt}{\sqrt{t}}$$
となる．ここで，$9 \leqq t \leqq 10 \ (\leqq 16)$ ならば，$3 \leqq \sqrt{t} \leqq 4$ であるから，
$$0.125 = \frac{1}{8} \leqq \frac{1}{2} \cdot \frac{1}{4} \leqq \frac{1}{2}\int_9^{10} \frac{dt}{\sqrt{t}} \leqq \frac{1}{2} \cdot \frac{1}{3} = \frac{1}{6} < 0.1667$$
より，
$$3.125 \leqq \sqrt{10} < 3.1667 \tag{4.20}$$
がわかる．$\sqrt{10}$ は，おおよそ 3.1622776 だから，(4.20) は小数点以下 2 桁まではあっていることがわかる． □

4.5 テイラーの定理

次に述べるテイラーの定理は，$f(x)$ が何階まで微分できるかによって，$f(b)$ の値をより精確に近似する際に有効なものである．

定理 4.11　（テイラーの定理）$f(x)$ を閉区間 $[a,b]$ 上の連続関数で，n 階まで微分可能とし，さらに n 次導関数 $f^{(n)}(x)$ は $[a,b]$ 上において連続とする．このとき，任意の $x \in (a,b]$ に対して，

$$f(x) = f(a) + f'(a)(x-a) + \frac{f''(a)}{2!}(x-a)^2 + \cdots$$
$$+ \frac{f^{(n-1)}(a)}{(n-1)!}(x-a)^{n-1} + R_n$$
$$= \sum_{k=0}^{n-1} \frac{f^{(k)}(a)}{k!}(x-a)^k + R_n \tag{4.21}$$

と表される．ただし，$f^{(0)}(a) = f(a)$, $R_n = \int_a^x \frac{(x-t)^{n-1}}{(n-1)!} f^{(n)}(t)\,dt$ である．

証明． $n=1$ のときは，(4.19) において $x=b$ に対して書き換えたものである．以下，部分積分の公式を用いて帰納的に示していく．まず，

$$f'(t) = \frac{df}{dt}(t) = \frac{d}{dt}\bigl(-(x-t)\bigr) \cdot \frac{df}{dt}(t), \quad a < t < b$$

に注意すると，部分積分の公式により，

$$f(x) = f(a) + \int_a^x f'(t)\,dt$$
$$= f(a) + \int_a^x \bigl(-(x-t)\bigr)' f'(t)\,dt$$
$$= f(a) + \Bigl[-(x-t)f'(t)\Bigr]_a^x + \int_a^x (x-t)f''(t)\,dt$$
$$= f(a) + (x-a)f'(a) + \int_a^x \frac{(x-t)^{2-1}}{(2-1)!} f''(t)\,dt \tag{4.22}$$

が成り立つ．同様に，

$$(x-t)\frac{d^2 f}{dt^2}(t) = \frac{d}{dt}\Bigl(-\frac{(x-t)^2}{2}\Bigr) \cdot \frac{d^2 f}{dt^2}(t), \quad a < t < b$$

に注意して，(4.22) の最右辺に部分積分の公式を用いると，

$$\int_a^x (x-t)f''(t)\,dt = \Bigl[-\frac{(x-t)^2}{2}f''(t)\Bigr]_a^x + \int_a^x \frac{(x-t)^2}{2} f'''(t)\,dt$$

$$= \frac{(x-a)^2}{2}f''(a) + \int_a^x \frac{(x-t)^{3-1}}{(3-1)!}f'''(t)\,dt \quad (4.23)$$

となる．さらに，t に関する微分を考えると

$$\frac{(x-t)^2}{2}f'''(t) = \left(\frac{-(x-t)^3}{3\cdot 2}\right)' f'''(t), \quad a < t < x$$

より，部分積分の公式を用いると，(4.23) の最右辺は

$$\int_a^x \frac{(x-t)^{3-1}}{(3-1)!}f'''(t)\,dt = \int_a^x \left(\frac{-(x-t)^3}{3\cdot 2}\right)' f'''(t)\,dt$$

$$= \left[-\frac{(x-t)^3}{3!}f'''(t)\right]_a^x + \int_a^x \frac{(x-t)^3}{3!}f^{(4)}(t)\,dt$$

$$= \frac{(x-a)^3}{3!}f'''(a) + \int_a^x \frac{(x-t)^3}{3!}f^{(4)}(t)\,dt. \quad (4.24)$$

よって，(4.22)–(4.24) をあわせると，

$$f(x) = f(a) + (x-a)f'(a) + \frac{(x-a)^2}{2}f''(a) + \frac{(x-a)^3}{3!}f'''(a)$$

$$+ \int_a^x \frac{(x-t)^3}{3!}f^{(4)}(t)\,dt$$

が成り立つ．あとは，この操作を繰り返すことにより (4.21) が得られる． □

◇**例 4.6** テイラーの定理を $n=2$ に対して適用して，$\sqrt{10}$ の近似値をさらに求めてみよう．$f(t) = \sqrt{t}$ として，

$$\sqrt{10} = f(10) = f(9) + (10-9)\cdot f'(9) + \int_9^{10}(10-t)f''(t)\,dt$$

$$= 3 + 1\cdot\frac{1}{2}\cdot\frac{1}{\sqrt{9}} - \int_9^{10}\frac{10-t}{4t\sqrt{t}}\,dt = 3 + \frac{1}{6} - \frac{1}{4}\int_9^{10}\frac{10-t}{t\sqrt{t}}\,dt$$

となる．ここで，$9 \leqq t \leqq 10\ (\leqq 16)$ のとき，$0 \leqq \dfrac{10-t}{t\sqrt{t}} \leqq \dfrac{1}{27}$ より，

$$3.15740 < 3 + \frac{1}{6} - \frac{1}{4}\cdot\frac{1}{27} \leqq \sqrt{10} \leqq 3 + \frac{1}{6} < 3.1667$$

が得られ，例 4.5 における不等式 (4.20) より精度が高いことがわかる． □

○**問 4.12** テイラーの定理を $n=3$ に対して適用し，さらに $\sqrt{10}$ の近似値を求めよ．

4.5 テイラーの定理

定理における展開式 (4.21) を，$f(x)$ の a のまわりの $n-1$ 次のテイラー展開といい，R_n のことを (ベルヌーイの) 剰余項という．また，$a=0$ のときのテイラーの定理をマクローリンの定理という．したがって，$a=0$ のときのテイラー展開をマクローリン展開とよぶ．このとき，剰余項 R_n を除いた

$$f(0) + f'(0)x + \frac{f''(0)}{2!}x^2 + \cdots + \frac{f^{(n-1)}(0)}{(n-1)!}x^{n-1} \quad (4.25)$$

を $f(x)$ の (原点まわりの) $n-1$ 次近似式とよぶ．

◆例題 4.17 $f(x) = \sin x$ の 3 次近似式を求める．

解答． 3 階までの微分を求めると，$f'(x) = \cos x$, $f''(x) = -\sin x$, $f'''(x) = -\cos x$ だから，求める近似式は，

$$f(0) + f'(0)x + \frac{f''(0)}{2!}x^2 + \frac{f'''(0)}{3!}x^3 = x - \frac{x^3}{6}$$

となる． □

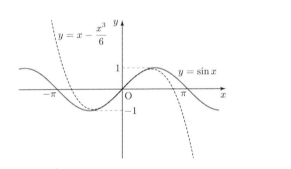

○問 4.13 次の関数の 3 次近似式を求めよ．
  (1) $f(x) = e^x$ (2) $f(x) = \log(1+x)$ (3) $f(x) = \dfrac{x}{1+x}$

(4.21) における剰余項

$$R_n = \int_a^x \frac{(x-t)^{n-1}}{(n-1)!} f^{(n)}(t)\,dt = \frac{1}{(n-1)!} \int_a^x (x-t)^{n-1} f^{(n)}(t)\,dt$$

において，$g(t) = (x-t)^{n-1}$, $f^{(n)}(t)$ はともに閉区間 $[a, x]$ 上で連続で，$g(t) > 0$, $a < t < x$ が成立するから，積分の平均値の定理 (定理 4.7) により，

$$\int_a^x (x-t)^{n-1} f^{(n)}(t)\,dt = f^{(n)}(\xi) \int_a^x (x-t)^{n-1}\,dt$$
$$= \frac{f^{(n)}(\xi)}{n}(x-a)^n, \quad \xi \in (a, x)$$

を満たす ξ が存在する．したがって，

$$R_n = \frac{1}{(n-1)!} \cdot \frac{f^{(n)}(\xi)}{n}(x-a)^n = \frac{f^{(n)}(\xi)}{n!}(x-a)^n, \quad a < \xi < x \tag{4.26}$$

と書き表される．これを **(ラグランジュの) 剰余項** とよぶ．また，(4.21) において $x - a = h$ とおくと，ある $\theta \in (0, 1)$ を用いて，

$$f(a+h) = f(a) + f'(a)h + \frac{f''(a)}{2!}h^2 + \cdots$$
$$+ \frac{f^{(n-1)}(a)}{(n-1)!}h^{n-1} + \frac{f^{(n)}(a+\theta h)}{n!}h^n \tag{4.27}$$

と書くこともできる．

◇**例 4.7** $f(x) = \cos x$, $a = 0$ とおく．このとき，

$$f'(x) = -\sin x = \cos\left(x + \frac{\pi}{2}\right),\ f''(x) = -\sin\left(x + \frac{\pi}{2}\right) = \cos\left(x + \frac{2\pi}{2}\right),$$
$$f'''(x) = -\sin\left(x + \frac{2\pi}{2}\right) = \cos\left(x + \frac{3\pi}{2}\right)$$

だから，任意の $n \in \mathbb{N}$ に対して，帰納的に

$$f^{(n)}(x) = \cos\left(x + \frac{n\pi}{2}\right)$$

であることがわかるから，

$$\cos x = f(0) + \frac{f'(0)}{1!}x + \frac{f''(0)}{2!}x^2 + \frac{f'''(0)}{3!}x^3 + \cdots + \frac{f^{(n-1)}(0)}{(n-1)!}x^{n-1} + R_n$$
$$= 1 + \frac{0}{1!}x + \frac{-1}{2!}x^2 + \frac{0}{3!}x^3 + \frac{1}{4!}x^4 + \cdots + \frac{\cos(\frac{(n-1)\pi}{2})}{(n-1)!}x^{n-1} + R_n$$
$$= 1 - \frac{x^2}{2!} + \frac{x^4}{4!} + \cdots + \frac{\cos(\frac{(n-1)\pi}{2})}{(n-1)!}x^{n-1} + R_n$$

が成り立つ．ただし，$R_n = \dfrac{f^{(n)}(\theta x)}{n!}x^n = \dfrac{\cos(\theta x + \frac{n\pi}{2})}{n!}x^n$, $0 < \theta < 1$ であ

4.5 テイラーの定理

る.特に,$m \in \mathbb{N}$ に対して,$\cos x$ の $2m$ 次近似式は,

$$1 - \frac{x^2}{2!} + \frac{x^4}{4!} - \frac{x^6}{6!} + \cdots + (-1)^m \frac{x^{2m}}{(2m)!} = \sum_{k=0}^{m} (-1)^k \frac{x^{2k}}{(2k)!}$$

である.また,$|f^{(n)}(x)| = |\cos(x + \frac{n\pi}{2})| \leqq 1$ より,$f(x)$ の n 次のマクローリン展開における剰余項は

$$|R_n| = \frac{|f^{(n)}(\theta x)|}{n!} |x|^n \leqq \frac{|x|^n}{n!}$$

となるから,$n \to \infty$ とすると,$R_n \to 0$ がわかる.

★**注意 4.2** マクローリン展開は,関数 $f(x)$ を多項式で近似する公式ともみなせる.剰余項は近似する際の誤差を表している.誤差が 0 に近づけば,近似の精度が良くなっていく.

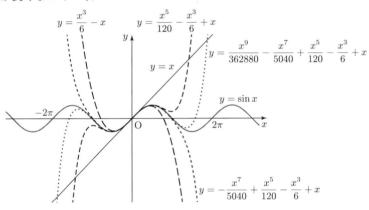

◆**例題 4.18** $f(x) = e^x$ に対して,マクローリンの定理を適用しよう.

解答. 任意の $n \in \mathbb{N}$ に対して $f^{(n)}(x) = e^x$ に注意すると,$a = 0$ として,(4.21) を適用すると,

$$e^x = 1 + x + \frac{x^2}{2!} + \cdots + \frac{x^{n-1}}{(n-1)!} + \int_0^x \frac{(x-t)^{n-1}}{(n-1)!} e^t \, dt,$$

あるいは,

$$e^x = 1 + x + \frac{x^2}{2!} + \cdots + \frac{x^{n-1}}{(n-1)!} + \frac{x^n}{n!} e^{\theta x}, \quad 0 < \theta < 1$$

となる.

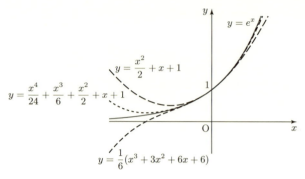

特に, $x=1$ とおくと,

$$e = 1 + 1 + \frac{1}{2!} + \cdots + \frac{1}{(n-1)!} + \frac{e^\theta}{n!}, \quad 0 < \theta < 1 \quad (4.28)$$

となる. e の近似値として $2 + \dfrac{1}{2!} + \dfrac{1}{3!} + \cdots + \dfrac{1}{(n-1)!}$ を考えると, $e^\theta < e < 3$ であるから, 誤差

$$e - \left(2 + \frac{1}{2!} + \frac{1}{3!} + \cdots + \frac{1}{(n-1)!}\right)$$

は $\dfrac{3}{n!}$ より小さい. e の近似値を小数点以下第 5 位まで求めてみよう. それには, $\dfrac{3}{n!} < 10^{-6}$ を満たす最小の n を考えればよい. すると $n=10$ であればよいから,

$$2 + \frac{1}{2!} + \frac{1}{3!} + \cdots + \frac{1}{9!}$$

の値を求める. 右の表において, 小数点第 8 位以下は切り捨てている.

$$\frac{3}{10!} = 8.26\cdots \times 10^{-7} < 8.3 \times 10^{-7}$$

より, 切り捨て誤差とをあわせて,

$$e < 2.7182812 + 8.3 \times 10^{-7}$$

である. ゆえに,

$$2.7182812 < e < 2.71828273$$

```
2 + 1/2! = 2.5
   1/3! = 0.1666666
   1/4! = 0.0416666
   1/5! = 0.0083333
   1/6! = 0.0013888
   1/7! = 0.0001984
   1/8! = 0.0000248
+) 1/9! = 0.0000027
          2.7182812
```

である. (1.6) で近似値を述べたように e の値は $2.718281828\cdots$ である. □

4.6 リーマン積分と区分求積法

4.6.1 面積と積分

この節では，リーマンによる定積分の定義を与える．その特別な場合が，高校のときに学んだ区分求積法であることを説明する．その結果から，"面積を求める" ことと "積分する" ことが同じ概念としてとらえられることもみてとれる．

まず，定積分の応用として，曲線で囲まれた面積が定積分として現れることを示す．いま，関数 $y = f(x)$ のグラフと $x = a, x = b$ とで囲まれた図形の面積を S とする (下左図)．

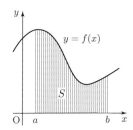
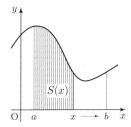

この区間の点 x ($a \leqq x \leqq b$) に対して，a から x の範囲で曲線と x 軸とで囲まれる部分の面積を $S(x)$ とおくと，これは x の関数である (上右図)．特に $x = b$ とおけば，$S(b) = S$ である．x から $x + \Delta x$ に変化したときの $S(x)$ の変化量を ΔS とおくと，

x	$S(x)$
$x + \Delta x$	$S(x) + \Delta S$

となる．ΔS は，x が $x + \Delta x$ だけ変化したときの面積の変化量であるから，右の図における長方形 ABCD の面積とみなせる．

この長方形の底辺は Δx で，高さは B, C の間のある点 t における関数の値 $f(t)$ とみなせるから ($x < t < x + \Delta x$)，$\Delta S = f(t) \cdot \Delta x$ となる．

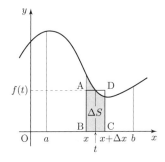

よって，$\dfrac{\Delta S}{\Delta x} = f(t)$ が成り立つから，$\Delta x \to 0$ とすると，

$$\frac{dS}{dx} = f(x)$$

となる．したがって，$S(x)$ の導関数が $f(x)$ となる．すなわち，f の原始関数が S である．$x = a$ のときは $S(a) = 0$ であり，$x = b$ のときは $S(b) = S$ より，結局，$x = a$ と $x = b$ と x 軸と曲線とで囲まれる図形の面積は

$$S = S(b) = S(b) - S(a) = \Big[S(x)\Big]_a^b = \int_a^b f(x)\,dx$$

となる．例えば，定積分

$$\int_0^2 (x^2 + 1)\,dx$$

は，曲線 $y = x^2 + 1$ と $x = 0$ と $x = 2$ と x 軸とで囲まれた部分の面積である．(右図の灰色で塗られた部分である．)

ところで，積分する範囲で，$f(x)$ が非負値であるときには定積分が囲まれる面積となるが，積分する範囲において，$f(x)$ が必ずしも非負の値をとらない場合は，定積分は正になったり負となることがあるため，定積分をそのまま，囲まれる面積とすることはできない．したがって，定積分する範囲において $f(x) \leqq 0$ となるところがある場合は注意しなければならない (以下の例題参照)．

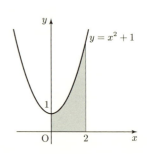

◆**例題 4.19** 関数 $y = x(x-2)(x-3)$ と x 軸とで囲まれる部分の面積を求める．

解答． 右図の灰色の部分が求めるものである．単に

$$\int_0^3 x(x-2)(x-3)\,dx$$

を求めると，この定積分は，$x = 0$ から $x = 2$ までの部分の面積から，$x = 2$ から $x = 3$ の部分の面積を引いたものになる．

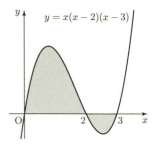

4.6 リーマン積分と区分求積法

ここで $x = 2$, $x = 3$ と曲線 $y = f(x)$ とで囲まれる部分の面積は

$$-\int_2^3 x(x-2)(x-3)\,dx$$

である．よって，求める面積は

$$\int_0^2 x(x-2)(x-3)\,dx - \int_2^3 x(x-2)(x-3)\,dx$$

を求めればよい．この定積分を計算すると，

$$\int_0^2 x(x-2)(x-3)\,dx - \int_2^3 x(x-2)(x-3)\,dx$$
$$= \int_0^2 (x^3 - 5x^2 + 6x)\,dx - \int_2^3 (x^3 - 5x^2 + 6x)\,dx$$
$$= \left[\frac{1}{4}x^4 - \frac{5}{3}x^3 + 3x^2\right]_0^2 - \left[\frac{1}{4}x^4 - \frac{5}{3}x^3 + 3x^2\right]_2^3$$
$$= \left(4 - \frac{40}{3} + 12\right) - \left(\frac{81}{4} - 45 + 27\right) + \left(4 - \frac{40}{3} + 12\right) = \frac{37}{12}$$

となる． □

2つの曲線で囲まれた部分の面積については，次の定理が成り立つ．

定理 4.12 $f(x)$, $g(x)$ はともに閉区間 $[a,b]$ 上の連続関数とし，

$$g(x) \leqq f(x), \quad x \in [a,b]$$

を満たすものとする．このとき，直線 $x = a$, $x = b$ と曲線 $y = f(x)$, $y = g(x)$ とで囲まれた部分の面積は

$$\int_a^b \bigl(f(x) - g(x)\bigr)\,dx$$

で与えられる．

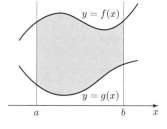

○**問 4.14** 2つの曲線 $y = x^2 - 2x + 1$ と直線 $y = x + 1$ とで囲まれる部分の面積を求めよ．

4.6.2 リーマン積分

閉区間 $[a,b]$ $(a<b)$ 上の関数 $f(x)$ に対して，リーマンの考えに従った $f(x)$ の積分を定義する．$f(x)$ を有界関数とする．すなわち，ある $M>0$ があって，

$$|f(x)| \leqq M, \quad x \in [a,b]$$

が成り立つものとする．区間 $[a,b]$ に対して，次のような分点を任意にとる:

$$a = x_0 < x_1 < x_2 < \cdots < x_{n-1} < x_n = b. \tag{4.29}$$

このとき，分点の集合 $\{x_0, x_1, \ldots, x_n\}$ を Δ で表し，$[a,b]$ の**分割**とよぶ．

この分割の各小区間 $[x_{i-1}, x_i]$，$i = 1, 2, \ldots, n$ の長さ $(x_i - x_{i-1})$ の最も大きいものを $|\Delta|$ と表し，これを**分割 Δ の巾 (はば)** とよぶ:

$$|\Delta| = \max_{i=1,2,\ldots,n} \{x_i - x_{i-1}\}.$$

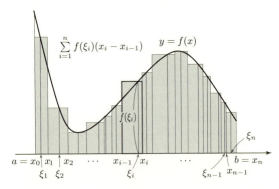

次に，各小区間 $[x_{i-1}, x_i]$ から任意に点 ξ_i をとり，次のような近似和を考える:

$$\sum_{i=1}^{n} f(\xi_i)(x_i - x_{i-1}). \tag{4.30}$$

これを，**リーマンの近似和**という．このとき，ある定数 A があって，分割 Δ および分割の小区間 $[x_{i-1}, x_i]$ 内の任意の点 ξ_i をどのようにとっても，分割の巾を $|\Delta| \to 0$ とするとき，リーマンの近似和 (4.30) が一定値 A に近づくとき，A を $f(x)$ の $[a,b]$ における**リーマン積分**といい，

$$\int_a^b f(x)\,dx$$

と書く．

4.7 曲線の長さ

定理 4.13 $f(x)$ を閉区間 $[a,b]$ 上の連続関数とする．このとき，$f(x)$ の $[a,b]$ におけるリーマン積分は存在する．

★注意 4.3 上で述べた定積分の定義において，分割 Δ を n 等分して，$n \to \infty$ とするときの極限として積分を考えたものを**区分求積法**とよぶ．

◆例題 4.20 $\displaystyle\int_0^1 x^2\,dx$ を区分求積法で求める．

解答． $f(x) = x^2$ とおく．任意の $n \in \mathbb{N}$ に対して，$[0,1]$ を n 等分しよう：

$$\Delta : 0 = x_0 < x_1 < x_2 < \cdots < x_{n-1} < x_n = 1,$$

$$x_i = \frac{i}{n}, \quad i = 0, 1, 2, \ldots, n.$$

$f(x)$ は $[0,1]$ 上で連続だから，分割の小区間内の点 ξ_i は，どのようにとっても積分は同じ値に収束する．そこで，$\xi_i = x_i$ とおいてもよい．すると，

$$\sum_{i=1}^n f(\xi_i)(x_i - x_{i-1})$$
$$= \sum_{i=1}^n \left(\frac{i}{n}\right)^2 \cdot \left(\frac{i}{n} - \frac{i-1}{n}\right) = \frac{1}{n^3} \sum_{i=1}^n i^2$$
$$= \frac{1}{n^3} \cdot \frac{n(n+1)(2n+1)}{6}$$
$$= \frac{1}{6} \cdot \left(1 + \frac{1}{n}\right)\left(2 + \frac{1}{n}\right) \longrightarrow \frac{1}{3} \quad (n \to \infty)$$

が成り立つ． □

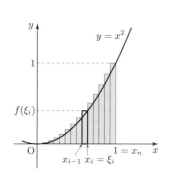

4.7 曲線の長さ

区間 $[a,b]$ 上の連続関数 φ, ψ を用いて，座標 (x,y) が $x = \varphi(t), y = \psi(t)$ によって表される点の集合 C を平面上の**連続曲線**とよび，

$$C: x = \varphi(t), \quad y = \psi(t) \quad (a \leqq t \leqq b)$$

と書き表す．これを曲線の**媒介変数表示**といい，t を**媒介変数**(パラメータ)という．

◇例 4.8 (1) 区間 $[a,b]$ 上の連続関数 $f(x)$ に対して，$[a,b]$ 上の連続関数 $x=t, y=f(t)$ によって得られる連続曲線

$$C: \ x=t, \quad y=f(t) \quad (a \leqq t \leqq b)$$

は関数 $y=f(x)$ のグラフである．これを**曲線 $y=f(x)$** という（下左図）．

(1)′ 同様に，$[a,b]$ 上の連続関数 $f(x)$ に対して，$[a,b]$ 上の連続関数 $x=f(t), y=t$ によって得られる連続曲線

$$C: \ x=f(t), \quad y=t \quad (a \leqq t \leqq b)$$

は関数 $x=f(y)$ のグラフである．これを**曲線 $x=f(y)$** という．

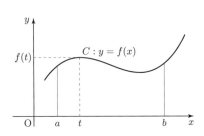
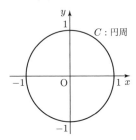

(2) $[0, 2\pi]$ 上の連続関数 $x=\cos t, y=\sin t$ によって得られる連続曲線

$$C: \ x=\cos t, \quad y=\sin t \quad (0 \leqq t \leqq 2\pi)$$

は原点中心，半径 1 の円周，すなわち，$x^2+y^2=1$ である（上右図）．

曲線 $C: \ x=\varphi(t), y=\psi(t) \ (a \leqq t \leqq b)$ に対して，区間 $[a,b]$ の任意の分割

$$\Delta : a = t_0 < t_1 < t_2 < \cdots < t_{n-1} < t_n = b$$

を考える．このとき，曲線 C の長さは，Δ の巾 $|\Delta|$ を 0 に近づけたときに，

$$\lim_{|\Delta| \to 0} \sum_{i=1}^{n} \sqrt{(x_i - x_{i-1})^2 + (y_i - y_{i-1})^2} \tag{4.31}$$

が存在するとき，その極限として定義される．ただし，$x_i = \varphi(t_i), y_i = \psi(t_i), i=0,1,2,\ldots,n$ である．

いま，閉区間 $[a,b]$ 上の連続曲線

$$C: \ x=\varphi(t), \quad y=\psi(t) \quad (a \leqq t \leqq b)$$

について，$\varphi(t), \psi(t)$ は開区間 (a,b) 上で微分可能とする．このとき，$[a,b]$ の

4.7 曲線の長さ

任意の分割
$$\Delta : a = t_0 < t_1 < t_2 < \cdots < t_{n-1} < t_n = b$$
に対して，$\varphi(t)$ と $\psi(t)$ は各小区間 $[t_{i-1}, t_i]$ 上において連続で，開区間 (t_{i-1}, t_i) で微分可能だから，それぞれに平均値の定理 (定理 3.6) を適用すると，
$$\varphi(t_i) - \varphi(t_{i-1}) = \varphi'(\xi_i)(t_i - t_{i-1}),$$
$$\psi(t_i) - \psi(t_{i-1}) = \psi'(\eta_i)(t_i - t_{i-1})$$
を満たす $\xi_i \in (t_{i-1}, t_i)$, $\eta_i \in (t_{i-1}, t_i)$ が存在する．よって，
$$\sum_{i=1}^{n} \sqrt{(x_i - x_{i-1})^2 + (y_i - y_{i-1})^2}$$
$$= \sum_{i=1}^{n} \sqrt{\bigl(\varphi(t_i) - \varphi(t_{i-1})\bigr)^2 + \bigl(\psi(t_i) - \psi(t_{i-1})\bigr)^2}$$
$$= \sum_{i=1}^{n} \sqrt{\bigl(\varphi'(\xi_i)(t_i - t_{i-1})\bigr)^2 + \bigl(\psi'(\eta_i)(t_i - t_{i-1})\bigr)^2}$$
$$= \sum_{i=1}^{n} \sqrt{\bigl(\varphi'(\xi_i)\bigr)^2 + \bigl(\psi'(\eta_i)\bigr)^2}\,(t_i - t_{i-1})$$
だから，分割の巾 $|\Delta|$ を 0 に近づけると，右辺は
$$\int_a^b \sqrt{\bigl(\varphi'(t)\bigr)^2 + \bigl(\psi'(t)\bigr)^2}\,dt$$
に収束する．

よって，次の定理が得られる．

定理 4.14 閉区間 $[a,b]$ 上の連続曲線 $C : x = \varphi(t), y = \psi(t)\,(a \leqq t \leqq b)$ について，$\varphi(t), \psi(t)$ を開区間 (a,b) で微分可能とすると，曲線 C の長さ L は存在して，
$$L = \int_a^b \sqrt{\bigl(\varphi'(t)\bigr)^2 + \bigl(\psi'(t)\bigr)^2}\,dt$$
となる．特に，関数 $f(x)$ が $[a,b]$ で連続で，(a,b) で微分可能ならば，曲線 $y = f(x)\,(a \leqq x \leqq b)$ の長さ L は
$$L = \int_a^b \sqrt{1 + \bigl(f'(x)\bigr)^2}\,dx$$
で与えられる．

◆例題 4.21 次の曲線の長さ L を求める．ただし，$a > 0$ である．

(1) (半円の周長)　$C: x = a\cos\theta,\ y = a\sin\theta\ (0 \leqq \theta \leqq \pi)$

(2) (曲線 $y = f(x)$ の長さ)　曲線 $y = \dfrac{x^2}{8} - \log x\ (1 \leqq x \leqq e)$

解答． (1) 　$L = \displaystyle\int_0^\pi \sqrt{\left((a\cos\theta)'\right)^2 + \left((a\sin\theta)'\right)^2}\, d\theta$

$= \displaystyle\int_0^\pi \sqrt{\left(-a\sin\theta\right)^2 + \left(a\cos\theta\right)^2}\, d\theta = a\int_0^\pi d\theta = \pi a$

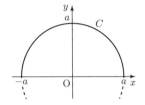 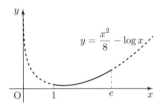

(2) 　$L = \displaystyle\int_1^e \sqrt{1 + \left(\dfrac{x}{4} - \dfrac{1}{x}\right)^2}\, dx = \int_1^e \sqrt{\dfrac{x^2}{16} + \dfrac{1}{2} + \dfrac{1}{x^2}}\, dx$

$= \displaystyle\int_1^e \sqrt{\left(\dfrac{x}{4} + \dfrac{1}{x}\right)^2}\, dx = \int_1^e \left(\dfrac{x}{4} + \dfrac{1}{x}\right) dx$

$= \left[\dfrac{x^2}{8} + \log x\right]_1^e = \dfrac{e^2}{8} + \dfrac{7}{8}$　□

極方程式

非負値連続関数 $f(\theta)\ (a \leqq \theta \leqq b)$ を用いて，曲線が

$$C:\ x = f(\theta)\cos\theta,\quad y = f(\theta)\sin\theta\quad (a \leqq \theta \leqq b)$$

という表示をもつとき，C は**極方程式** $\boldsymbol{r = f(\theta)\ (a \leqq \theta \leqq b)}$ に従うという．このとき，曲線 C の長さ L は

$$L = \int_a^b \sqrt{\left(\dfrac{dx}{d\theta}\right)^2 + \left(\dfrac{dy}{d\theta}\right)^2}\, d\theta$$

$$= \int_a^b \sqrt{\left(f'(\theta)\cos\theta - f(\theta)\sin\theta\right)^2 + \left(f'(\theta)\sin\theta + f(\theta)\cos\theta\right)^2}\, d\theta$$

$$= \int_a^b \sqrt{\left(f'(\theta)\right)^2 + \left(f(\theta)\right)^2}\, d\theta \tag{4.32}$$

で与えられる．

◆例題 4.22 （カージオイド） $a > 0$ とする．極方程式

$$C : r = a(1 + \cos\theta) \quad (0 \leqq \theta \leqq 2\pi) \tag{4.33}$$

に従う曲線の長さ L を求める．この曲線 C を**カージオイド曲線**という．

解答． $C : x = a(1 + \cos\theta)\cos\theta,\ y = a(1 + \cos\theta)\sin\theta\ (0 \leqq \theta \leqq 2\pi)$ より，(4.32) によって，C の長さ L は，

$$L = \int_0^{2\pi} \sqrt{\left(-a\sin\theta\right)^2 + \left(a(1+\cos\theta)\right)^2}\, d\theta$$

$$= \sqrt{2}a \int_0^{2\pi} \sqrt{1 + \cos\theta}\, d\theta$$

$$= \sqrt{2}a \int_0^{2\pi} \sqrt{1 + \left(2\cos^2\frac{\theta}{2} - 1\right)}\, d\theta$$

$$= 2a \int_0^{2\pi} \left|\cos\frac{\theta}{2}\right| d\theta = 2a \left(\int_0^{\pi} \cos\frac{\theta}{2}\, d\theta - \int_{\pi}^{2\pi} \cos\frac{\theta}{2}\, d\theta \right) = 8a$$

となる． □

章 末 問 題

問題 4.1 次の不定積分を求めよ．

(1) $\displaystyle\int 3x\, dx$ (2) $\displaystyle\int 5x^2\, dx$ (3) $\displaystyle\int 10x^3\, dx$

(4) $\displaystyle\int (2x^3 - 4x^2)\, dx$ (5) $\displaystyle\int x(7x - 1)\, dx$ (6) $\displaystyle\int \frac{dx}{\sqrt{x}}$

(7) $\displaystyle\int \sqrt[5]{x}\, dx$ (8) $\displaystyle\int \frac{2}{x}\, dx$ (9) $\displaystyle\int \frac{dx}{3\sqrt{2x^3}}$

(10) $\displaystyle\int \frac{x}{x+2}\, dx$ (11) $\displaystyle\int \frac{dx}{3x + 2}$ (12) $\displaystyle\int \frac{x^2 - 7}{x}\, dx$

(13) $\displaystyle\int \sqrt{2x + 5}\, dx$ (14) $\displaystyle\int \frac{dx}{\sqrt{2 - x}}$ (15) $\displaystyle\int \sin\left(\frac{x}{2}\right) dx$

(16) $\displaystyle\int \cos(4x+1)\,dx$ (17) $\displaystyle\int \tan(2x)\,dx$ (18) $\displaystyle\int \frac{\sin(3x)}{1+\cos(3x)}\,dx$

(19) $\displaystyle\int \frac{e^{2x}}{e^{2x}+5}\,dx$ (20) $\displaystyle\int \frac{1+\sin(3x)}{3x-\cos(3x)}\,dx$ (21) $\displaystyle\int \frac{dx}{4-x^2}$

(22) $\displaystyle\int \frac{dx}{\sqrt{4-x^2}}$ (23) $\displaystyle\int \frac{dx}{\sqrt{4+x^2}}$ (24) $\displaystyle\int \frac{dx}{x\sqrt{x^2-1}}$

(25) $\displaystyle\int \frac{dx}{x\sqrt{x^2+1}}$ (26) $\displaystyle\int \frac{dx}{x\sqrt{9-x^2}}$ (27) $\displaystyle\int \cos^2(2x)\,dx$

(28) $\displaystyle\int \sin^4 x\,dx$ (29) $\displaystyle\int \sin(3x)\cos(4x)\,dx$ (30) $\displaystyle\int x\cos x\,dx$

(31) $\displaystyle\int xe^{2x}\,dx$ (32) $\displaystyle\int e^x \sin(3x)\,dx$ (33) $\displaystyle\int \sin^{-1} x\,dx$

(34) $\displaystyle\int \tan^{-1} x\,dx$ (35) $\displaystyle\int x\tan^{-1}(2x)\,dx$

問題 4.2　次の定積分を求めよ．

(1) $\displaystyle\int_0^2 (x^2+3)\,dx$ (2) $\displaystyle\int_{\pi/4}^{\pi/2} x\sin(2x)\,dx$ (3) $\displaystyle\int_{-1}^1 3^x\,dx$

(4) $\displaystyle\int_1^3 \frac{x}{2+x^2}\,dx$ (5) $\displaystyle\int_0^1 x\log(x+1)\,dx$ (6) $\displaystyle\int_0^1 x^2 \log(x+1)\,dx$

問題 4.3　次の広義積分を求めよ．

(1) $\displaystyle\int_0^1 \log x\,dx$ (2) $\displaystyle\int_{-1}^1 \frac{dx}{\sqrt{1-x^2}}$ (3) $\displaystyle\int_0^\infty xe^{-x}\,dx$

(4) $\displaystyle\int_1^\infty \frac{dx}{x^2(1+x)}$ (5) $\displaystyle\int_0^\infty \frac{dx}{1+x^2}$ (6) $\displaystyle\int_0^\infty \frac{dx}{e^x+e^{-x}}$

問題 4.4　次の関数の 3 次近似式を求めよ．

(1) $f(x)=\log(1-x)$ (2) $f(x)=\operatorname{Arcsin} x$ (3) $f(x)=\operatorname{Arccos} x$

(4) $f(x)=\dfrac{1}{1+x^2}$ (5) $f(x)=\operatorname{Arctan} x$ (6) $f(x)=e^{2x}\cos x$

(7) $f(x)=\sinh x$ (8) $f(x)=\cosh x$ (9) $f(x)=\tanh x$

問題 4.5　$n \in \mathbb{N}$ とする．次の関数に対して，n 次のマクローリン展開を求めよ．

(1) $f(x)=\log(2+x)$ (2) $f(x)=\sin x$ (3) $f(x)=e^{-2x}$

問題 4.6　任意の $x>0$ に対して，
$$e^x = 1 + x + \frac{x^2}{2} + \cdots + \frac{x^n}{n!} + R_{n+1}, \quad |R_{n+1}| < e^x \cdot \frac{|x|^{n+1}}{(n+1)!}$$
となることを示せ．

章末問題

問題 4.7 次の曲線の長さを求めよ．
(1) $y = \dfrac{1}{2}x^2 \quad (0 \leqq x \leqq 2)$ 　　(2) $y = \log \sin x \quad \left(\dfrac{\pi}{4} \leqq x \leqq \dfrac{\pi}{2}\right)$

問題 4.8 $a > 0$ とする．
$$C: r = 2a\cos\theta \quad \left(-\dfrac{\pi}{2} \leqq \theta \leqq \dfrac{\pi}{2}\right)$$
で与えられる曲線 C の長さ L を求めよ．

問題 4.9 $a > 0$ とする．
$$C: r = a\sin^3\dfrac{\theta}{3} \quad (0 \leqq \theta \leqq 3\pi)$$
で与えられる曲線 C の長さ L を求めよ．

問題 4.10 (サイクロイドの長さ) $a > 0$ とする．
$$C: x = a(\theta - \sin\theta), \quad y = a(1 - \cos\theta) \quad (0 \leqq \theta \leqq 2\pi)$$
で与えられる曲線 C の長さ L を求めよ．

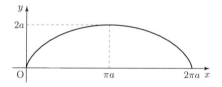

問題 4.11 (アステロイドの長さ) $a > 0$ とする．
$$C: x = a\cos^3\theta, \quad y = a\sin^3\theta \quad (0 \leqq \theta \leqq 2\pi)$$
で与えられる曲線 C の長さ L を求めよ．

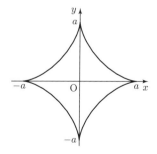

5 章

多変数関数

本章では，多変数の関数について考えていく．

5.1 多変数関数の極限

これまでは 1 変数の関数 $y = f(x)$ を考えたが，いくつかの変数，例えば d 個の変数 $(x_1, x_2, \ldots, x_d)$ に依存して，ある実数 z が定まるような規則：

$$z = f(x_1, x_2, \ldots, x_d)$$

に従ったものが現れることが現実には多い．このように 2 つ以上の変数に依存して定まる関数のことを**多変数関数**とよぶ．

◇例 5.1 （コンビニエンスストアの売り上げ） いろいろな商品を扱うコンビニの一日の売り上げを考える．簡単のために，5 つの商品を取り扱っているとする．このとき，それぞれの商品の値段を a 円，b 円，c 円，d 円，e 円とすると，1 ヶ月の売上額 z は，5 変数 (a, b, c, d, e) の関数と考えられる：

$$z = f(a, b, c, d, e).$$

一方，1 ヶ月の利益を考える場合は，5 つの商品の値段 (a, b, c, d, e) だけでなく，商品の仕入れ額や，電気・ガス・人件費など多数の変数によって決まってくることになる．したがって，実用上はもっと多くの変数，場合によっては無限個の変数に依存して定まる関数として扱う必要がある． □

以下，変数の数 d を 2 以上の整数として，d 個の実数の組 $(x_1, x_2, \ldots, x_d)$ の全体を $\mathbb{R}^d$ とおき，**d 次元数空間**という．そうして，$\mathbb{R}^d$ の部分集合を定義域とする実数値関数を考えていくことにする．

1 変数の場合に $\mathbb{R}$ の元を点とよんだように, $\mathbb{R}^d$ の元 $(x_1, x_2, \ldots, x_d)$ のことを, $\mathbb{R}^d$ の**点**とよぶ. また, $\mathbb{R}^d$ の元 $(x_1, x_2, \ldots, x_d)$ を, 太文字を用いてまとめて $\boldsymbol{x}$ と書くことがある:

$$\boldsymbol{x} = (x_1, x_2, \ldots, x_d).$$

このとき, 各 $i = 1, 2, \ldots, d$ に対して, x_i を $\boldsymbol{x}$ の**第 i 成分**, または**第 i 座標**とよぶ.

◇**例 5.2** (1) 2 次元数空間 $\mathbb{R}^2$ を**平面**あるいは**座標平面**という. $\boldsymbol{x} = (-1, 3)$ に対して, -1 を $\boldsymbol{x}$ の x 座標, 3 を $\boldsymbol{x}$ の y 座標とよぶことは中学・高校のときに習ったとおりである.

(2) 3 次元数空間 $\mathbb{R}^3$ を**空間**あるいは**座標空間**という. $\boldsymbol{x} = (2, 10, 5)$ に対して, $2, 10, 5$ をそれぞれ点 $\boldsymbol{x}$ の x 座標, y 座標, z 座標とよぶ.

(3) $\boldsymbol{x} = (-2, 11, 5, 0, 8) \in \mathbb{R}^5$ を考えると, $\boldsymbol{x}$ の第 1 成分は -2, 第 4 成分は 0 である.

$\mathbb{R}$ の点列 $\{x_n\}$ の収束と同様に, $\mathbb{R}^d$ の点列 $\{\boldsymbol{x}_n\}$ が点 $\boldsymbol{x}$ に**収束する**とは, $\boldsymbol{x}_n$ の各座標からなる数列が, $n \to \infty$ とするとき, 対応する $\boldsymbol{x}$ の各座標に近づくときをいう. このとき,

$$\lim_{n \to \infty} \boldsymbol{x}_n = \boldsymbol{x}$$

と書く.

◇**例 5.3** $d = 4$ とする. このとき, 各 n について,

$$\boldsymbol{x}_n = \left(\frac{1}{n}, \frac{2n}{1+n}, \sin \frac{\pi}{n}, \frac{1-5n}{3\sqrt{n}+n} \right)$$

で与えられる点列 $\{\boldsymbol{x}_n\}$ は, 各座標の数列が,

$$\lim_{n \to \infty} \frac{1}{n} = 0, \quad \lim_{n \to \infty} \frac{2n}{1+n} = 2, \quad \lim_{n \to \infty} \sin \frac{\pi}{n} = 0,$$

$$\lim_{n \to \infty} \frac{1-5n}{3\sqrt{n}+n} = \lim_{n \to \infty} \frac{\frac{1}{n}-5}{\frac{3}{\sqrt{n}}+1} = -5$$

となることから, $\boldsymbol{x} = (0, 2, 0, -5)$ に近づく. よって,

5.1 多変数関数の極限

$$\lim_{n\to\infty} \boldsymbol{x}_n = \lim_{n\to\infty}\left(\frac{1}{n}, \frac{2n}{1+n}, \sin\frac{\pi}{n}, \frac{1-5n}{3\sqrt{n}+n}\right) = (0, 2, 0, -5) = \boldsymbol{x}$$

である. □

○問 **5.1** 次の点列 $\{\boldsymbol{x}_n\}$ の極限を求めよ.

(1) $\boldsymbol{x}_n = \left(2 + \dfrac{1}{n}, \dfrac{6^{n+1} - 4^n}{6^n - 5^n}\right)$

(2) $\boldsymbol{x}_n = \left(\cos\left(\dfrac{\pi}{2n}\right), \sin\left(\dfrac{1}{3} + \dfrac{(-1)^n}{n}\right)\pi\right)$

(3) $\boldsymbol{x}_n = \left(\dfrac{n^2 - n}{3n^2 + 1}, \left(1 + \dfrac{1}{2n}\right)^n, \sqrt{n^2 + 3n} - \sqrt{n^2 - 2n}\right)$

談話室 (d 次元数空間の距離)

(1) 平面 $\mathbb{R}^2$ の 2 点 $\boldsymbol{x}_1 = (x_1, y_1), \boldsymbol{x}_2 = (x_2, y_2)$ の間の距離は

$$\sqrt{(x_1 - x_2)^2 + (y_1 - y_2)^2}$$

である. これを $\rho(\boldsymbol{x}_1, \boldsymbol{x}_2)$ と書く. このとき, 点列 $\boldsymbol{x}_n = (x_n, y_n)$ が点 $\boldsymbol{x} = (x, y)$ に収束するとは, $\lim_{n\to\infty} x_n = x$ かつ $\lim_{n\to\infty} y_n = y$ が成り立つことであるが, これは

$$0 \leqq \rho(\boldsymbol{x}_n, \boldsymbol{x}) = \sqrt{(x_n - x)^2 + (y_n - y)^2} \to 0 \quad (n \to \infty)$$

より, $\lim_{n\to\infty} \rho(\boldsymbol{x}_n, \boldsymbol{x}) = 0$ と同値である.

同様に, 空間 $\mathbb{R}^3$ の 2 点 $\boldsymbol{x}_1 = (x_1, y_1, z_1), \boldsymbol{x}_2 = (x_2, y_2, z_2)$ の間の距離は

$$\sqrt{(x_1 - x_2)^2 + (y_1 - y_2)^2 + (z_1 - z_2)^2}$$

であるが, これも $\rho(\boldsymbol{x}_1, \boldsymbol{x}_2)$ と書く. このとき, 点列 $\boldsymbol{x}_n = (x_n, y_n, z_n)$ が点 $\boldsymbol{x} = (x, y, z)$ に収束するとは, $\lim_{n\to\infty} x_n = x$, $\lim_{n\to\infty} y_n = y$ かつ $\lim_{n\to\infty} z_n = z$ が成り立つことであるが, これは

$$0 \leqq \rho(\boldsymbol{x}_n, \boldsymbol{x}) = \sqrt{(x_n - x)^2 + (y_n - y)^2 + (z_n - z)^2}$$
$$\to 0 \quad (n \to \infty)$$

より, $\lim_{n\to\infty} \rho(\boldsymbol{x}_n, \boldsymbol{x}) = 0$ と同値であることがわかる.

(2) (1) における距離の考え方を拡張して，d 次元数空間 $\mathbb{R}^d$ における 2 点 $\boldsymbol{x} = (x_1, x_2, \ldots, x_d)$, $\boldsymbol{y} = (y_1, y_2, \ldots, y_d)$ の間の距離を

$$\rho(\boldsymbol{x}, \boldsymbol{y}) = \sqrt{\sum_{i=1}^{d}(x_i - y_i)^2} \qquad (5.1)$$

と定めると，点列 $\{\boldsymbol{x}_n\}$ が点 $\boldsymbol{x}$ に収束することと

$$\lim_{n \to \infty} \rho(\boldsymbol{x}_n, \boldsymbol{x}) = 0$$

が成り立つこととが同値となる．(5.1) を d 次元ユークリッド距離とよぶ．

多変数関数の極限

$\mathbb{R}^d$ の部分集合を D とし，D の各点 $\boldsymbol{x} = (x_1, x_2, \ldots, x_d)$ に対して，実数 z がただ一つだけ対応しているとき，この対応を

$$z = f(\boldsymbol{x}) = f(x_1, x_2, \ldots, x_d)$$

と書いて，D を定義域とする d 変数関数とよぶ．点 $\boldsymbol{x}$ に収束する点列 $\{\boldsymbol{x}_n\}$ に対して，実数列 $\{f(\boldsymbol{x}_n)\}$ が実数 α に収束するとき，

$$\lim_{n \to \infty} f(\boldsymbol{x}_n) = \alpha$$

と書く．さらに，点 $\boldsymbol{a}$ に収束する D 内の任意の点列 $\{\boldsymbol{x}_n\}$ に対して，$f(\boldsymbol{x}_n)$ が α に収束するとき，

$$\lim_{\substack{\boldsymbol{x} \to \boldsymbol{a} \\ \boldsymbol{x} \in D}} f(\boldsymbol{x}) = \alpha, \quad \text{または，単に} \quad \lim_{\boldsymbol{x} \to \boldsymbol{a}} f(\boldsymbol{x}) = \alpha$$

と書く．特に $\boldsymbol{a} \in D$ であって，$f(\boldsymbol{a}) = \alpha$ を満たすとき，$f(\boldsymbol{x})$ は点 $\boldsymbol{a}$ で連続であるという．また，D 内のすべての点で $f(x)$ が連続のとき，$f(x)$ は D 上の連続関数であるという．

◆**例題 5.1** $D = \{\boldsymbol{x} \in \mathbb{R}^2 : \boldsymbol{x} = (x, y) \neq (0, 0)\}$ とおく．$\boldsymbol{x} \in D$ に対して，

$$f(\boldsymbol{x}) = f(x, y) = \frac{2xy}{\sqrt{x^2 + y^2}}$$

とおくと，

$$\lim_{\boldsymbol{x} \to (0,0)} f(\boldsymbol{x}) = \lim_{(x,y) \to (0,0)} f(x, y) = \lim_{\substack{x \to 0 \\ y \to 0}} \frac{2xy}{\sqrt{x^2 + y^2}} = 0$$

5.1 多変数関数の極限

が成り立つ．

解答． 不等式
$$|xy| \leqq \frac{1}{2}(x^2 + y^2)$$
に注意すると，$(x,y) \to (0,0)$ のとき，
$$0 \leqq |f(x,y)| = \left|\frac{2xy}{\sqrt{x^2+y^2}}\right| \leqq \sqrt{x^2+y^2} \to 0$$
となる． □

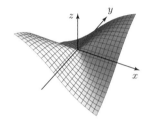 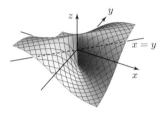

$z = f(x,y) = \dfrac{2xy}{\sqrt{x^2+y^2}}$ のグラフ　　　$z = f(x,y) = \dfrac{2xy}{x^2+y^2}$ のグラフ

◆**例題 5.2** 上の例題と同じ集合 D を考える．$\boldsymbol{x} \in D$ に対して，
$$f(\boldsymbol{x}) = f(x,y) = \frac{2xy}{x^2+y^2}$$
とおくと，$\displaystyle\lim_{(x,y)\to(0,0)} f(x,y)$ は存在しない．

解答． まず $x \neq 0$ として，$x \to 0$ を考えると，$(x,0) \neq (0,0)$ であり，
$$(x,0) \to (0,0) \iff x \to 0$$
が成り立つ．よって，
$$\lim_{\substack{(x,y)\to(0,0)\\y=0}} f(x,y) = \lim_{x\to 0} f(x,0) = \lim_{x\to 0} \frac{2x\cdot 0}{x^2+0^2} = 0$$
となる．次に $y = x \neq 0$ として，$x \to 0$ を考えると，$(x,x) \to 0$ である．このとき，
$$\lim_{\substack{(x,y)\to(0,0)\\x=y}} f(x,y) = \lim_{x\to 0} f(x,x) = \lim_{x\to 0} \frac{2x\cdot x}{x^2+x^2} = \lim_{x\to 0} \frac{2x^2}{2x^2} = 1$$

が成り立つ．よって，$(0,0)$ への近づき方によって $f(x,y)$ の極限の値が異なるので，$\lim_{(x,y)\to(0,0)} f(x,y)$ は存在しない． □

◇**例 5.4** 極限 $\lim_{(x,y)\to(0,0)} \dfrac{2x^2 y}{x^2+y^2} = 0$ を示す．

任意の $(x,y) \neq (0,0)$ に対して，$|2x^2 y| \leqq 2(x^2+y^2)|y|$ に注意すると，$(x,y) \to (0,0)$ のとき

$$0 \leqq \left|\frac{2x^2 y}{x^2+y^2}\right| \leqq \frac{2(x^2+y^2)|y|}{x^2+y^2} = 2|y| \to 0$$

となるから，$\lim_{(x,y)\to(0,0)} \dfrac{2x^2 y}{x^2+y^2} = 0$ が成り立つ．

○**問 5.2** 次の極限が存在すれば求めよ．

(1) $\lim_{(x,y)\to(0,0)} \dfrac{x^2+3y^2}{\sqrt{x^2+y^2}}$ (2) $\lim_{(x,y,z)\to(0,0,0)} \dfrac{xyz}{x^2+y^2+z^2}$

5.2 偏微分

多変数関数に対して，1 つの変数に着目して，その他の変数を固定して 1 変数関数とみなしたときの微分を偏微分とよぶ．ここでは偏微分を学んでいく．

5.2.1 偏微分の定義

D を $\mathbb{R}^d$ の部分集合とし，D 上の d 変数関数 $f(\boldsymbol{x}) = f(x_1, x_2, \ldots, x_d)$ に対して，点 $\boldsymbol{a} = (a_1, a_2, \ldots, a_d) \in D$ をとる．このとき，$x_2, x_3, \ldots, x_d$ を定数と思って (固定して) x_1 のみを動かすと，$f(\boldsymbol{x})$ は，(x_1 の) 1 変数関数となる．そこで，x_1 の関数とみなしたときの a_1 における $f(\boldsymbol{x})$ の微分係数は，

$$\lim_{h\to 0} \frac{f(a_1+h, a_2, a_3, \ldots, a_d) - f(a_1, a_2, a_3, \ldots, a_d)}{h}$$

である．これを，$f(\boldsymbol{x})$ の点 $\boldsymbol{a}$ における x_1 に関する**偏微分係数**，または簡単に**偏微係数**といい，

$$\frac{\partial f}{\partial x_1}(\boldsymbol{a}), \quad \frac{\partial}{\partial x_1} f(\boldsymbol{a}), \quad f_{x_1}(\boldsymbol{a}), \quad \partial_1 f(\boldsymbol{a}), \quad D_1 f(\boldsymbol{a})$$

5.2 偏微分

と表す．同様に，x_i 以外の変数を定数と思って，x_i だけを動かしたときの $f(\boldsymbol{x})$ の $\boldsymbol{a}$ における x_i に関する微分は

$$\lim_{h\to 0}\frac{f(a_1,a_2,\ldots,a_{i-1},a_i+h,a_{i+1},\ldots,a_d)-f(a_1,a_2,\ldots,a_{i-1},a_i,a_{i+1},\ldots,a_d)}{h}$$

である．この値を

$$\frac{\partial f}{\partial x_i}(\boldsymbol{a}),\quad \frac{\partial}{\partial x_i}f(\boldsymbol{a}),\quad f_{x_i}(\boldsymbol{a}),\quad \partial_i f(\boldsymbol{a}),\quad D_i f(\boldsymbol{a})$$

と表す．特に，$\mathbb{R}^2$ の部分集合 D で定義された 2 変数関数 $f(x,y)$ に対して，x および y に関する点 $(a,b)\in D$ の偏微分係数は，

$$f_x(a,b)=\frac{\partial f}{\partial x}(a,b)=\lim_{h\to 0}\frac{f(a+h,b)-f(a,b)}{h},$$

$$f_y(a,b)=\frac{\partial f}{\partial y}(a,b)=\lim_{h\to 0}\frac{f(a,b+h)-f(a,b)}{h}$$

として定義される．偏微分係数の意味は下図のようである．

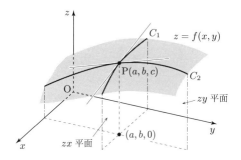

$f(a,b)=c$ を満たすとき，$z=f(x,y)$ の偏微分係数 $f_x(a,b)$ および $f_y(a,b)$ は，P(a,b,c) に対して，$z=f(x,y)$ のグラフと zx 平面と zy 平面とで切り取られるそれぞれの曲線 C_1 および C_2 の点 P における接線の傾きと一致する．

ところで，D の各点 $\boldsymbol{x}$ に対して，$f(\boldsymbol{x})$ の各 x_i，$i=1,2,\ldots,d$ に関する偏微分係数 $f_{x_i}(\boldsymbol{x})$ が存在するとき，$\boldsymbol{x}$ に $f_{x_i}(\boldsymbol{x})$ を対応させる関数が定義される．これを x_i に関する $f(\boldsymbol{x})$ の**偏導関数**とよび，次のような記号を用いて表す：

$$\frac{\partial f}{\partial x_i},\quad f_{x_i},\quad \partial_i f,\quad D_i f.$$

したがって，d 変数関数 $f(\boldsymbol{x}) = f(x_1, x_2, \ldots, x_d)$ に対して，偏導関数は $f_{x_1}, f_{x_2}, \ldots, f_{x_d}$ の d 個あることがわかる．偏導関数を求めることを**偏微分**するという．

◇例 5.5　(1) $f(x, y) = x^2 + 3xy^5$, $(x, y) \in \mathbb{R}^2$ のとき，

$$\frac{\partial f}{\partial x}(x, y) = 2x + 3y^5, \qquad \frac{\partial f}{\partial y}(x, y) = 15xy^4.$$

(2) $f(x, y) = (x^2 + 5y^2)e^{x+2y}$ のとき，

$$\frac{\partial f}{\partial x}(x, y) = 2xe^{x+2y} + (x^2 + 5y^2)e^{x+2y} = (x^2 + 2x + 5y^2)e^{x+2y}.$$

(3) $f(x, y, z) = x\cos(yz)$ のとき，$\dfrac{\partial f}{\partial z}(x, y, z) = -xy\sin(yz)$.

○問 5.3　上の例の (2) で $\dfrac{\partial f}{\partial y}$ を，(3) で $\dfrac{\partial f}{\partial x}, \dfrac{\partial f}{\partial y}$ を求めよ．

◇例 5.6　$f(x, y) = x^{xy}$, $(x, y) \in D = \{(x, y) \in \mathbb{R}^2 : x > 0, y \in \mathbb{R}\}$ とおくと，

$$\frac{\partial f}{\partial x}(x, y) = x^{xy}(y\log x + y), \qquad \frac{\partial f}{\partial y}(x, y) = x^{xy+1}\log x$$

である．

実際，$f(x, y) = x^{xy}$ の両辺の対数をとると，$\log f(x, y) = xy\log x$ となる．よって，左辺は対数関数の微分，右辺は積の微分公式を用いて計算すると，x に関する偏微分は，

$$\frac{f_x(x, y)}{f(x, y)} = y\log x + xy \cdot \frac{1}{x} = y\log x + y$$

だから，

$$f_x(x, y) = f(x, y)\bigl(y\log x + y\bigr) = x^{xy}(y\log x + y)$$

となる．同様に計算すると，$f_y(x, y) = x^{xy+1}\log x$ が得られる．

○問 5.4　(1) $f(x, y) = \dfrac{\sin(xy)}{\cos(x+y)}$, $(x, y) \in D$ のとき，$\dfrac{\partial f}{\partial x}$ および $\dfrac{\partial f}{\partial y}$ を求めよ．ただし，$D = \{(x, y) \in \mathbb{R}^2 : \cos(x+y) \neq 0\}$ とする．

5.2 偏微分

(2) $f(x,y) = \tan^2(x^2 - y^2)$, $(x,y) \in D$ のとき, $\dfrac{\partial f}{\partial x}$ および $\dfrac{\partial f}{\partial y}$ を求めよ. ただし, $D = \left\{(x,y) : x^2 - y^2 \neq \dfrac{1}{2}\pi + n\pi, n \in \mathbb{Z}\right\}$ とする.

○問 **5.5** 次の関数を偏微分せよ.
(1) $f(x,y) = x^2 + y\sin(xy)$ (2) $f(x,y) = \dfrac{x+y}{x-y}$
(3) $f(x,y,z) = \sqrt{x^2 + y^2 + z^2}$

次に, 偏微分の性質について述べておこう.

定理 5.1 $f(\boldsymbol{x}), g(\boldsymbol{x})$ をともに偏微分可能な関数とすると, 次の性質が成り立つ.
(1) 各 i について, $(f \pm g)_{x_i}(\boldsymbol{x}) = f_{x_i}(\boldsymbol{x}) \pm g_{x_i}(\boldsymbol{x})$.
(2) 実数 k に対して, $(kf)_{x_i}(\boldsymbol{x}) = k f_{x_i}(\boldsymbol{x})$.

これらは, 1 変数のときの結果とまったく同様に示すことができる.

5.2.2 高階の偏導関数

$D \subset \mathbb{R}^d$ 上の関数 $f(\boldsymbol{x})$ に対して, 偏導関数 $f_{x_i}(\boldsymbol{x}), i = 1, 2, \ldots, d$ が存在するものとする. このとき, 各 $j = 1, 2, \ldots, d$ に対して, 偏導関数 $f_{x_i}(\boldsymbol{x})$ の x_j に関する偏導関数が存在するとき, これを $f(\boldsymbol{x})$ の $\boldsymbol{x_i}$ および $\boldsymbol{x_j}$ に関する **2 階の偏導関数**といい, $f_{x_i x_j}(\boldsymbol{x})$ と書く. 同様に, 3 階, 4 階, ... の偏導関数が定義される. 2 階以上の偏導関数をまとめて $f(\boldsymbol{x})$ の**高階偏導関数**とよぶ. 特に $f(\boldsymbol{x})$ が 3 変数 (x,y,z) の関数 $f(x,y,z)$ のとき,

$$f_{xx} = \frac{\partial}{\partial x}\left(\frac{\partial f}{\partial x}\right) = \frac{\partial^2 f}{\partial x^2}, \qquad f_{xyz} = \frac{\partial}{\partial z}\left(\frac{\partial^2 f}{\partial y \partial x}\right) = \frac{\partial^3 f}{\partial z \partial y \partial x},$$

$$f_{zzyx} = \frac{\partial}{\partial x}\left(\frac{\partial^3 f}{\partial y \partial z^2}\right) = \frac{\partial^4 f}{\partial x \partial y \partial z^2}$$

と書く.

◇例 **5.7** $z = \log(x^2 + y)$ のとき, $\dfrac{\partial z}{\partial x} = \dfrac{2x}{x^2 + y}$, $\dfrac{\partial z}{\partial y} = \dfrac{1}{x^2 + y}$ だから,

$$\frac{\partial^2 z}{\partial x \partial y} = \frac{\partial^2 z}{\partial y \partial x} = -\frac{2x}{(x^2+y)^2}$$

である．同様に，

$$\frac{\partial^3 z}{\partial y^2 \partial x} = \frac{\partial^3 z}{\partial x \partial y^2} = \frac{\partial^3 z}{\partial y \partial x \partial y} = \frac{4x}{(x^2+y)^3}.$$

○問 5.6 $\dfrac{\partial^2}{\partial x^2} \log(x^3+y)$ を求めよ．

ところで，一般には $f_{xy}(x,y)$ と $f_{yx}(x,y)$ が存在しても一致するとは限らないが，上で見た例では一致している．そこで，これらが一致するための十分条件をあげておこう．証明は省略する．

定理 5.2 関数 $f(x,y)$ に対して，その偏導関数 $f_x(x,y)$, $f_y(x,y)$, $f_{xy}(x,y)$, $f_{yx}(x,y)$ がすべて存在するとする．このとき，$f_{xy}(x,y)$ および $f_{yx}(x,y)$ が連続ならば，

$$f_{xy}(x,y) = f_{yx}(x,y)$$

が成り立つ．

◆**例題 5.3** $f(x,y) = e^{ax+by}$ のとき，$\dfrac{\partial^{n+m} f}{\partial y^m \partial x^n}(x,y)$ を求める．

解答． まず，f_x, f_y を求めると，$f_x = ae^{ax+by}, f_y = be^{ax+by}$ である．次に，

$$f_{xx} = a^2 e^{ax+by}, \quad f_{xy} = f_{yx} = abe^{ax+by}, \quad f_{yy} = b^2 e^{ax+by}$$

である．さらに，

$$f_{xxx} = a^3 e^{ax+by}, \quad f_{xxy} = f_{xyx} = f_{yxx} = a^2 b e^{ax+by},$$
$$f_{yyx} = f_{yxy} = f_{xyy} = ab^2 e^{ax+by}, \quad f_{yyy} = b^3 e^{ax+by}$$

である．よって，あとは帰納的に計算することにより，

$$\frac{\partial^{n+m} f}{\partial y^m \partial x^n}(x,y) = a^n b^m e^{ax+by}$$

となることが示される． □

1 変数関数における平均値の定理を 2 変数関数の場合について述べる．

5.2 偏微分

定理 5.3 (基本平均値の定理) 関数 $f(x,y)$ を開集合[1] $D \subset \mathbb{R}^2$ で定義された 2 変数関数とし，D 上で連続な偏導関数が存在するものとする．任意の点 $(a,b) \in D$ をとり，また，$|h|<\delta, |k|<\delta$ を満たす実数 h,k に対して，常に $(a+k,b+k) \in D$ となるように $\delta > 0$ をとる．このとき，$|h|<\delta, |k|<\delta$ を満たす実数 h,k に対して，

$$f(a+h,b+k) - f(a,b) = f_x(a+\theta_1 h, b+k)h + f_y(a, b+\theta_2 k)k,$$
$$\theta_1, \theta_2 \in (0,1) \quad (5.2)$$

を満たす θ_1, θ_2 が存在する．

証明． $|h|<\delta, |k|<\delta$ を満たす h,k に対して，$g(h,k) = f(a+h,b+k) - f(a,b)$ とおき，

$$g(h,k) = \Big\{f(a+h,b+k) - f(a,b+k)\Big\} + \Big\{f(a,b+k) - f(a,b)\Big\}$$

と変形する．このとき，右辺の第 1 項は b と k を固定して x の関数として考えると，1 変数関数の平均値の定理 (定理 3.6) が適用できるから，

$$f(a+h,b+k) - f(a,b+k) = hf_x(a+\theta_1 h, b+k), \quad \theta_1 \in (0,1)$$

を満たす θ_1 が存在する．また，$g(h,k)$ の右辺の第 2 項は a を固定して y の関数として考えると，同じく 1 変数関数の平均値の定理 (定理 3.6) が適用できるから，

$$f(a,b+k) - f(a,b) = kf_y(a, b+\theta_2 k), \quad \theta_2 \in (0,1)$$

を満たす θ_2 が存在する．よって，まとめると定理が証明される． □

◇**例 5.8** $f(x,y) = x + x^2 + y^3$ とおく．このとき，点 $(1,2)$ に対して，基本平均値の定理を適用する．

実数 h,k に対して，

$$f(1+h, 2+k) - f(1,2) = \big((1+h) + (1+h)^2 + (2+k)^3\big) - (1+1^2+2^3)$$
$$= (3+h)h + (k^2 + 6k + 12)k$$

となる．そこで，$k \neq 0$ として考えると，$f_x(x,y) = 1 + 2x$, $f_y(x,y) =$

---

[1] 開集合とは，数直線上の開区間に相当する集合である．1 変数関数では，区間における端点の取り扱いに注意が必要であった．多変数関数でも "端点" に相当する点での取り扱いに注意が必要となるが，ここでは深く言及はしない．おまじない程度のものとして理解しておいてほしい．

$3y^2$ に注意して,
$$\theta_1 = \frac{1}{2}, \qquad \theta_2 = \frac{-6 + \sqrt{3k^2 + 18k + 36}}{3k}$$
とおけば, $\theta_1, \theta_2 \in (0,1)$ であり,
$$\begin{aligned} f(1+h, 2+k) - f(1,2) &= (3+h)h + (12 + 6k + k^2)k \\ &= \bigl(1 + 2(1+\theta_1 h)\bigr) \cdot h + 3(2+\theta_2 k)^2 \cdot k \\ &= f_x(1+\theta_1 h, 2+k)h + f_y(1, 2+\theta_2 k)k \end{aligned}$$
が成り立つ.

〇問 **5.7** $f(x,y) = e^{x+y}$ とおく. このとき, 点 $(0,0)$ に対して基本平均値の定理を適用せよ.

5.2.3 合成関数の微分:連鎖法則

1 変数関数における合成関数の微分は
$$\bigl(f(g(x))\bigr)' = f'(g(x)) \cdot g'(x)$$
であった. 同様の公式を多変数関数に対して考える. ただし, 合成関数が定義される集合上で偏微分ができ, 偏導関数はすべて連続関数とする.

定理 5.4 (**連鎖法則(I)**) 2 変数関数 $f(x,y)$ に対して, 変数 x, y がともに s, t に関する 2 変数関数 $x = x(s,t),\ y = y(s,t)$ とすると, 合成関数 $z = f(x(s,t), y(s,t))$ は s, t の 2 変数関数となる. このとき,
$$z_s = \frac{\partial z}{\partial s} = f_x(x(s,t), y(s,t)) \cdot x_s(s,t) + f_y(x(s,t), y(s,t)) \cdot y_s(s,t), \quad (5.3)$$
$$z_t = \frac{\partial z}{\partial t} = f_x(x(s,t), y(s,t)) \cdot x_t(s,t) + f_y(x(s,t), y(s,t)) \cdot y_t(s,t) \quad (5.4)$$
が成り立つ.

(5.3), (5.4) は, それぞれ簡単に書くと,
$$z_s = f_x \cdot x_s + f_y \cdot y_s, \quad z_t = f_x \cdot x_t + f_y \cdot y_t$$
となる.

証明. 偏微分の定義から,
$$z_s(s,t) = \lim_{h \to 0} \frac{z(s+h, t) - z(s,t)}{h}$$

5.2 偏微分

$$= \lim_{h \to 0} \frac{f(x(s+h,t), y(s+h,t)) - f(x(s,t), y(s,t))}{h}$$

である．ここで，$x_0 = x(s,t)$, $y_0 = y(s,t)$ とし，

$$\begin{cases} \widetilde{h} = x(s+h,t) - x(s,t) = x(s+h,t) - x_0, \\ \widetilde{k} = y(s+h,t) - y(s,t) = y(s+h,t) - y_0 \end{cases}$$

とおくと，関数 $x = x(s,t)$, $y = y(s,t)$ は連続だから，$h \to 0$ とすると，$\widetilde{h} \to 0$, $\widetilde{k} \to 0$ である．このとき，

$$f(x(s+h,t), y(s+h,t)) - f(x(s,t), y(s,t)) = f(x_0 + \widetilde{h}, y_0 + \widetilde{k}) - f(x_0, y_0)$$

だから，基本平均値の定理 (定理 5.3) により，

$$f(x(s+h,t), y(s+h,t)) - f(x(s,t), y(s,t))$$
$$= f_x(x_0 + \theta_1 \widetilde{h}, y_0 + \widetilde{k}) \widetilde{h} + f_y(x_0 + \widetilde{h}, y_0 + \theta_2 \widetilde{k}) \widetilde{k}, \quad \theta_1, \theta_2 \in (0,1)$$

を満たす θ_1, θ_2 が存在する．そこで，両辺を h で割ると，

$$\frac{z(s+h,t) - z(s,t)}{h} = f_x(x_0 + \theta_1 \widetilde{h}, y_0 + \widetilde{k}) \cdot \frac{\widetilde{h}}{h} + f_y(x_0 + \widetilde{h}, y_0 + \theta_2 \widetilde{k}) \cdot \frac{\widetilde{k}}{h}$$
$$= f_x(x_0 + \theta_1 \widetilde{h}, y_0 + \widetilde{k}) \cdot \frac{x(s+h,t) - x(s,t)}{h}$$
$$+ f_y(x_0 + \widetilde{h}, y_0 + \theta_2 \widetilde{k}) \cdot \frac{y(s+h,t) - y(s,t)}{h}$$

となる．$h \to 0$ とすれば，

$$z_s(s,t) = f_x(x(s,t), y(s,t)) \cdot x_s(s,t) + f_y(x(s,t), y(s,t)) \cdot y_s(s,t)$$

となり，(5.3) が得られた．(5.4) も同様に得られる． □

◆例題 5.4 $z = f(x,y) = x^2 + 3y^2 + xy$, $x = x(s,t) = s+t$, $y = y(s,t) = s-t$ とするとき，合成関数 $z = z(s,t)$ を t で偏微分する．

解答． 連鎖法則によって，$z_t = \dfrac{\partial f}{\partial x} \cdot \dfrac{\partial x}{\partial t} + \dfrac{\partial f}{\partial y} \cdot \dfrac{\partial y}{\partial t}$ だから，

$$z_t = (2x + y) \cdot 1 + (6y + x) \cdot (-1)$$
$$= (2(s+t) + (s-t)) - (6(s-t) + (s+t)) = -4s + 6t$$

となる．一方，直接に $z = z(s,t)$ を計算すると，
$$z(s,t) = (s+t)^2 + 3(s-t)^2 + (s+t)(s-t)$$
$$= 5s^2 + 3t^2 - 4st$$
から，連鎖法則を使わずに $z_t = 6t - 4s$ と求めることもできる． □

◆例題 5.5 $z = f(x,y) = e^{-x^2-y^2}$, $x = x(s,t) = s\cos\theta - t\sin\theta$, $y = y(s,t) = s\sin\theta + t\cos\theta$ とする．ただし，θ は実数の定数とする．このとき，合成関数
$$z = z(s,t) = f(x(s,t), y(s,t))$$
に対して，z_s, z_t を求める．

解答． $f_x = -2xe^{-x^2-y^2}$, $f_y = -2ye^{-x^2-y^2}$ であり，
$$x_s(s,t) = \cos\theta, \quad x_t(s,t) = -\sin\theta,$$
$$y_s(s,t) = \sin\theta, \quad y_t(s,t) = \cos\theta.$$
また，
$$x^2 + y^2 = \left(s\cos\theta - t\sin\theta\right)^2 + \left(s\sin\theta + t\cos\theta\right)^2 = s^2 + t^2$$
だから，定理 5.4 (連鎖法則 (I)) より，
$$z_s(s,t) = f_x(x(s,t), y(s,t)) \cdot x_s(s,t) + f_y(x(s,t), y(s,t)) \cdot y_s(s,t)$$
$$= -2(s\cos\theta - t\sin\theta)e^{-s^2-t^2} \cdot \cos\theta$$
$$\quad - 2(s\sin\theta + t\cos\theta)e^{-s^2-t^2} \cdot \sin\theta$$
$$= -2se^{-s^2-t^2}$$
が成り立つ．同様に計算すると，
$$z_t(s,t) = -2te^{-s^2-t^2}$$
となる． □

多変数関数の連鎖法則は，変数の数に応じて多種多様な形の公式が現れる．ここでは，いくつか代表的な形の関数に対する連鎖法則をあげる．

5.2 偏微分

定理 5.5 (連鎖法則 (II)) それぞれの関数の合成関数に対して，次の連鎖法則が成立する．

(1) $u = f(x_1, x_2, \ldots, x_d)$, $x_i = x_i(t)$, $i = 1, 2, \ldots, d$ とするとき，t に関する 1 変数関数 $u = u(t) = f(x_1(t), x_2(t), \ldots, x_d(t))$ の微分は，

$$u'(t) = \frac{du}{dt}(t) = \sum_{i=1}^{d} \frac{\partial f}{\partial x_i}(x_1(t), x_2(t), \ldots, x_d(t)) \cdot \frac{dx_i}{dt}(t)$$

となる．

(2) $u = f(x_1, x_2, \ldots, x_d)$, $x_i = x_i(s,t)$, $i = 1, 2, \ldots, d$ とするとき，s,t の 2 変数関数 $u = u(s,t) = f(x_1(s,t), x_2(s,t), \ldots, x_d(s,t))$ の偏微分は

$$u_s(s,t) = \sum_{i=1}^{d} \frac{\partial f}{\partial x_i}(x_1(s,t), x_2(s,t), \ldots, x_d(s,t)) \cdot \frac{\partial x_i}{\partial s}(s,t),$$

$$u_t(s,t) = \sum_{i=1}^{d} \frac{\partial f}{\partial x_i}(x_1(s,t), x_2(s,t), \ldots, x_d(s,t)) \cdot \frac{\partial x_i}{\partial t}(s,t)$$

となる．

◆**例題 5.6** $z = f(x,y) = \sin(e^x + y)$, $x = x(t)$, $y = y(t)$ のとき, (t に関する) 1 変数関数 $u = u(t) = f(x(t), y(t))$ の微分を求める．

解答． 連鎖法則 II (1) により，$u' = \dfrac{du}{dt} = f_x x' + f_y y'$ である．ここで，

$$f_x = \frac{\partial f}{\partial x} = e^x \cdot \cos(e^x + y), \quad f_y = \frac{\partial f}{\partial x} = \cos(e^x + y)$$

だから，

$$u'(t) = \frac{du}{dt}(t) = e^{x(t)} x'(t) \cos\left(e^{x(t)} + y(t)\right) + y'(t) \cos\left(e^{x(t)} + y(t)\right)$$

となる． □

5.2.4 全微分

$y = f(x)$ を閉区間 $[a,b]$ 上の連続関数とし，開区間 (a,b) において連続な導関数をもつとする．いま，$x \in (a,b)$ を任意にとり，$h > 0$ を $a < x < x+h < b$ となるようにとる．このとき，区間 $[x, x+h]$ で平均値の定理を適用すると，

$$\frac{f(x+h) - f(x)}{h} = f'(c), \quad c \in (x, x+h)$$

を満たす c が存在する．

$$\varepsilon = \frac{f(x+h)-f(x)}{h} - f'(c)$$

とおき，変形すると，

$$f(x+h) - f(x) = f'(c)h + \varepsilon h, \quad x < c < x+h. \tag{5.5}$$

ここで，$h \to 0$ とすると，はさみうちの定理から $c \to x$ となる．よって，$f'(x)$ の連続性によって $f'(c) \to f'(x)$ に注意すると，$\lim_{h \to 0} \varepsilon = 0$ が成り立つ．

まとめると，x における "f の瞬間の変化量" $f(x+h) - f(x)$ を df，"x の瞬間の変化量" $(x+h) - x = h$ を dx とすると，(5.5) において εh は無視することができて[2]，

$$df = f'(x)\,dx \tag{5.6}$$

が成立する．これは，$\dfrac{df}{dx} = f'(x)$ という微分の表記を形式的に dx を払うことで現れるが，じつは $f(x)$ と x の (瞬間の) 変化量が "バランスしている (比例している)" という意味で等しいとして解釈できる．積分の計算のときは，形式的に分母 (dx) を払って置換積分を行っていたが，このように数学的に意味づけができるのである．(5.6) のことを f の**微分形式**，あるいは，簡単に**微分**とよぶ．

このことを多変数関数について考える．簡単のため 2 変数関数 $z = f(x, y)$ について説明する．いま 2 点 (x, y) と $(x+h, y+k)$ をとり，この 2 点における変化量 $f(x+h, y+k) - f(x, y)$ を考える．このとき，$(h, k) \to (0, 0)$ のときの $f(x, y)$ の "瞬間の変化量" df を調べる．そのために，次の定義を行う．

定義 5.1　(全微分) 2 変数関数 $z = f(x, y)$ は点 (x, y) の近傍を定義域に含むものとする．いま，ある定数 A, B があって，$(h, k) \neq (0, 0)$ を満たす十分小さい h, k に対して，$f(x, y)$ の変化量 Δf が

$$\Delta f = f(x+h, y+k) - f(x, y) = Ah + Bk + \varepsilon\sqrt{h^2 + k^2}$$

と書き表すことができたとする．このとき，

---

[2]　正確には，df や dx より高位の無限小といい，それらの変化量の大きさより無視できるため 0 とおける，という意味である．

5.2 偏微分

$$\lim_{(h,k)\to(0,0)} \varepsilon = 0$$

を満たすとき，$f(x,y)$ は点 (x,y) で**全微分可能**であるという．また，(x,y) における**全微分**を

$$df(x,y) = A\,dx + B\,dy \qquad (5.7)$$

と表す．(5.7) は，

$$df = A\,dx + B\,dy$$

と簡単に書くことがある．

★**注意 5.1** 関数 $f(x,y)$ の偏導関数が点 (x,y) で連続であれば，$f(x,y)$ は点 (x,y) で全微分可能となる．このとき，

$$A = f_x(x,y), \quad B = f_y(x,y)$$

となることがわかる．

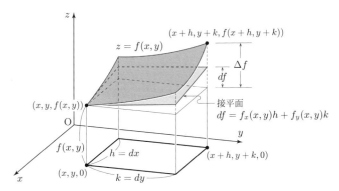

全微分 df は，$z = f(x,y)$ のグラフの点 $(x,y,f(x,y))$ での接平面における点 $(x,y,f(x,y))$ と $(x+h,y+k,f(x+h,y+k))$ との間の z の変化率を表している．

◇**例 5.9** (1) $f(x,y) = x^3 y^4$ に対して，$f_x(x,y) = 3x^2 y^4$, $f_y(x,y) = 4x^3 y^3$ である．また，偏導関数はともに連続より，全微分可能である．よって，全微分は

$$df = 3x^2 y^4\,dx + 4x^3 y^3\,dy$$

となる．

(2) $f(x,y) = x^2 y + xy^2 + 2y$ も (1) と同じように考えると，全微分は

$$df = (2xy + y^2)\,dx + (x^2 + 2xy + 2)\,dy$$

となる.

○問 **5.8** $f(x,y) = x\cos y$ の全微分を求めよ.

5.3 陰関数

2 変数関数 $u = f(x,y)$ や 3 変数関数 $u = f(x,y,z)$ に対して,x,y や z を**独立変数**といい,対応して定まる u を**従属変数**という.また,u の一つひとつの値を関数の**値**とよぶ.

通常,関数とは,独立変数に対してそれに対応して従属変数の値が 1 つ定まる写像である**一価関数**を意味する.一方,独立変数に対して値が 2 つ以上定まるような写像を**多価関数**という.多価関数は一価関数のいくつかの組合せで定義される.例えば,原点中心,半径 2 の球を表す方程式

$$x^2 + y^2 + z^2 = 4 \tag{5.8}$$

は,x,y を独立変数,z を従属変数としてみると,二価関数を定めるが,

$$z = \sqrt{4 - x^2 - y^2}, \quad z = -\sqrt{4 - x^2 - y^2}, \qquad x^2 + y^2 \leqq 4 \tag{5.9}$$

の 2 つの一価関数によって表される.

一般に,$d+1$ 個の変数 $(x_1, x_2, \ldots, x_d, u)$ に関する関係式

$$F(x_1, x_2, \ldots, x_d, u) = 0 \tag{5.10}$$

があるとき,集合 $G \subset \mathbb{R}^d$ 上の d 変数関数

$$u = f(x_1, x_2, \ldots, x_d) \tag{5.11}$$

があって,

$$F(x_1, x_2, \ldots, x_d, f(x_1, x_2, \ldots, x_d)) = 0 \tag{5.12}$$

を満たすとする.このとき,関係式 (5.10) を,関数 $u = f(x_1, x_2, \ldots, x_d)$ の**陰関数**という.また,(5.11) を関係式 (5.10) の表す**陽関数**とよぶ.

◇例 **5.10** $F(x,y,z) = x^2 + y^2 + z^2 - 4$ とおくと,(5.8) は $F(x,y,z) = 0$ となる.よって,(5.9) はどちらも (5.8) の陽関数であり,(5.8) は (5.9) の陰関数である.

5.3 陰関数

陽関数とは

陽関数とは, "$y = \cdots$" や "$z = \cdots$" など, 1 つの変数に関して解くことができる関数をいう. 例えば,
$$2x + 3y = 1$$
は, $y = (-2x+1)/3$ と解けるので, (y の) 陽関数である. また, $x = (-3y+1)/2$ とも解けるので, (x の) 陽関数ともいえる. (5.8) における球の方程式 $x^2 + y^2 + y^2 = 4$ は (5.9) で与えられる 2 つの陽関数 $z = \pm\sqrt{4 - x^2 - y^2}$ ($x^2 + y^2 \leqq 4$) の陰関数である. 一方,
$$y + \sin(xy) = 3$$
は, "$y = \cdots$" と明示的に書けないので, (y の) 陽関数とはならない.

ところで, 関係式
$$u + \log(u^2 + 1) = xy \tag{5.13}$$
は, x, y を独立変数, u を従属変数とする一価関数を定めるが, x, y を用いて, (u を) 陽に書き表すことができない. したがって, 陽に書き表せないため, u の x や y に関する偏導関数も (x と y のみを用いて) 陽に書き表すことができない. しかし, u を用いて偏導関数を表示することは可能である. 例えば, (5.8) において, $z = z(x,y)$ と思って, 両辺を x および y に関して偏微分すると, 連鎖法則によって,
$$2x + 2z \cdot \frac{\partial z}{\partial x} = 0, \quad 2y + 2z \cdot \frac{\partial z}{\partial y} = 0$$
であるから,
$$z_x = \frac{\partial z}{\partial x} = -\frac{x}{z}, \quad z_y = \frac{\partial z}{\partial y} = -\frac{y}{z}$$
となる. これは, (5.9) を直接偏微分して確かめることもできる.

一方, (5.13) については,
$$u_x = \frac{u^2 + 1}{(u+1)^2} \cdot y, \quad u_y = \frac{u^2 + 1}{(u+1)^2} \cdot x$$
となる.

◆**例題 5.7** 関係式 $xy + yu + ux = 2$ について,関数 $u = u(x,y)$ の偏微分 u_x, u_y を求める.

解答. $u = u(x,y)$ として,$xy + yu + ux = 2$ を両辺 x, y について偏微分をすると,
$$y + yu_x + (u_x x + u) = 0, \qquad x + (u + yu_y) + u_y x = 0$$
となるから,
$$u_x = -\frac{u+y}{x+y}, \qquad u_y = -\frac{u+x}{x+y}$$
となる. □

いま,$G \subset \mathbb{R}^2$ で定義された 2 変数関数 $z = F(x,y)$ が関係式 $F(x,y) = 0$ を満たすとする.このとき,どのような条件があれば,(1 変数) 関数 $y = f(x)$ があって,
$$F(x, f(x)) = 0$$
が成り立つかを考える.いい換えると,$F(x,y) = 0$ の陽関数があるのかについて考える.

◇**例 5.11**　(1) $F(x,y) = x^4 + y^2$ とおくと,$F(x,y) = 0$ となるのは,$(0,0)$ の一点である.したがって,$F(x,y) = 0$ となる点 (x,y) では $y = f(x)$ となる関数は考えられない.ゆえに,$F(x,y) = 0$ を満たす点 (x,y) が複数あるような場合を考える必要がある.

(2) $F(x,y) = x^4 + y^2 - 1$ とおくと,関係式 $F(x,y) = 0$ を陰関数としてもつのは,$y = \pm\sqrt{1-x^4}$ ($-1 \leq x \leq 1$) の 2 つである.

次に述べる定理は,$F(a,b) = 0$ となる点 (a,b) に対して,a の近傍 I と,その上の関数 $y = f(x)$ があって,
$$b = f(a), \qquad F(x, f(x)) = 0, \qquad x \in I$$
を満たすための条件を述べたものである.

定理 5.6　(**陰関数の定理**) $z = F(x,y)$ を点 (a,b) の近傍で定義された,連続な偏導関数をもつ関数とする.また,
$$F(a,b) = 0, \qquad F_y(a,b) \neq 0$$

5.3 陰関数

を満たすとする．このとき，a の近傍 I と $\delta > 0$ があって，各 $x \in I$ に対して，
$$F(x,y) = 0, \quad |y - b| < \delta$$
を満たす y_x がただ一つ定まる．これによって I 上の関数が定まる．これを $f(x) = y_x$ と書くことにすると，$f(x)$ は I 上で連続な導関数をもつ関数となる．また，導関数は，
$$y' = f'(x) = -\frac{F_x(x, f(x))}{F_y(x, f(x))}, \quad x \in I \qquad (5.14)$$
となることがわかる．

証明は複雑なのでここでは省略する．なお，$F(x, f(x)) = 0$ において，x に関して合成関数の微分を行うと，
$$F_x(x, f(x)) + F_y(x, f(x)) \cdot f'(x) = 0$$
が成り立つ．これより，(5.14) の式 $f'(x) = -\dfrac{F_x(x, f(x))}{F_y(x, f(x))}$ が得られる．

◆例題 5.8　$4x^2 + y^2 = 1$ に対して，$y \neq 0$ のとき，y' を求める．

解答．$F(x, y) = 4x^2 + y^2 - 1$ とおく．陰関数の定理により，
$$y' = -\frac{F_x}{F_y} = -\frac{8x}{2y} = -\frac{4x}{y}$$
となる． □

○問 5.9　次の陰関数に対して，y' を求めよ．ただし，n は自然数とする．
　(1)　$x^2 - y^2 + 5y = 4x$　　(2)　$x^3 + y^3 = 3xy$　　(3)　$x^n + y^n = 10^n$

◆例題 5.9　曲線 $x^2 + xy + y^2 = 7$ 上の点 $(2, 1)$ における接線の傾きを求める．

解答．$F(x, y) = x^2 + xy + y^2 - 7$ とおくと，
$$F_x = 2x + y, \quad F_y = x + 2y$$
となる．陰関数の定理により，

$$y' = -\frac{F_x}{F_y} = -\frac{2x+y}{x+2y}$$

だから，点 $(2,1)$ における微係数は

$$y'\big|_{(x,y)=(2,1)} = -\frac{5}{4}$$

である．したがって，求める接線は $y = -\frac{5}{4}x + \frac{7}{2}$ となる． □

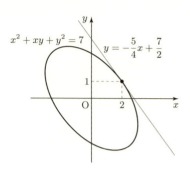

5.4 テイラーの定理

1 変数関数のテイラーの定理と連鎖法則を用いることで，多変数関数に対するテイラーの定理を得ることができる．それをみていこう．

点 (a,b) を含む集合を定義域とする 2 変数関数 $z = f(x,y)$ は，適当な回数偏微分可能であり，それら偏導関数はすべて連続とする．このとき，任意の $h, k \in \mathbb{R}$ に対して，合成関数

$$F(t) = f(a+th, b+tk)$$

を考えると，これは t の 1 変数関数である．よって，連鎖法則から，

$$F'(t) = \frac{dF}{dt}(t) = \frac{\partial f}{\partial x}(a+th, b+tk) \cdot h + \frac{\partial f}{\partial y}(a+th, b+tk) \cdot k$$

となる．さらに，

$$\begin{aligned}
F''(t) &= \frac{d}{dt}\left(\frac{dF}{dt}\right)(t) = \frac{d}{dt}\left(h\frac{\partial f}{\partial x} + k\frac{\partial f}{\partial y}\right)(a+th, b+tk) \\
&= h\left(\frac{\partial^2 f}{\partial x^2}(a+th, b+tk) \cdot h + \frac{\partial^2 f}{\partial y \partial x}(a+th, b+tk) \cdot k\right) \\
&\quad + k\left(\frac{\partial^2 f}{\partial x \partial y}(a+th, b+tk) \cdot h + \frac{\partial^2 f}{\partial y^2}(a+th, b+tk) \cdot k\right) \\
&= h^2\frac{\partial^2 f}{\partial x^2}(a+th, b+tk) + 2hk\frac{\partial^2 f}{\partial x \partial y}(a+th, b+tk) \\
&\quad + k^2\frac{\partial^2 f}{\partial y^2}(a+th, b+tk)
\end{aligned}$$

5.4 テイラーの定理

であるから,

$$F''(0) = h^2 \frac{\partial^2 f}{\partial x^2}(a,b) + 2hk\frac{\partial^2 f}{\partial x \partial y}(a,b) + k^2 \frac{\partial^2 f}{\partial y^2}(a,b)$$

となる. 同様に,

$$F'''(0) = h^3 \frac{\partial^3 f}{\partial x^3}(a,b) + 3h^2 k \frac{\partial^3 f}{\partial x^2 \partial y}(a,b) + 3hk^2 \frac{\partial^3 f}{\partial x \partial y^2}(a,b) + k^3 \frac{\partial^3 f}{\partial y^3}(a,b)$$

となることがわかる. これを繰り返すことにより, $n \in \mathbb{N}$ に対して,

$$F^{(n)}(0) = \sum_{j=0}^{n} {}_n C_j \, h^{n-j} k^j \frac{\partial^n f}{\partial x^{n-j} \partial y^j}(a,b) \tag{5.15}$$

となることを帰納的に示すことができる. ただし,

$${}_n C_j = \frac{n!}{j!(n-j)!}, \quad j = 0, 1, 2, \ldots, n$$

は二項係数を表す. なお, $0! = 1$ である.

ところで, (5.15) の右辺は, 二項定理の展開式の形に近いことがわかる. そこで, 2 変数関数 $f(x,y)$ に対して, 次のような記号 (微分演算子) を導入しよう:

$$\left(h\frac{\partial}{\partial x} + k\frac{\partial}{\partial y}\right) f(a,b) = h \cdot \frac{\partial f}{\partial x}(a,b) + k \cdot \frac{\partial f}{\partial y}(a,b)$$

$$= hf_x(a,b) + kf_y(a,b). \tag{5.16}$$

すると,

$$\left(h\frac{\partial}{\partial x} + k\frac{\partial}{\partial y}\right)^2 f(a,b) = \left(h\frac{\partial}{\partial x} + k\frac{\partial}{\partial y}\right)\left(hf_x + kf_y\right)(a,b)$$

$$= h\frac{\partial}{\partial x}\left(hf_x + kf_y\right)(a,b) + k\frac{\partial}{\partial y}\left(hf_x + kf_y\right)(a,b)$$

$$= h^2 \cdot \frac{\partial^2 f}{\partial x^2}(a,b) + 2hk\frac{\partial^2 f}{\partial x \partial y}(a,b) + k^2 \frac{\partial^2 f}{\partial y^2}(a,b) \tag{5.17}$$

となる. これを繰り返して,

$$\left(h\frac{\partial}{\partial x} + k\frac{\partial}{\partial y}\right)^n f(a,b) = \sum_{j=0}^{n} {}_n C_j \, h^{n-j} k^j \frac{\partial^n f}{\partial x^{n-j} \partial y^j}(a,b) \tag{5.18}$$

と定められることがわかる. 例えば,

$$\left(2\frac{\partial}{\partial x} - \frac{\partial}{\partial y}\right)^3 f(a,b) = 8\cdot\frac{\partial^3}{\partial x^3}f(a,b) - 12\cdot\frac{\partial^3}{\partial x^2 \partial y}f(a,b)$$
$$+ 6\cdot\frac{\partial^3}{\partial x \partial y^2}f(a,b) - \frac{\partial^3}{\partial y^3}f(a,b)$$

である．

○問 **5.10** 次を計算せよ．

(1) $\left(2\dfrac{\partial}{\partial x} + 3\dfrac{\partial}{\partial y}\right)(xy)$
(2) $\left(3\dfrac{\partial}{\partial x} + \dfrac{\partial}{\partial y}\right)^2 \bigl(\sin(xy+y^2)\bigr)$

(3) $\left(\dfrac{\partial}{\partial x} - \dfrac{\partial}{\partial y}\right)^3 \bigl(\log(x^2+y^2)\bigr)$

定理 5.7 （テイラーの定理）$z = f(x,y)$ を点 (a,b) の近傍で定義された関数とし，$n \in \mathbb{N}$ に対して，n 階まで偏微分可能とする．また，n 階までのすべての偏導関数は (a,b) の近傍で連続とする．このとき，十分小さい実数 h, k に対して，

$$f(a+h, b+k) = \sum_{j=0}^{n-1} \frac{1}{j!}\left(h\frac{\partial}{\partial x} + k\frac{\partial}{\partial y}\right)^j f(a,b) + R_n \qquad (5.19)$$

と表される．ただし，R_n は剰余項で，

$$R_n = \int_0^t \frac{(1-t)^{n-1}}{(n-1)!}\left(h\frac{\partial}{\partial x} + k\frac{\partial}{\partial y}\right)^n f(a+th, b+tk)\,dt,$$

または，$\theta\,(0 < \theta < 1)$ を用いて，

$$R_n = \frac{1}{n!}\left(h\frac{\partial}{\partial x} + k\frac{\partial}{\partial y}\right)^n f(a+\theta h, b+\theta k)$$

と表される．

証明． $F(t) = f(a+ht, b+kt)$ とおき，F を t に関する1変数関数とみてマクローリンの定理を適用したうえで，連鎖法則を適用することにより (5.19) は示される．実際に，1変数のマクローリンの定理を $t=1$ において関数 $F(t)$ に適用すると，

$$F(1) = \sum_{j=0}^{n-1} \frac{F^{(j)}(0)}{j!} + \int_0^1 \frac{(1-t)^{n-1}}{(n-1)!} F^{(n)}(t)\,dt$$

となる．ところで，連鎖法則によって，$F(t) = f(a+ht, b+kt)$ に対して

5.4 テイラーの定理

$$F'(t) = \frac{dF}{dt}(t) = f_x(a+ht, b+kt)h + f_y(a+ht, b+kt)h$$

である．よって，

$$F'(0) = \left(h\frac{\partial}{\partial x} + k\frac{\partial}{\partial y}\right)f(a,b).$$

さらに，

$$\begin{aligned}
F''(t) &= \frac{d}{dt}\Big(f_x(a+ht,b+kt)h + f_y(a+ht,b+kt)h\Big) \\
&= h\frac{d}{dt}\Big(f_x(a+ht,b+kt)\Big) + k\frac{d}{dt}\Big(f_y(a+ht,b+kt)\Big) \\
&= h\Big(hf_{xx}(a+ht,b+kt) + kf_{xy}(a+ht,b+kt)\Big) \\
&\quad + k\Big(hf_{yx}(a+ht,b+kt) + kf_{yy}(a+ht,b+kt)\Big) \\
&= h^2 f_{xx}(a+ht,b+kt) + 2hk f_{xy}(a+ht,b+kt) \\
&\quad + k^2 f_{yy}(a+ht,b+kt) \\
&= \left(h\frac{\partial}{\partial x} + k\frac{\partial}{\partial y}\right)^2 f(a+ht, b+kt)
\end{aligned}$$

となる．ここで，4つ目の等号では，$f_{xy}(x,y) = f_{yx}(x,y)$ を用いた．よって，

$$F''(0) = \left(h\frac{\partial}{\partial x} + k\frac{\partial}{\partial y}\right)^2 f(a,b)$$

である．以下，帰納法を用いることによって

$$F^{(j)}(0) = \left(h\frac{\partial}{\partial x} + k\frac{\partial}{\partial y}\right)^j f(a,b)$$

となることがわかる．したがって定理が成立する．特に，R_n はラグランジュの剰余項 (4.26) によって，

$$R_n = \frac{F^{(n)}(\theta)}{n!}, \quad 0 < \theta < 1$$

とも書き表される． □

◆**例題 5.10** 2変数関数 $f(x,y) = x^2 + xy - y^2$ に対して，点 $(1,-2)$ においてテイラーの定理を適用する．

解答. $f(1,-2) = -5$ である．また，$f_x(x,y) = 2x+y$, $f_y(x,y) = x-2y$, $f_{xx}(x,y) = 2$, $f_{xy}(x,y) = 1$, $f_{yy}(x,y) = -2$ である．よって，3 階以上のすべての偏導関数は 0 である．そこで，$n=3$ に対してテイラーの定理の展開式 (5.19) を適用すると，$R_3 = 0$ となる．したがって，

$$f(x,y) = x^2 + xy - y^2$$
$$= f(1,-2) + \Big((x-1)f_x(1,-2) + (y+2)f_y(1,-2)\Big)$$
$$+ \frac{1}{2!}\Big((x-1)^2 f_{xx}(1,-2) + 2(x-1)(y+2)f_{xy}(1,-2)$$
$$+ (y+2)^2 f_{yy}(1,-2)\Big) + R_3$$
$$= -5 + 5(y+2) + \frac{1}{2}\Big(2(x-1)^2 + 2(x-1)(y+2) - 2(y+2)^2\Big)$$

が成り立つ． □

〇問 **5.11** (1) 2 変数関数 $f(x,y) = x^3 - 2xy^2$ に対して，点 $(1,-1)$ においてテイラーの定理を適用せよ．

(2) 2 変数関数 $f(x,y) = e^x \cos y$ を点 $(1,\pi)$ において，$n=2$ に対してテイラーの定理を適用せよ．

5.5 偏微分の応用――極値問題――

G を $\mathbb{R}^d$ の部分集合，$f(\boldsymbol{x})$ を D 上の関数とする．いま $\boldsymbol{x}_0 \in G$ とする．このとき，$\boldsymbol{x}_0$ の近傍で $f(\boldsymbol{x}) \leqq f(\boldsymbol{x}_0)$ が常に成り立つとき，$f(\boldsymbol{x})$ は $\boldsymbol{x}_0$ で**極大**となるという．このとき，$f(\boldsymbol{x}_0)$ を**極大値**，点 $\boldsymbol{x}_0$ を**極大点**とよぶ．同様に，$\boldsymbol{x}_0$ の近傍で $f(\boldsymbol{x}) \geqq f(\boldsymbol{x}_0)$ が常に成り立つとき，$f(\boldsymbol{x})$ は $\boldsymbol{x}_0$ で**極小**となると

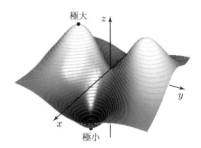

いう．このとき，$f(\boldsymbol{x}_0)$ を**極小値**，点 $\boldsymbol{x}_0$ を**極小点**とよぶ．このことは 1 次元の場合と同じである．

次の定理を紹介しよう．

5.5 偏微分の応用——極値問題——

定理 5.8 2 変数関数 $z = f(x,y)$ は点 (a,b) を含む開集合上の関数で，その上で偏微分可能で，かつ偏導関数は連続とする．さらに (a,b) の近傍 G において，

$$f(x,y) \leqq f(a,b), \ \forall (x,y) \in G \ \ (\text{または } f(x,y) \geqq f(a,b), \ \forall (x,y) \in G)$$

ならば，$f_x(a,b) = f_y(a,b) = 0$ が成り立つ．

★**注意 5.2** 上の定理は，点 (a,b) が極大点あるいは極小点ならば，その点における偏微分係数が 0 となることを主張しているが，これは，1 変数のときと同様のことが成立することを述べている．

証明． 点 $(x,y) \in G$ ならば，常に $f(x,y) \leqq f(a,b)$ が成り立つとして示そう．いま，十分小さい $h > 0$ をとると，$(a \pm h, b) \in G$ とできる．すると，

$$\frac{f(a+h,b) - f(a,b)}{h} \leqq 0, \quad \frac{f(a-h,b) - f(a,b)}{-h} \geqq 0$$

が成り立つ．よって，$h \to 0+$ とすると，

$$f_x(a,b) = \lim_{h \to 0+} \frac{f(a+h,b) - f(a,b)}{h} \leqq 0,$$

$$f_x(a,b) = \lim_{h \to 0+} \frac{f(a-h,b) - f(a,b)}{-h} \geqq 0$$

が同時に成立するから，$f_x(a,b) = 0$ を得る．

同様に，$f_y(a,b) = 0$ も示される． □

次の定理は，偏微分係数が 0 となる点が極値を与えるための十分条件である．

定理 5.9 $z = f(x,y)$ は点 (a,b) のある近傍で定義された 2 変数関数で，2 階まで偏微分可能であり，2 階までのすべての偏導関数は連続とする．また，$f_x(a,b) = f_y(a,b) = 0$ が成り立つとする．このとき，

$$\begin{cases} f_{xy}(a,b)^2 - f_{xx}(a,b) f_{yy}(a,b) < 0, \\ f_{xx}(a,b) < 0 \quad (\text{または } f_{xx}(a,b) > 0) \end{cases} \tag{5.20}$$

ならば，$z = f(x,y)$ は点 (a,b) において極大 (または極小) となる．

証明. $z = f(x, y)$ にテイラーの定理を適用する．(a, b) の近傍の任意の点 $(a + h, b + k)$ をとると，

$$f(a+h, b+k)$$
$$= f(a,b) + hf_x(a,b) + kf_y(a,b) + \frac{1}{2}\Big\{h^2 f_{xx}(a+\theta h, b+\theta k)$$
$$+ 2hk f_{xy}(a+\theta h, b+\theta k) + k^2 f_{yy}(a+\theta h, b+\theta k)\Big\}$$
$$= f(a,b) + \frac{1}{2}\Big\{Ah^2 + 2Bhk + Ck^2\Big\}$$

を満たす θ ($0 < \theta < 1$) が存在する．ただし，

$$A = f_{xx}(a+\theta h, b+\theta k), \quad B = f_{xy}(a+\theta h, b+\theta k),$$
$$C = f_{yy}(a+\theta h, b+\theta k)$$

である．z の 2 階の偏導関数は連続であるから，定理の仮定により，十分小さい h, k に対して $B^2 - AC < 0$ とできる．また，$A \neq 0$ のときは，

$$f(a+h, b+k) = f(a,b) + \frac{1}{2A}\Big\{A^2 h^2 + 2ABhk + ACk^2\Big\}$$
$$= f(a,b) + \frac{1}{2A}\Big\{(Ah+Bk)^2 + k^2(AC - B^2)\Big\}$$

が成り立つ．したがって，$(h, k) \neq (0, 0)$ をみたす h, k を十分小さくとると，常に

$$(Ah + Bk)^2 + k^2(AC - B^2) > 0$$

となる．ゆえに，$A < 0$ (または $A > 0$) のとき，

$$f(a+h, b+k) \leqq f(a,b) \quad (\text{または } f(a+h, b+k) \geqq f(a,b))$$

が常に成立する．よって，z は (a, b) で極大 (または極小) となる． □

★**注意 5.3** $z = f(x, y)$ は，点 (a, b) において $f_x(a, b) = f_y(a, b) = 0$ を満たすとする．このとき，次のことがわかる．

(1) $f_{xy}(a,b)^2 - f_{xx}(a,b) f_{yy}(a,b) > 0$ ならば，(a, b) では，極大にも極小にもならない．

(2) $f_{xy}(a,b)^2 - f_{xx}(a,b) f_{yy}(a,b) = 0$ ならば，(a, b) では，極大値とることもあれば，極小値をとることもある．さらには，どちらともならないこともある．したがって，この場合は，個別に判定する必要がある．

5.5 偏微分の応用——極値問題——

◇例 **5.12** $f(x,y) = x^2 + y^2 - 4x + 2y + 1$ の極値を求める．まず，$f_x(x,y) = 2x - 4 = 0$，$f_y(x,y) = 2y + 2 = 0$ を解くと，$(x,y) = (2,-1)$ となる．よって，この点が極値の候補である．また，

$$f_{xx}(x,y) = 2, \quad f_{xy}(x,y) = 0, \quad f_{yy}(x,y) = 2$$

より，

$$f_{xy}(2,-1)^2 - f_{xx}(2,-1)f_{yy}(2,-1) = 0^2 - 2 \cdot 2 = -4 < 0,$$

かつ

$$f_{xx}(2,-1) = 2 > 0$$

となる．よって，定理より $f(2,-1) = -4$ は極小値となる．

◆例題 **5.11** $f(x,y) = x^2 + y^4$，$g(x,y) = x^3 + y^2$ の極値をそれぞれ求める．

解答． $f_x(x,y) = 2x = 0$，$f_y(x,y) = 4y^3 = 0$ を解くと，$(x,y) = (0,0)$ が $f(x,y)$ の極値の候補である．同じく，$g_x(x,y) = 3x^2 = 0$，$g_y(x,y) = 2y = 0$ を解くと，$(x,y) = (0,0)$ が $g(x,y)$ の極値の候補である．

まず，$f_{xx}(x,y) = 2$，$f_{xy}(x,y) = 0$，$f_{yy}(x,y) = 12y^2$ だから，

$$f_{xy}(0,0)^2 - f_{xx}(0,0)f_{yy}(0,0) = 0, \quad f_{xx}(0,0) = 2 > 0$$

となり，定理の判定法が適用できない．しかし，

$$f(x,y) = x^2 + y^4 \geqq 0 = f(0,0)$$

が成り立つ．よって，$(0,0)$ は $f(x,y)$ の最小値であるから，極小値でもある．

一方，$g_{xx}(x,y) = 6x$，$g_{xy}(x,y) = 0$，$g_{yy}(x,y) = 2$ より，

$$g_{xy}(0,0)^2 - g_{xx}(0,0)g_{yy}(0,0) = 0, \quad g_{xx}(0,0) > 0$$

となり，こちらも定理の判定法が適用できない．

そこでいま，十分小さな $h > 0$ を任意にとり，$(0,0)$ の近傍の点として，$(h,0)$，$(-h,0)$ を考える．このとき，

$$g(h,0) = h^3 > 0 = g(0,0), \quad g(-h,0) = -h^3 < 0 = g(0,0)$$

となり，g は，$(0,0)$ の近傍で正の値も負の値もとるから，$(0,0)$ では $g(x,y)$ は極値をとらない． □

○問 5.12 次の関数の極値を求めよ．
(1) $f(x,y) = x^2 - 3x - y^2 + y + xy$
(2) $f(x,y) = -x^2 + 2xy - 3y^2$

章 末 問 題

問題 5.1 次の点列の極限を求めよ．
(1) $\left(\dfrac{(-1)^n}{n}, \dfrac{2}{n}\right)$ (2) $\left(\dfrac{2^n - 3^n}{5^n - 1}, \sqrt{n^2 - 1} - \sqrt{n^2 + 3n}, \dfrac{\sqrt{n+1} - \sqrt{n}}{2\sqrt{n+2}}, 2\right)$

問題 5.2 次の極限が存在すれば極限を求めよ．また，存在しなければ極限をもたないことを証明せよ．
(1) $\displaystyle\lim_{(x,y)\to(0,0)} \dfrac{xy^2}{x^2 + 2y^2}$ (2) $\displaystyle\lim_{(x,y)\to(0,0)} \dfrac{3xy^3}{x^4 + y^4}$ (3) $\displaystyle\lim_{(x,y)\to(0,0)} \dfrac{x^2 \sin y}{x^2 + y^2}$
(4) $\displaystyle\lim_{(x,y)\to(0,0)} \dfrac{xy \cos x}{2x^2 + y^2}$ (5) $\displaystyle\lim_{(x,y)\to(0,0)} \dfrac{x^2 + 2y^2}{\sqrt{x^2 + 2y^2 + 1} - 1}$

問題 5.3 次の関数が原点において極限をもつかどうか調べよ．
(1) $f(x,y) = \dfrac{x^2 + 3y^2}{\sqrt{x^2 + y^2}}$ (2) $f(x,y,z) = \dfrac{(x+z)y}{x^2 + y^2 + z^2}$

問題 5.4 次の関数の偏導関数を求めよ．
(1) $z = x + 2y$ (2) $z = x^2 + 3y^2$ (3) $z = \dfrac{x}{y}$
(4) $z = \sqrt{x - 3y}$ (5) $z = 3\cos(x+y)$ (6) $w = x^2 + y^2 + 3z$
(7) $z = (x^2 + y^3)\sin(x - y^2)$ (8) $z = \log(x^2 + 2y^2)$
(9) $w = (x+y+z)e^{xyz}$ (10) $w = xz\tan^{-1}(x+y+z)$

問題 5.5 次の関数を偏微分せよ．
(1) $z = e^{x^2 y}$ (2) $z = e^{2x}\sin(3y)$ (3) $z = \tan^{-1}\left(\dfrac{x}{y}\right)$
(4) $w = \log(x^2 + y^2 + z^2)$ (5) $z = x^4 + y^4 - 2x^2 y^2$
(6) $z = \tan^{-1}\left(\dfrac{x+y}{1-xy}\right)$ (7) $z = \dfrac{1}{x}\sin(y^2)$ (8) $z = \cos^{-1}\left(\sqrt{\dfrac{x}{y}}\right)$

問題 5.6 $f(x,y) = x^{y^x}$ のとき，偏導関数 $f_x(x,y)$，$f_y(x,y)$ を求めよ．

問題 5.7 $f(x,y) = x^y$ のとき，$f_{xxy}(x,y) = f_{xyx}(x,y)$ となることを示せ．

問題 5.8 次の関数の 2 階の偏導関数をすべて求めよ．
(1) $f(x,y) = e^{x+y}$ (2) $f(x,y) = \log(x^2 + 2y^2)$

問題 5.9 次の陰関数に対して，y' を求めよ．
(1) $x^2 - y^2 = 1$ (2) $\dfrac{x^2}{3} + \dfrac{y^2}{4} = 1$ (3) $x^3 + 2xy^2 - y^3 = 0$
(4) $3x^2 + 5xy + 7y^2 = 6$ (5) $(x^2 + y^2)^2 - 3(x^2 - y^2) = 0$

問題 5.10 曲線 $y^2 - 3x + 4y - 2 = 0$ 上の点 $(1, -5)$ における接線の方程式を求めよ．

問題 5.11 関係式 $\log(uy) + y\log u = x$ に対して，関数 $u = u(x,y)$ の偏微分 u_x, u_y を求めよ．

問題 5.12 次の関数の極値を求めよ．
(1) $f(x,y) = -x^2 + 2xy - 3y^2$ (2) $f(x,y) = x^2 - 3x - y^2 + y + xy$

6章

重積分

この章では，多変数関数の積分，特に 2 変数関数の積分，すなわち重積分について考える．1 変数の場合と異なり，"微分の逆"という考えで重積分をとらえることはできない．その後に学んだ，リーマン積分 (区分求積) の考えを拡げて行う．

6.1 重積分の定義

はじめに，長方形領域で定義された 2 変数関数の積分を考える．

6.1.1 長方形領域上での重積分

4 つの実数 a, b, c, d は，$a < b, c < d$ を満たすとする．このとき，
$$\{(x, y) : a \leqq x \leqq b,\ c \leqq y \leqq d\}$$
の形の集合を**長方形領域**とよび，区間 $[a, b]$ と区間 $[c, d]$ の直積集合として，$[a, b] \times [c, d]$ と書くことができる．すなわち，
$$[a, b] \times [c, d] = \{(x, y) : a \leqq x \leqq b,\ c \leqq y \leqq d\}.$$

いま，$z = f(x, y)$ は長方形領域 $E = [a, b] \times [c, d]$ 上の有界な関数とする．このとき，次のような E の分割 Δ を考える：
$$\Delta : \begin{cases} \Delta_x : a = x_0 < x_1 < x_2 < \cdots < x_n = b, \\ \Delta_y : c = y_0 < y_1 < y_2 < \cdots < y_m = d. \end{cases}$$

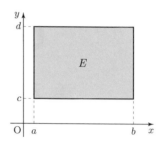
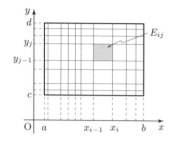

また，$[a,b]$ の分割 Δ_x，および $[c,d]$ の分割 Δ_y の各小区間の長さの最大値を $|\Delta|$ とおく：

$$|\Delta| = \max\{x_i - x_{i-1}, y_j - y_{j-1} : i = 1, 2, \ldots, n,\ j = 1, 2, \ldots, m\}.$$

次に，各小長方形 $E_{ij} = [x_{i-1}, x_i] \times [y_{j-1}, y_j]$ から任意に点 (z_{ij}, w_{ij}) をとり，次の近似和を考える：

$$S(f; \Delta) = \sum_{i=1}^n \sum_{j=1}^m f(z_{ij}, w_{ij})(x_i - x_{i-1})(y_j - y_{j-1}). \tag{6.1}$$

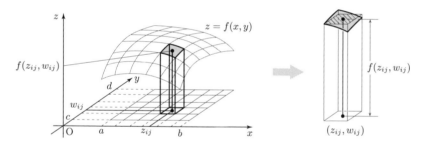

このとき，ある実数 A があって，分割 Δ を $|\Delta| \to 0$ とするとき，分割の仕方や分点 (z_{ij}, w_{ij}) のとり方に無関係に，近似和 $S(f; \Delta)$ が A に近づくとき，A を $f(x, y)$ の E 上の **2 重積分**，あるいは単に**重積分**といい，

$$A = \iint_E f(x, y)\,dxdy$$

と書く．

★**注意 6.1** (6.1) において，$(x_i - x_{i-1})(y_j - y_{j-1})$ を E_{ij} の**面積要素**とよび，$|E_{ij}|$ と書くことがある．上の右図の直方体において，$f(z_{ij}, w_{ij})$ を"高さ"と考えたときの底面積と解釈できるためである．

6.1 重積分の定義

以下の定理は，重積分が存在する条件の最も簡単な場合である．証明は省略する．

定理 6.1 関数 $z = f(x,y)$ を長方形領域 $E = [a,b] \times [c,d]$ 上の連続関数とすると，2 重積分 $\iint_E f(x,y)\,dxdy$ が存在する．

◆**例題 6.1** $f(x,y) = xy$, $(x,y) \in E = [0,1] \times [0,1] = \{(x,y): 0 \leqq x \leqq 1, 0 \leqq y \leqq 1\}$ とするとき，重積分

$$\iint_E xy\,dxdy$$

を求める．

解答． $E = [0,1] \times [0,1]$ は正方形領域である．また，$f(x,y) = xy$ は E 上で連続より，E 上の xy の重積分は存在する．そこで，x 軸の区間 $[0,1]$ と，y 軸の区間 $[0,1]$ をそれぞれ等分割する．すなわち，任意の $n,m \in \mathbb{N}$ について，

$$\Delta_{n,m}: \begin{cases} 0 = x_0 < x_1 < \cdots < x_n = 1, & x_i = \dfrac{i}{n},\ i = 0,1,\ldots,n, \\ 0 = y_0 < y_1 < \cdots < y_m = 1, & y_j = \dfrac{j}{m},\ j = 0,1,\ldots,m \end{cases}$$

とする．このとき，各小長方形 $E_{ij} = [x_{i-1}, x_i] \times [y_{j-1}, y_j]$ の点として $(z_{ij}, w_{ij}) = (x_i, y_j)$ をとると，重積分の近似和は，

$$S(f; \Delta_{n,m}) = \sum_{i=1}^{n}\sum_{j=1}^{m} f(z_{ij}, w_{ij})(x_i - x_{i-1})(y_j - y_{j-1})$$

$$= \sum_{i=1}^{n}\sum_{j=1}^{m} x_i y_j (x_i - x_{i-1})(y_j - y_{j-1})$$

$$= \sum_{i=1}^{n}\sum_{j=1}^{m} \frac{i}{n} \cdot \frac{j}{m} \cdot \frac{1}{n} \cdot \frac{1}{m} = \frac{1}{n^2} \cdot \frac{1}{m^2} \Big(\sum_{i=1}^{n} i\Big)\Big(\sum_{j=1}^{m} j\Big)$$

$$= \frac{1}{n^2} \cdot \frac{1}{m^2} \cdot \frac{n(n+1)}{2} \cdot \frac{m(m+1)}{2} = \frac{1}{4}\Big(1 + \frac{1}{n}\Big)\Big(1 + \frac{1}{m}\Big)$$

となる．$m,n \to \infty$ とすると，最右辺は $\frac{1}{4}$ に収束する．よって，$\iint_E xy\,dxdy = \frac{1}{4}$ である． □

◯問 **6.1** 次の重積分を定義に従って計算せよ．

$$\iint_E (2x - y)\, dxdy, \qquad E = [0,1] \times [1,2]$$

以下，長方形領域上の重積分の性質について述べておく．

定理 6.2 (**長方形領域における重積分の性質**) 関数 $f(x,y)$ および $g(x,y)$ はともに長方形領域 $E = [a,b] \times [c,d]$ 上で重積分が存在するものとする．

(1) $\displaystyle\iint_E 1\, dxdy = \iint_E dxdy = (b-a)(d-c)$

(2) $k \in \mathbb{R}$ とすると，$\displaystyle\iint_E kf(x,y)\, dxdy = k\iint_E f(x,y)\, dxdy.$

(3) $\displaystyle\iint_E \bigl(f(x,y) + g(x,y)\bigr) dxdy = \iint_E f(x,y)\, dxdy + \iint_E g(x,y)\, dxdy$

(4) $a < p < b$ に対して，$E_1 = [a,p] \times [c,d],\ E_2 = [p,b] \times [c,d]$ とおくと，

$$\iint_E f(x,y)\, dxdy = \iint_{E_1} f(x,y)\, dxdy + \iint_{E_2} f(x,y)\, dxdy.$$

(4)′ $c < q < d$ に対して，$E_1' = [a,b] \times [c,q],\ E_2' = [a,b] \times [q,d]$ とおくと，

$$\iint_E f(x,y)\, dxdy = \iint_{E_1'} f(x,y)\, dxdy + \iint_{E_2'} f(x,y)\, dxdy.$$

(5) 各 $(x,y) \in E$ に対して，$f(x,y) \leqq g(x,y)$ ならば，

$$\iint_E f(x,y)\, dxdy \leqq \iint_E g(x,y)\, dxdy.$$

(6) $\displaystyle\left|\iint_E f(x,y)\, dxdy\right| \leqq \iint_E |f(x,y)|\, dxdy$

6.1.2 有界領域上の重積分

D を $\mathbb{R}^2$ の有界領域とする．すなわち，適当な長方形領域 $E = [a,b] \times [c,d]$ があって，$D \subset E$ とする．また，$f(x,y)$ を D 上の有界関数とする．このとき，

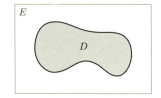

6.1 重積分の定義

$$\widetilde{f}(x,y) = \begin{cases} f(x,y) & ((x,y) \in D), \\ 0 & ((x,y) \in E \cap D^c) \end{cases}$$

で定義される関数 $\widetilde{f}(x,y)$ を, $\boldsymbol{f(x,y)}$ の $\boldsymbol{D}$ の外への $\boldsymbol{0}$ 拡張とよぶ. E 上で $\widetilde{f}(x,y)$ の重積分が存在するとき, $f(x,y)$ は D 上で**重積分可能**であるという. このとき,

$$\iint_E \widetilde{f}(x,y)\, dxdy$$

を $f(x,y)$ の D 上の**重積分**といい,

$$\iint_D f(x,y)\, dxdy$$

と書く. ここで, D を含む長方形領域 E はいくつもあるが, 次の定理が成り立つことがわかる. 証明は本書のレベルを超えるので省略する.

定理 6.3 E と E' は $\mathbb{R}^2$ の長方形領域で, $D \subset E \subset E'$ とする. また, $\widetilde{f}(x,y)$ を D の外への 0 拡張とする. このとき, $\widetilde{f}(x,y)$ が E 上で重積分可能であることと, E' で重積分可能であることは同値である. また, いずれかの集合で $\widetilde{f}(x,y)$ が重積分可能であるならば,

$$\iint_E \widetilde{f}(x,y)\, dxdy = \iint_{E'} \widetilde{f}(x,y)\, dxdy$$

が成り立つ. すなわち, D 上での $f(x,y)$ の重積分は, D を含む長方形領域のとり方によらずに一意に定まる.

D を $\mathbb{R}^2$ の有界領域とし, D の定義関数 χ_D (カイ D と読む) を,

$$\chi_D(x,y) = \begin{cases} 1 & ((x,y) \in D), \\ 0 & ((x,y) \notin D) \end{cases}$$

と定める. 次のことは容易にわかる. $A, B \subset \mathbb{R}^2$, $(x,y) \in \mathbb{R}^2$ に対して,

(i) $\chi_{\mathbb{R}^2}(x,y) = 1$,

(ii) $\chi_\varnothing(x,y) = 0$,

(iii) $\chi_A(x,y) = 1 - \chi_{A^c}(x,y)$,

(iv) $\chi_{A \cap B}(x,y) = \min\{\chi_A(x,y), \chi_B(x,y)\}$,

(v) $\chi_{A\cup B}(x,y) = \chi_A(x,y) + \chi_B(x,y) - \chi_{A\cap B}(x,y)$
$= \max\{\chi_A(x,y), \chi_B(x,y)\},$

(vi) 特に,$A \cap B = \varnothing$ ならば,$\chi_{A\cup B}(x,y) = \chi_A(x,y) + \chi_B(x,y).$

有界領域 $D \subset \mathbb{R}^2$ に対して,関数 χ_D が D 上で重積分可能であるとき,D は**面積確定**といい,$\iint_D \chi_D(x,y)\,dxdy$ を D の**面積**とよび,次のように,$|D|$ や $\mathsf{vol}(D)$ と書くことがある:

$$\iint_D \chi_D(x,y)\,dxdy = |D| = \mathsf{vol}(D).$$

6.2 累次積分

定義にそって重積分を計算することは一般には困難なことが多い.ここでは,重積分の計算を比較的に簡単に行うための道具を紹介する.それが表題の累次積分である.まずは,長方形領域に対する累次積分から紹介しよう.

6.2.1 累次積分 (I)——長方形領域——

$z = f(x,y)$ を,長方形領域 $E = [a,b] \times [c,d]$ 上の連続関数とする.このとき,次の定理が成り立つ.

定理 6.4 (累次積分 (I)) $z = f(x,y)$ を,長方形領域 E 上の連続関数とする.このとき,$x \in [a,b]$ をとめるごとに,$f(x,y)$ は (y の関数とみて) $[c,d]$ 上の連続関数だから,

$$G(x) = \int_c^d f(x,y)\,dy \qquad (6.2)$$

が定まる.さらに,$G(x)$ は (x の関数とみて) $[a,b]$ 上の連続関数となる.したがって,

$$\int_a^b G(x)\,dx$$

が定まる.このとき,

6.2 累次積分

$$\int_a^b G(x)\,dx = \iint_E f(x,y)\,dxdy \tag{6.3}$$

が成立する．ここで，(6.2) の右辺を (6.3) の左辺の積分に代入すると，

$$\int_a^b \Big(\int_c^d f(x,y)\,dy\Big)dx = \iint_E f(x,y)\,dxdy \tag{6.4}$$

が成り立つ．(6.4) の左辺を**累次積分**という．

◇**例 6.1** 次の累次積分 $\int_0^3 \Big(\int_1^2 xy^2\,dx\Big)dy$ を計算する．

括弧の中の積分 $\int_1^2 xy^2\,dx$ を (y を定数と考え，x に関して) 計算して，その結果を括弧の外の積分の中に入れて，(y の) 積分として実行する．すなわち，

$$\int_0^3 \Big(\int_1^2 xy^2\,dx\Big)dy = \int_0^3 \Big\{\Big[\frac{x^2 y^2}{2}\Big]_{x=1}^{x=2}\Big\}dy$$
$$= \int_0^3 \Big\{2y^2 - \frac{y^2}{2}\Big\}dy = \int_0^3 \frac{3y^2}{2}\,dy$$
$$= \Big[\frac{y^3}{2}\Big]_0^3 = \frac{3^3}{2} = \frac{27}{2}$$

である．

○**問 6.2** 次の累次積分を計算せよ．
(1) $\int_0^{\pi/4}\Big(\int_{\pi/2}^\pi \sin(x+2y)\,dx\Big)dy$ 　(2) $\int_1^2 \Big(\int_0^1 \frac{1}{(1+x+y)^2}\,dy\Big)dx$

★**注意 6.2** (1) 上の定理 6.4 は，累次積分が重積分と一致することを述べている．したがって，重積分を計算する問題は，1 次元の積分を繰り返すことによって得られる．

(2) 上の定理 6.4 における x と y の役割を入れ換えても同じことが成り立つから，実際は

$$\iint_E f(x,y)\,dxdy = \int_a^b \Big(\int_c^d f(x,y)\,dy\Big)dx = \int_c^d \Big(\int_a^b f(x,y)\,dx\Big)dy \tag{6.5}$$

が成立する.

6.2.2 累次積分 (II)——縦線領域 (または，横線領域)——

有界閉区間 $[a,b]$ 上の 2 つの連続関数 $y = \varphi_1(x)$, $y = \varphi_2(x)$ に対して，常に

$$\varphi_1(t) \leqq \varphi_2(t), \quad t \in [a,b] \tag{6.6}$$

を満たしているとする．このとき，

$$D = \{(x,y) : a \leqq x \leqq b,\ \varphi_1(x) \leqq y \leqq \varphi_2(x)\} \tag{6.7}$$

と定める．このような集合を**縦線領域**とよぶ．

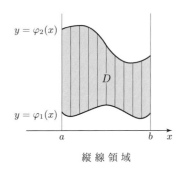
縦線領域

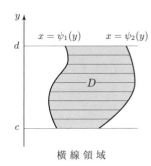
横線領域

同様に，閉区間 $[c,d]$ 上の 2 つの連続関数 $x = \psi_1(y)$, $x = \psi_2(y)$ は

$$\psi_1(t) \leqq \psi_2(t), \quad t \in [c,d]$$

を常に満たしているとするとき，

$$D = \{(x,y) : c \leqq y \leqq d,\ \psi_1(y) \leqq x \leqq \psi_2(y)\} \tag{6.8}$$

と定める．このような集合を**横線領域**とよぶ．

これら，縦線領域・横線領域上の関数の重積分については，次の形で累次積分で書き表される．

定理 6.5 (累次積分 (II))
(1) (縦線領域の場合) 集合 D は (6.7) によって定義される縦線領域とし，$z = f(x,y)$ は D 上の連続関数とする．このとき，

6.2 累次積分

$$\iint_D f(x,y)\,dxdy = \int_a^b \Big(\int_{\varphi_1(x)}^{\varphi_2(x)} f(x,y)\,dy \Big) dx$$

が成り立つ．

(2) (横線領域の場合) 集合 D は (6.8) によって定義される横線領域とし，$z = f(x,y)$ は D 上の連続関数とする．このとき，

$$\iint_D f(x,y)\,dxdy = \int_c^d \Big(\int_{\psi_1(y)}^{\psi_2(y)} f(x,y)\,dx \Big) dy$$

が成り立つ．

◆**例題 6.2** 下図で表される領域 D に対して，重積分

$$\iint_D (x+y+1)\,dxdy$$

を求める．

解答． $D = \{(x,y) : 0 \leqq x \leqq 1,\ x \leqq y \leqq 3x\}$ と書けるので，D は縦線領域となる．よって，D 上の関数

$$f(x,y) = x + y + 1$$

の重積分は，累次積分

$$\iint_D (x+y+1)\,dxdy$$
$$= \int_0^1 \Big(\int_x^{3x} (x+y+1)\,dy \Big) dx$$

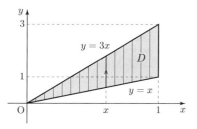

と一致する．したがって

$$\int_0^1 \Big(\int_x^{3x} (x+y+1)\,dy \Big) dx = \int_0^1 \Big(\Big[xy + \frac{y^2}{2} + y \Big]_{y=x}^{y=3x} \Big) dx$$
$$= \int_0^1 \Big\{ \Big(3x^2 + \frac{9x^2}{2} + 3x \Big) - \Big(x^2 + \frac{x^2}{2} + x \Big) \Big\} dx$$
$$= \int_0^1 \Big(6x^2 + 2x \Big) dx = \Big[2x^3 + x^2 \Big]_0^1 = 3$$

となる． □

◯問 **6.3** 下の左図で表される領域 D に対して, 重積分 $\iint_D (x^2+y^2+1)\,dxdy$ を求めよ. $\left(\text{答え}: \frac{4}{3}\right)$

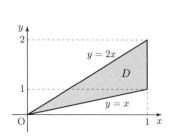
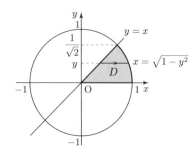

◆例題 **6.3** 重積分
$$\iint_D x\,dxdy, \quad D = \{(x,y): x^2+y^2 \leqq 1,\ 0 \leqq y \leqq x\}$$
を求めよ (上右図).

解答. 領域 D は $D = \left\{(x,y): 0 \leqq y \leqq \frac{1}{\sqrt{2}}, y \leqq x \leqq \sqrt{1-y^2}\right\}$ とも書けるので横線領域である. よって,

$$\iint_D x\,dxdy = \int_0^{1/\sqrt{2}} \left(\int_y^{\sqrt{1-y^2}} x\,dx\right)dy = \int_0^{1/\sqrt{2}} \left[\frac{x^2}{2}\right]_{x=y}^{x=\sqrt{1-y^2}} dy$$

$$= \int_0^{1/\sqrt{2}} \left(\frac{1-y^2}{2} - \frac{y^2}{2}\right)dy = \int_0^{1/\sqrt{2}} \left(\frac{1}{2} - y^2\right)dy$$

$$= \left[\frac{y}{2} - \frac{y^3}{3}\right]_0^{1/\sqrt{2}} = \frac{1}{2\sqrt{2}} - \frac{1}{6\sqrt{2}} = \frac{\sqrt{2}}{6}$$

となる. □

6.2.3 積分の順序交換

上で述べた定理 (累次積分 (II)) の (1), (2) を組み合わせると, 積分の順序交換ができる場合がある. 例えば, D が次の縦線領域で表される集合とする:

$$D = \left\{(x,y): 0 \leqq x \leqq \frac{1}{2},\ 0 \leqq y \leqq 1-2x\right\}.$$

6.2 累次積分

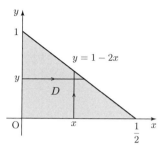

D を図示すると，上の図になる．また，これは
$$D = \left\{(x,y):\ 0 \leqq y \leqq 1,\ 0 \leqq x \leqq \frac{1}{2} - \frac{y}{2}\right\}$$
とも表示できる．すなわち，D は横線領域にもなる．

よって，D 上の連続関数 $f(x,y)$ の重積分は
$$\iint_D f(x,y)\,dxdy = \int_0^{1/2} \left(\int_0^{1-2x} f(x,y)\,dy\right) dx$$
$$= \int_0^1 \left(\int_0^{1/2-y/2} f(x,y)\,dx\right) dy$$
と，2 通りの累次積分として表現できる．このことから，D 上の重積分の計算は，D が縦線領域・横線領域のいずれの集合にもなっている場合は，累次積分で計算しやすい領域で計算すればよいことがわかる．また，重積分の計算を行う場合には，領域を正しく図示することが重要となる．

◇例 6.2 (1) $D = \{(x,y): x^2 + y^2 \leqq 1\}$ で表される $\mathbb{R}^2$ の領域は，原点を中心とする半径 1 の円の内部と周である (下左図)．

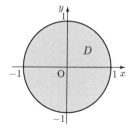 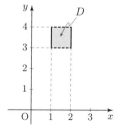

(2) $D = \{(x,y): 1 \leqq x \leqq 2,\ 3 < y < 4\}$ は $\mathbb{R}^2$ の正方形領域であり，x 軸と平行な辺の部分は含まない (上右図)．

○問 **6.4** 次の集合で表される領域を座標平面に図示せよ．
(1) $\{(x,y) : |x| \leqq 1, |y| \leqq 1\}$　(2) $\{(x,y) : 1 < x < 3, y > 0\}$
(3) $\{(x,y) : (x^2 + y^2 - 4)(1 - x^2 - y^2) < 0\}$

◇例 **6.3** 次の累次積分で表される領域を図示し，累次積分の順序を交換する：
$$\int_0^{1/2} \Big(\int_0^{(1-2x)/3} f(x,y)\,dy\Big)dx.$$

解答． まず，累次積分を行う領域を D とおくと，
$$D = \Big\{(x,y) : 0 \leqq x \leqq \frac{1}{2},\ 0 \leqq y \leqq \frac{1-2x}{3}\Big\}$$
であるから，D は縦線領域である．図示すると，右の図になる．また，D は
$$D = \Big\{(x,y) : 0 \leqq y \leqq \frac{1}{3},$$
$$0 \leqq x \leqq \frac{1-3y}{2}\Big\}$$

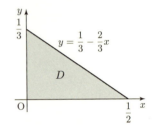

とも表示され，これは横線領域である．ゆえに，
$$\int_0^{1/2} \Big(\int_0^{(1-2x)/3} f(x,y)\,dy\Big)dx = \int_0^{1/3} \Big(\int_0^{(1-3y)/2} f(x,y)\,dx\Big)dy$$
となる． □

○問 **6.5** 次の累次積分で表される領域を図示し，累次積分の順序を交換せよ．
(1) $\int_0^4 \Big(\int_x^{2\sqrt{x}} f(x,y)\,dy\Big)dx$　(2) $\int_{-2}^1 \Big(\int_{x^2}^{2-x} f(x,y)\,dy\Big)dx$

◆例題 **6.4** 次の累次積分の値を求めよ．
$$\int_0^1 \Big(\int_x^1 e^{x/y}\,dy\Big)dx$$

解答． 与えられた累次積分の内側の $\int_x^1 e^{x/y}\,dy$ は直接積分することは困難である．一方，累次積分を行う領域を D とおくと，D は縦線領域

6.3 重積分における変数変換

$$D = \{(x,y): 0 \leq x \leq 1,\ x \leq y \leq 1\}$$

であるが，これは

$$D = \{(x,y): 0 \leq y \leq 1,\ 0 \leq x \leq y\}$$

とも表示され，D は横線領域と考えることもできる．よって，累次積分の順序を交換することにより，

$$\int_0^1 \Big(\int_x^1 e^{x/y}\,dy\Big)dx = \int_0^1 \Big(\int_0^y e^{x/y}\,dx\Big)dy$$

$$= \int_0^1 \Big\{\Big[y\,e^{x/y}\Big]_{x=0}^{x=y}\Big\}dy$$

$$= \int_0^1 (ey - y)\,dy$$

$$= \Big[(e-1)\cdot\frac{y^2}{2}\Big]_0^1 = \frac{e-1}{2}$$

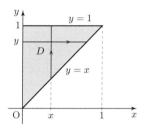

となる． □

○問 **6.6** 次の累次積分の順序を交換することにより積分の値を求めよ．

(1) $\displaystyle\int_0^{\sqrt{\pi/2}}\Big(\int_y^{\sqrt{\pi/2}} \cos(x^2)\,dx\Big)dy$ 　　(2) $\displaystyle\int_0^8\Big(\int_{\sqrt[3]{x}}^2 e^{y^4}\,dy\Big)dx$

6.3 重積分における変数変換

E を uv 平面の領域とし，変換：$x = x(u,v),\ y = y(u,v)$ によって，E の内部が xy 平面の領域 D の内部に **1 対 1** に写されるとすると，次の定理が成り立つ．

定理 6.6 $f(x,y)$ を xy 平面の領域 D 上の連続関数とする．このとき，次のヤコビ行列式

$$J(u,v) = x_u(u,v)y_v(u,v) - x_v(u,v)y_u(u,v) \tag{6.9}$$

が E の内部の点 (u,v) で，常に $J(u,v) \neq 0$ ならば，

$$\iint_D f(x,y)\,dxdy = \iint_E f(x(u,v), y(u,v))\big|J(u,v)\big|\,dudv$$

が成り立つ.

★注意 6.3 (6.9) は，2 行 2 列の行列の行列式の考えを用いると，

$$J(u,v) = \det \begin{pmatrix} x_u & x_v \\ y_u & y_v \end{pmatrix} = x_u y_v - x_v y_u$$

とも表示できるため，**ヤコビ行列式**とよばれる．

　上の定理の証明は複雑なので省略する．その代わりに，いくつか代表的な変換について計算をしていくことにする．

一次変換 (線形変換)

　適当な実数 a, b, c, d を用いて，

$$\begin{cases} x = au + bv, \\ y = cu + dv \end{cases} \quad (6.10)$$

で表される変換を**一次変換**とよぶ．ここでは，$\boldsymbol{J = ad - bc > 0}$ として話を進める．このとき，uv 平面の長方形の領域 E はこの変換によって，xy 平面の平行四辺形 D に写される．

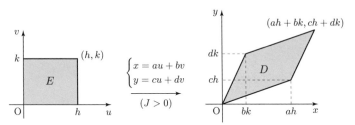

　上図は，長方形領域

$$E = \{(u,v) : 0 \leqq u \leqq h, \ 0 \leqq v \leqq k\} \quad (h, k > 0)$$

が一次変換 (6.10) によって写される領域 D を描いたものである．E の面積を $|E|$，写された領域 D の面積を $|D|$ とすると，

$$|E| = hk, \quad |D| = hk(ad - bc)$$

となることから，

6.3 重積分における変数変換

$$\frac{|D|}{|E|} = ad - bc = |J| \qquad \left(\Leftrightarrow \ |D| = |J| \cdot |E| \right)$$

という関係がある．そこで，E 内に任意に点 (u,v) をとれば，その像

$$(x,y) = (au + bv, cu + dv)$$

は D 内の点である．$f(x,y)$ が D 上で連続ならば，重積分の定義により

$$\iint_D f(x,y)\,dxdy = \lim_{|\Delta| \to 0} \sum f(x,y)|D|$$

であるが，

$$\sum f(x,y)|D| = \sum f(au+bv, cu+dv)|J| \cdot |E|$$

より，

$$\iint_D f(x,y)\,dxdy = \iint_E f(au+bv, cu+dv)|J|\,dudv$$

が得られる．

◇例 **6.4**　次の重積分を求める．

$$\iint_D (x^2 + y^2)\,dxdy, \quad D = \{(x,y) : |x+y| \leqq 1,\ |x-y| \leqq 1\}$$

変換：$u = x+y$，$v = x-y$ を考えると，

$$x = \frac{u+v}{2}, \quad y = \frac{u-v}{2}$$

となる．これは一次変換である．このとき，$E = \{(u,v):\ |u| \leqq 1,\ |v| \leqq 1\}$ とおくと，この変換によって，E の内部は D の内部に **1 対 1** で写される (次頁の図)．また，

$$J(u,v) = \det \begin{pmatrix} x_u & x_v \\ y_u & y_v \end{pmatrix}$$

$$= \det \begin{pmatrix} 1/2 & 1/2 \\ 1/2 & -1/2 \end{pmatrix} = -\frac{1}{4} - \frac{1}{4} = -\frac{1}{2} \neq 0$$

となるので，定理 6.6 により，

$$\iint_D (x^2+y^2)\,dxdy = \iint_E \left\{ \left(\frac{u+v}{2}\right)^2 + \left(\frac{u-v}{2}\right)^2 \right\} \cdot \left|-\frac{1}{2}\right| dudv$$

$$= \frac{1}{4} \iint_E (u^2+v^2)\,dudv = \frac{1}{4} \int_{-1}^{1} \left(\int_{-1}^{1} (u^2+v^2)\,du \right) dv$$

$$= \frac{1}{2}\int_{-1}^{1}\left(\left[\frac{u^3}{3}+v^2 u\right]_{u=0}^{u=1}\right)dv = \frac{1}{2}\int_{-1}^{1}\left(\frac{1}{3}+v^2\right)dv$$

$$= \left[\frac{v}{3}+\frac{v^3}{3}\right]_0^1 = \frac{2}{3}$$

となる. □

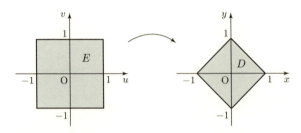

極座標変換

直交座標を極座標に変換するのは,

$$x = r\cos\theta, \quad y = r\sin\theta \tag{6.11}$$

である.

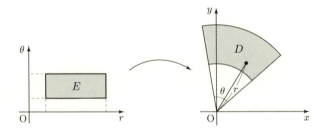

この変換により, $r\theta$ 平面の集合 E が xy 平面の集合 D に写されるものとする. このとき, E の分割における小領域を

$$E_{ij} = \left\{(r,\theta): r_{i-1}\leqq r \leqq r_i,\ \theta_{j-1}\leqq \theta \leqq \theta_j\right\}$$

とおき, 変換により E_{ij} が D_{ij} に写るものとする. すると, D_{ij} の面積は, $\rho_i = (r_i + r_{i-1})/2$ とおくと,

$$\frac{(r_i^2 - r_{i-1}^2)(\theta_j - \theta_{j-1})}{2} = \rho_i(r_i - r_{i-1})(\theta_j - \theta_{j-1})$$

となる. よって, $|D_{ij}|/|E_{ij}| = \rho_i$ となる. $f(x,y)$ を D 上の連続関数とす

6.3 重積分における変数変換

れば,
$$x_{ij} = \rho_i \cos\theta_j, \quad y_{ij} = \rho_i \sin\theta_j$$
とすると，重積分の定義から，
$$\iint_D f(x,y)\,dxdy = \lim_{|\Delta|\to 0} \sum f(x_{ij}, y_{ij})|D_{ij}|$$
だから,
$$\sum f(x_{ij}, y_{ij})|D_{ij}| = \sum f(\rho_i \cos\theta_j, \rho_i \sin\theta_j)\rho_i \cdot |E_{ij}|$$
に注意すると,
$$\iint_D f(x,y)\,dxdy = \iint_E f(r\cos\theta, r\sin\theta)r\,drd\theta$$
が成り立つ．

◇例 **6.5** 次の重積分を求める．
$$\iint_D (x^2 + y^2)\,dxdy, \quad D = \{(x,y) : x^2 + y^2 \leqq a^2\} \ (a > 0)$$

極座標変換を用いて計算する．すなわち,
$$x = r\cos\theta, \quad y = r\sin\theta$$
とおくと，$r\theta$ 平面の領域 $E = \{(r,\theta) : 0 \leqq r \leqq a, \ 0 \leqq \theta \leqq 2\pi\}$ の内部を D の内部に (1 対 1 に) 写すことがわかる．一方，
$$J(r,\theta) = \det \begin{pmatrix} x_r & x_\theta \\ y_r & y_\theta \end{pmatrix}$$
$$= \cos\theta \cdot (r\cos\theta) - (-r\sin\theta) \cdot \sin\theta$$
$$= r(\cos^2\theta + \sin^2\theta) = r$$
であるから，E の内部は $r > 0, \ 0 < \theta < 2\pi$ であることから，そこでは，$J(r,\theta) = r \neq 0$ である．したがって,
$$\iint_D (x^2 + y^2)\,dxdy = \iint_E \left((r\cos\theta)^2 + (r\sin\theta)^2\right)|r|\,drd\theta$$
$$= \int_0^{2\pi} \left(\int_0^a r^3\,dr\right)d\theta = \frac{\pi a^4}{2}$$
となる．

○問 **6.7** 次の重積分の計算をせよ．
$$\iint_D \sqrt{a^2 - x^2 - y^2}\,dxdy, \quad D = \{(x,y) : x^2 + y^2 \leqq a^2\} \quad (a > 0)$$

6.4 立体・回転体の体積

リーマン積分の考え方を用いると，空間内の曲面で囲まれる部分の体積や，曲線を x 軸，あるいは y 軸のまわりで 1 回転させてできる立体の体積を求めることができる．

曲面で囲まれる部分の体積

平面の面積確定の領域 D 上の 2 つの連続関数 $z = f(x,y)$, $z = g(x,y)$ は
$$f(x,y) \leqq g(x,y), \quad (x,y) \in D$$
を常に満たしているものとする．このとき，空間 $\mathbb{R}^3$ の部分集合
$$\{(x,y,z) \in \mathbb{R}^3 : (x,y) \in D,\ f(x,y) \leqq z \leqq g(x,y)\}$$
で表される領域を E とし，領域の体積を $v(E)$ と書くことにすると，
$$v(E) = \int_D \bigl(g(x,y) - f(x,y)\bigr)\,dxdy$$
である．

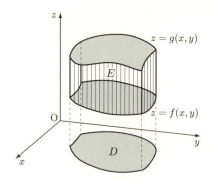

◆**例題 6.5** (1) 2 つの円柱 $x^2 + y^2 \leqq 1$, $y^2 + z^2 \leqq 1$ との共通部分 V の体積を求める．

(2) 球 $x^2 + y^2 + z^2 \leqq a^2$ $(a > 0)$ の体積を求める．

6.4 立体・回転体の体積

解答. (1) $D = \{(x, y) : x^2 + y^2 \leqq 1\}$ とおくと，V は集合

$$V = \left\{(x, y, z) : (x, y) \in D, \ -\sqrt{1-y^2} \leqq z \leqq \sqrt{1-y^2}\right\}$$

と表される．よって，求める部分の体積を
$v(V)$ とおくと，

$$v(V) = 2\iint_D \sqrt{1-y^2}\,dxdy$$

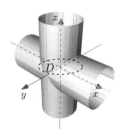

となる．また，D は
$D = \Big\{(x, y) : -1 \leqq y \leqq 1,$
$\qquad -\sqrt{1-y^2} \leqq x \leqq \sqrt{1-y^2}\Big\}$

とも表せるので，これは横線領域であるから，$v(V)$ は累次積分により

$$v(V) = 2\int_{-1}^{1} \Big(\int_{-\sqrt{1-y^2}}^{\sqrt{1-y^2}} \sqrt{1-y^2}\,dx\Big)dy = 4\int_{-1}^{1} \sqrt{1-y^2} \cdot \sqrt{1-y^2}\,dy$$

$$= 8\int_0^1 (1-y^2)\,dy = 8\Big[y - \frac{y^3}{3}\Big]_0^1 = \frac{16}{3}$$

である．

(2) $D = \{(x, y) : x^2 + y^2 \leqq a^2\}$ とおくと，球の表面および内部 V は

$$V = \left\{(x, y, z) : (x, y) \in D, \ -\sqrt{a^2-x^2-y^2} \leqq z \leqq \sqrt{a^2-x^2-y^2}\right\}$$

と表される．よって，求める体積 $v(V)$ は，

$$v(V) = 2\iint_D \sqrt{a^2-x^2-y^2}\,dxdy$$

である．$x = r\cos\theta, \ y = r\sin\theta$ と変数変換を行うことにより，

$$E = \{(r, \theta) : 0 \leqq r \leqq a, \ 0 \leqq \theta \leqq 2\pi\}$$

が D へ 1 対 1 に写される．また，$J(r, \theta) = r$ であるから，

$$a^2 - x^2 - y^2 = a^2 - (r\cos\theta)^2 - (r\sin\theta)^2 = a^2 - r^2$$

に注意すると，

$$v(V) = 2\int_0^a \Big(\int_0^{2\pi} \sqrt{a^2 - r^2}\,|J(r,\theta)|\,d\theta\Big)dr$$

$$= 4\pi \int_0^a r\sqrt{a^2 - r^2}\, dr = 4\pi \left[-\frac{(a^2 - r^2)^{\frac{3}{2}}}{3} \right]_0^a = \frac{4}{3}\pi a^3$$

である．

回転体の体積 (x 軸まわり)

曲線 $y = f(x)$ $(a \leqq x \leqq b)$ と x 軸と 2 直線 $x = a$, $x = b$ とで囲まれた部分を，x 軸のまわりに 1 回転してできる回転体の体積 V は，

$$V = \pi \int_a^b \bigl(f(x)\bigr)^2 dx$$

で与えられる．

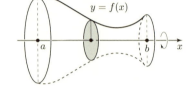

回転体の体積 (y 軸まわり)

曲線 $x = g(y)$ $(c \leqq y \leqq d)$ と y 軸と 2 直線 $y = c$, $y = d$ とで囲まれた部分を，y 軸のまわりに 1 回転してできる回転体の体積 V は，

$$V = \pi \int_c^d \bigl(g(y)\bigr)^2 dy$$

で与えられる．

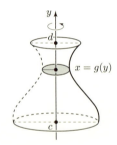

◆**例題 6.6** (回転体の体積) 曲線 $x = 1 - \sqrt{y}$, x 軸, y 軸とで囲まれた部分を y 軸に 1 回転させてできる立体の体積を求める．

解答． 曲線と x 軸との共有点は $(1, 0)$, y 軸との共有点は $(0, 1)$ である．ゆえに，立体の体積 V は，

$$\begin{aligned} V &= \pi \int_0^1 \bigl(1 - \sqrt{y}\bigr)^2 dy \\ &= \pi \int_0^1 \bigl(1 - 2\sqrt{y} + y\bigr) dy \\ &= \pi \left[y - \frac{4}{3} y\sqrt{y} + \frac{1}{2} y^2 \right]_0^1 = \frac{\pi}{6} \end{aligned}$$

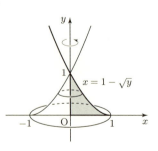

となる． □

6.5 重積分の広義積分

1次元の広義積分と同様に,2次元の空間で有界でない領域や,関数の値が発散するような点を含む有界な領域での積分を考える.

有界でも非有界どちらでもよい領域 $D \subset \mathbb{R}^d$ に対して,D を近似する集合列 $\{D_n\}$ を,次の性質を満たすものとして定める:

(i) 各 $n \in \mathbb{N}$ に対して,D_n は有界な閉集合,
(ii) 各 $n \in \mathbb{N}$ に対して,$D_n \subset D_{n+1} \subset D$,
(iii)[1] $F \subset D$ を満たす任意の有界な閉集合は必ず,ある D_{n_0} に含まれる.

このとき,$\{D_n\}$ を D の**近似増加列**とよぶ.

★**注意 6.4** 条件 (i)–(iii) より,$D = \bigcup_{n=1}^{\infty} D_n$ となる.

◇**例 6.6** (1) $D = (0,1)$ に対して,例えば
$$D_n = \left[\frac{1}{n+2}, 1 - \frac{1}{n+2}\right]$$
とおくと,$\{D_n\}$ は D の近似増加列となる.

(2) 第1象限 $D = \{(x,y): 0 \leqq x,\ 0 \leqq y\}$ に対して,
$$D_n = \{(x,y): 0 \leqq x \leqq n, 0 \leqq y \leqq n\},$$
$$D'_n = \{(x,y): x^2 + y^2 \leqq n^2, x \geqq 0, y \geqq 0\}$$
とおくと,$\{D_n\}, \{D'_n\}$ はともに D の近似増加列となる.

(3) $D = \{(x,y,z): 0 < x^2 + y^2 + z^2 < 1\}$ とする.
$$D_n = \left\{(x,y,z): \left(\frac{1}{n+2}\right)^2 \leqq x^2 + y^2 + z^2 \leqq \left(1 - \frac{1}{n+2}\right)^2\right\}$$
とおくと,$\{D_n\}$ は D の近似増加列となる.

いま,$f(x,y)$ を D 上の連続関数とする.このとき,D の任意の近似増加列 $\{D_n\}$ に対して,極限

---
[1] 定理 5.3 においても述べたように,集合の "端点" の取り扱いに注意が必要な "開集合" や "閉集合" などについては,ここでもおまじない程度に理解しておいてほしい.

$$\lim_{n\to\infty}\iint_{D_n} f(x,y)\,dxdy$$

があって,極限値が近似増加列によらずに定まるとき,$f(x,y)$ は D 上で**広義積分可能**であるといい,

$$\iint_D f(x,y)\,dxdy = \lim_{n\to\infty}\iint_{D_n} f(x,y)\,dxdy$$

と書き表し,極限値を $f(x,y)$ の D における**広義積分**とよぶ.

定理 6.7 (広義積分の存在) $f(x,y)$ を D 上の関数とし,D 上で常に $f(x,y) \geqq 0$ または常に $f(x,y) \leqq 0$ とする.このとき,D のある近似増加列 $\{D_n\}$ に対して,

$$\lim_{n\to\infty}\iint_{D_n} f(x,y)\,dxdy$$

が存在すれば,$f(x,y)$ は D 上で広義積分可能である.

この定理により,D 上で常に $f(x,y) \geqq 0$,または常に $f(x,y) \leqq 0$ ならば,一つの近似増加列 $\{D_n\}$ について

$$\iint_{D_n} f(x,y)\,dxdx$$

が存在し,さらに,$n \to \infty$ のとき収束すれば,その極限値が広義の重積分 $\iint_D f(x,y)\,dxdy$ となることがわかる.

◆**例題 6.7** (1) $D = \{(x,y) : x \geqq 0,\ y \geqq 0\}$ とするとき,$\displaystyle\iint_D e^{-x^2-y^2}\,dxdy$ を求める.

(2) $D = \{(x,y) : 0 < x \leqq 1,\ 0 < y \leqq 1\}$ とするとき,$\displaystyle\iint_D \frac{1}{\sqrt{x+y}}\,dxdy$ を求める.

解答. (1) D は第 1 象限で有界な領域ではない.そこで,

$$D_n = \{(x,y) : 0 \leqq x,\ 0 \leqq y,\ x^2 + y^2 \leqq n^2\}, \quad n = 1, 2, \ldots$$

とおくと,各 D_n は原点中心,半径 n の四分円で,$\{D_n\}$ は D の近似増加列となる.また,D_n 上で極座標変換 $x = r\cos\theta,\ y = r\sin\theta$ を行うと,

6.5 重積分の広義積分

$$\iint_{D_n} e^{-x^2-y^2}\,dxdy$$
$$= \int_0^{\pi/2}\Big(\int_0^n e^{-r^2} r\,dr\Big)d\theta$$
$$= \frac{\pi}{2}\Big[-\frac{1}{2}e^{-r^2}\Big]_0^n$$
$$= \frac{\pi}{4}\big(1-e^{-n^2}\big)$$

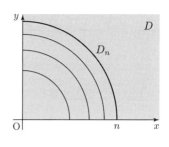

となる．よって，$n \to \infty$ とすると，$\displaystyle\iint_D e^{-x^2-y^2}\,dxdy = \frac{\pi}{4}$ を得る．

(2) $D_n = \left\{(x,y) : \dfrac{1}{n} \leqq x \leqq 1,\ \dfrac{1}{n} \leqq y \leqq 1\right\}$ とおくと，$\{D_n\}$ は D の近似増加列となる．また，各 D_n に対して，

$$\iint_{D_n}\frac{1}{\sqrt{x+y}}\,dxdy = \int_{1/n}^1\Big(\int_{1/n}^1\frac{1}{\sqrt{x+y}}\,dy\Big)dx$$
$$= \int_{1/n}^1\Big(\Big[2(x+y)^{1/2}\Big]_{y=1/n}^{y=1}\Big)dx$$
$$= 2\int_{1/n}^1\Big((x+1)^{1/2} - \Big(x+\frac{1}{n}\Big)^{1/2}\Big)dx$$
$$= 2\Big[\frac{2}{3}(x+1)^{3/2} - \Big(x+\frac{1}{n}\Big)^{3/2}\Big]_{1/n}^1$$
$$= \frac{4}{3}\Big(2^{3/2} - 2\Big(1+\frac{1}{n}\Big)^{3/2} + \Big(\frac{2}{n}\Big)^{3/2}\Big)$$

となる．よって，$n \to \infty$ とすると，$\displaystyle\iint_D \frac{1}{\sqrt{x+y}}\,dxdy = \frac{8(\sqrt{2}-1)}{3}$ を得る．

□

応用として，次の1変数関数の広義積分の値を求めることができる．

◆**例題 6.8** 広義積分 $\displaystyle\int_0^\infty e^{-x^2}dx$ の値を求める．

解答． $I = \displaystyle\int_0^\infty e^{-x^2}dx$ とおくと，

$$I^2 = \left(\int_0^\infty e^{-x^2} dx\right)\left(\int_0^\infty e^{-y^2} dy\right)$$
$$= \int_0^\infty \left(\int_0^\infty e^{-x^2} \cdot e^{-y^2} dy\right) dx$$
$$= \iint_D e^{-x^2-y^2} dxdy.$$

ただし，$D = \{(x,y) : 0 \leqq x,\ 0 \leqq y\}$ である．よって，上で示した例題 6.7 (1) により，
$$\iint_D e^{-x^2-y^2} dxdy = \frac{\pi}{4},$$
したがって，$I^2 = \pi/4$ となる．よって，
$$I = \int_0^\infty e^{-x^2} dx = \frac{\sqrt{\pi}}{2}$$
と求まる． □

○問 **6.8** 次の広義積分を計算せよ．

(1) $\displaystyle\iint_D \frac{xy}{(x^2+y^2)^3} dxdy,\quad D = \{(x,y) : 0 \leqq x,\ 0 \leqq y,\ 1 \leqq x^2+y^2\}$

(2) $\displaystyle\iint_D x^2 e^{-x^2-y^2} dxdy,\quad D = \{(x,y) : 0 \leqq x,\ 0 \leqq y\}$

◆例題 **6.9** （ガンマ関数とベータ関数） $t > 0$ に対して，広義積分
$$\Gamma(t) = \int_0^\infty e^{-x} x^{t-1} dx$$
を，例題 4.16 においてガンマ関数とよんだ．次に，$p > 0,\ q > 0$ に対して，
$$B(p,q) = \int_0^1 x^{p-1}(1-x)^{q-1} dx \tag{6.12}$$
とおいて，これをベータ関数とよぶ．ベータ関数は，$0 < p < 1$ または $0 < q < 1$ のときに広義積分となる．このとき，任意の $p > 0,\ q > 0$ について，
$$B(p,q) = \frac{\Gamma(p)\Gamma(q)}{\Gamma(p+q)} \tag{6.13}$$
が成り立つ．

解答. $D = \{(x,y) : 0 \leqq x, \ 0 \leqq y\}$ とおく．このとき，

$$\Gamma(p)\Gamma(q) = \left(\int_0^\infty e^{-x}x^{p-1}dx\right)\left(\int_0^\infty e^{-y}y^{q-1}dy\right)$$

$$= \int_0^\infty \left(\int_0^\infty e^{-x-y}x^{p-1}y^{q-1}dy\right)dx$$

$$= \iint_D e^{-x-y}x^{p-1}y^{q-1}dxdy$$

と変形できるから，$\Gamma(p)\Gamma(q)$ は D 上の重積分の広義積分となる．そこで，

$$D_n = \{(x,y) : 0 \leqq x, \ 0 \leqq y, \ x + y \leqq n\}$$

とおくと，$\{D_n\}$ は D の近似増加列となる．また，

$$I_n = \iint_{D_n} e^{-x-y}x^{p-1}y^{q-1}dxdy$$

に対して，変数変換：$\begin{cases} x = uv, \\ y = u(1-v) \end{cases}$ を考えると，これは，

$$E_n = \{(u,v) : 0 \leqq u \leqq n, \ 0 \leqq v \leqq 1\}$$

の内部を D_n の内部に 1 対 1 に写す．

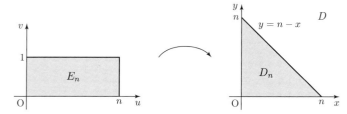

また，

$$J(u,v) = \det\begin{pmatrix} x_u & x_v \\ y_u & y_v \end{pmatrix} = \det\begin{pmatrix} v & u \\ 1-v & -u \end{pmatrix} = -u$$

より，E_n の内部では，常に $J(u,v) = -u \neq 0$ である．よって，

$$I_n = \iint_{D_n} e^{-x-y}x^{p-1}y^{q-1}\,dxdy$$

$$= \iint_{E_n} e^{-uv-u(1-v)}(uv)^{p-1}\{u(1-v)\}^{q-1}|J(u,v)|\,dudv$$

$$= \Big(\int_0^1 v^{p-1}(1-v)^{q-1}dv\Big)\Big(\int_0^n e^{-u}u^{p+q-1}du\Big)$$

$$\to \Big(\int_0^1 v^{p-1}(1-v)^{q-1}dv\Big)\Big(\int_0^\infty e^{-u}u^{p+q-1}du\Big) \quad (n\to\infty)$$

$$= B(p,q)\Gamma(p+q)$$

が成り立つ. □

章 末 問 題

問題 6.1 次の累次積分を計算せよ.

(1) $\int_1^3 \Big(\int_0^1 (1+2xy)\,dx\Big)dy$ (2) $\int_2^4 \Big(\int_{-1}^1 (x^2+y^2)\,dy\Big)dx$

(3) $\int_0^2 \Big(\int_0^{\pi/2} x\sin y\,dy\Big)dx$ (4) $\int_1^4 \Big(\int_0^2 (x+\sqrt{y})\,dx\Big)dy$

(5) $\int_1^3 \Big(\int_1^2 \Big(\frac{x}{y}+\frac{y}{x}\Big)dy\Big)dx$ (6) $\int_0^{\log 2}\Big(\int_0^{\log 5} e^{2x-y}\,dx\Big)dy$

(7) $\int_1^2 \Big(\int_x^2 xy\,dy\Big)dx$ (8) $\int_0^1 \Big(\int_0^{y^2} (y+2x)\,dx\Big)dy$

(9) $\int_0^1 \Big(\int_x^{e^x} \sqrt{y}\,dy\Big)dx$ (10) $\int_0^1 \Big(\int_y^{2-y} (y^2-x)\,dx\Big)dy$

(11) $\int_0^1 \Big(\int_0^{\sqrt{y}} \frac{2x}{y^2+1}\,dx\Big)dy$ (12) $\int_0^1 \Big(\int_0^x e^{x^2}\,dy\Big)dx$

問題 6.2 次の集合で表される領域を座標平面に図示せよ.

(1) $\{(x,y): x\geqq 0,\ y<0\}$ (2) $\{(x,y): xy>1\}$

(3) $\{(x,y): |x|\leqq |y|\}$ (4) $\{(x,y): 0\leqq y\leqq x^2,\ |x|\leqq 3\}$

(5) $\{(x,y): (2y-x^2-y^2)(x^2+y^2-x)>0\}$

問題 6.3 次の累次積分の順序を交換せよ.

(1) $\int_0^1 \Big(\int_0^{x^2} f(x,y)\,dy\Big)dx$ (2) $\int_{-1}^1 \Big(\int_{x^2}^1 f(x,y)\,dy\Big)dx$

(3) $\int_0^9 \Big(\int_0^{\sqrt{x}} f(x,y)\,dy\Big)dx$ (4) $\int_0^1 \Big(\int_{x^2}^x f(x,y)\,dy\Big)dx$

(5) $\int_0^4 \Big(\int_0^{y/2} f(x,y)\,dx\Big)dy$ (6) $\int_0^3 \Big(\int_{-\sqrt{9-y^2}}^0 f(x,y)\,dx\Big)dy$

(7) $\int_1^e \Big(\int_0^{\log x} f(x,y)\,dy\Big)dx$ (8) $\int_0^1 \Big(\int_{\mathrm{Tan}^{-1}y}^{\pi/4} f(x,y)\,dx\Big)dy$

章末問題

問題 6.4 次の重積分を計算せよ．
(1) $\iint_D x^3 y^2 \, dxdy$, $\quad D = \{(x,y) : 0 \leqq x \leqq 2, \ -x \leqq y \leqq x\}$
(2) $\iint_D \dfrac{2x}{y^3+1} \, dxdy$, $\quad D = \{(x,y) : 1 \leqq y \leqq 2, \ 0 \leqq x \leqq 2y\}$
(3) $\iint_D y\sqrt{x^2 - y^2} \, dxdy$, $\quad D = \{(x,y) : 0 \leqq x \leqq 1, \ 0 \leqq y \leqq x\}$

問題 6.5 次の累次積分を，順序交換を行ったうえで計算せよ．
(1) $\displaystyle\int_0^1 \left(\int_{3x}^3 e^{y^2} \, dy \right) dx$
(2) $\displaystyle\int_0^1 \left(\int_{\sqrt{x}}^1 \sqrt{y^3+1} \, dy \right) dx$

問題 6.6 領域 D は，3点 $(0,0)$, $(\pi,0)$, (π,π) を頂点とする三角形領域とする．このとき，次の重積分を計算せよ．
$$\iint_D x \sin(x+y) \, dxdy$$

問題 6.7 領域 D は，4点 $(0,0)$, $(1,0)$, $(1,2)$, $(0,1)$ を頂点とする四角形領域とする．このとき，次の重積分を計算せよ．
$$\iint_D (1+x) \cos\left(\frac{\pi}{2}y\right) dxdy$$

問題 6.8 領域 D は，曲線 $y = \sin x$ $(0 \leqq x \leqq \pi)$ と x 軸とで囲まれる部分とする．このとき，次の重積分を計算せよ．
$$\iint_D (x^2 - y^2) \, dxdy$$

問題 6.9 $D = \{(x,y) : |x| + |y| \leqq 1\}$ とおくとき，次の重積分を求めよ．
$$\iint_D e^{x+y} \, dxdy$$

問題 6.10 次のいくつかの曲線と直線とで囲まれる部分を指定された軸のまわりに 1 回転してできる立体の体積を求めよ．
(1) $y = e^x$, $y = 0$, $x = 0$, $x = 2$ で囲まれる部分を x 軸のまわりに 1 回転してできる立体．
(2) $y = x^2$, $x = 0$, $y = 1$ で囲まれる部分を x 軸のまわりに 1 回転してできる立体．
(3) $y = x^2$, $x = 0$, $y = 4$ で囲まれる部分を y 軸のまわりに 1 回転してできる立体．
(4) $y = x^2$, $y = \sqrt{x}$ で囲まれる部分を y 軸のまわりに 1 回転してできる立体．

問題 6.11 楕円体
$$\frac{x^2}{a^2} + \frac{y^2}{b^2} + \frac{z^2}{c^2} \leqq 1$$
の体積を求めよ．ただし，$a > 0$, $b > 0$, $c > 0$ である．

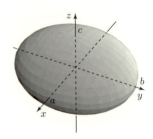

問題 6.12 例題 6.8 の結果を用いて，次の積分を計算せよ．
(1) $\displaystyle\int_0^\infty x^2 e^{-x^2} dx$　(2) $\displaystyle\int_0^\infty \sqrt{x} e^{-x} dx$

問題 6.13 例題 6.9 のベータ関数 $B(p,q)$ の積分 (6.12) において，$x = \dfrac{y}{1+y}$ と変数変換を行うことにより，次を示せ．
$$B(p,q) = \int_0^\infty \frac{y^{p-1}}{(1+y)^{p+q}}\, dy$$

問題 6.14 同じく，ベータ関数 $B(p,q)$ の積分 (6.12) において，$x = \sin^2\theta$ なる変数変換を行うことにより，次の表示をもつことも示せ．
$$B(p,q) = 2\int_0^{\pi/2} (\sin\theta)^{2p-1} (\cos\theta)^{2q-1} d\theta$$
これより，$B(1/2, 1/2) = \pi$ を導け．

問題 6.15 上の問題のベータ関数の表示において，$p = q$ とおくことにより
$$B(p,p) = 2^{-2p+1} B(p, 1/2)$$
となることを示せ．

7 章

級　　数

数列 $\{a_n\}$ に対して,
$$\sum_{n=1}^{\infty} a_n = a_1 + a_2 + a_3 + \cdots + a_n + \cdots \qquad (7.1)$$
とおいて，これを**無限級数**(略して，**級数**) とよぶ．ここでは，その収束・発散について考える．

7.1 級数の収束・発散

級数 (7.1) に対して,
$$S_n = a_1 + a_2 + a_3 + \cdots + a_n$$
を**部分和**という．数列 $\{S_n\}$ が収束するとき，すなわち，有限な値 S が存在して，
$$\lim_{n\to\infty} S_n = \lim_{n\to\infty} \left(a_1 + a_2 + a_3 + \cdots + a_n \right) = S$$
となるとき，(7.1) は S に**収束する**という．級数 (7.1) が収束しないとき，(7.1) は**発散する**という．

次の結果を紹介しよう．

定理 7.1 級数 $\sum_{n=1}^{\infty} a_n$ が収束するならば，$\lim_{n\to\infty} a_n = 0$ である．したがって，$\lim_{n\to\infty} a_n = 0$ でなければ，級数 $\sum_{n=1}^{\infty} a_n$ は発散する．

証明．級数の部分和を S_n とすると, $a_n = S_n - S_{n-1}$, $n = 2, 3, \ldots$ となる．

このとき，$n \to \infty$ とすると，$S_n \to S$, $S_{n-1} \to S$ より，
$$\lim_{n \to \infty} a_n = \lim_{n \to \infty} (S_n - S_{n-1}) = S - S = 0$$
が成り立つ． □

○**問 7.1** 次の無限級数は発散することを示せ．

(1) $\dfrac{1}{3} + \dfrac{5}{4} + \dfrac{9}{5} + \dfrac{13}{6} + \cdots$ 　(2) $\dfrac{1}{2} + \dfrac{3}{4} + \dfrac{5}{6} + \dfrac{7}{8} + \cdots$

(3) $1 - 2 + 3 - 4 + 5 - \cdots$ 　(4) $\sin\dfrac{\pi}{2} + \sin\dfrac{2\pi}{2} + \sin\dfrac{3\pi}{2} + \sin\dfrac{4\pi}{2} + \cdots$

★**注意 7.1** 上の定理 7.1 において，条件 『$\lim_{n \to \infty} a_n = 0$』は，級数 (7.1) が収束するための必要条件ではあるが，十分条件ではない．**調和級数**
$$1 + \frac{1}{2} + \frac{1}{3} + \cdots + \frac{1}{n} + \cdots = \infty$$
はその典型例である．実際，$a_n = 1/n$ とおくと，$a_n \to 0 \ (n \to \infty)$．また，各 $k \geqq 2$ に対して，$k - 1 < x \leqq k$ ならば，$\dfrac{1}{k} \leqq \dfrac{1}{x} < \dfrac{1}{k-1}$ より，
$$\frac{1}{k} = \int_{k-1}^{k} \frac{dx}{k} \leqq \int_{k-1}^{k} \frac{dx}{x} < \int_{k-1}^{k} \frac{dx}{k-1} = \frac{1}{k-1}$$
となる．よって，$k = 2, 3, \ldots, n$ に対して，
$$\frac{1}{2} + \frac{1}{3} + \cdots + \frac{1}{n} \leqq \sum_{k=2}^{n} \int_{k-1}^{k} \frac{dx}{x} = \int_{1}^{n} \frac{dx}{x} < 1 + \frac{1}{2} + \cdots + \frac{1}{n-1}$$
が成り立つ．一方，
$$\int_{1}^{n} \frac{dx}{x} = \bigl[\log x\bigr]_{1}^{n} = \log n$$
より，
$$\log n + \frac{1}{n} < 1 + \frac{1}{2} + \frac{1}{3} + \cdots + \frac{1}{n} \leqq \log n + 1$$
となる．したがって，$\log n \to \infty \ (n \to \infty)$ に注意すると，はさみうちの定理より，
$$\sum_{n=1}^{\infty} a_n = \lim_{n \to \infty} \left(1 + \frac{1}{2} + \frac{1}{3} + \cdots + \frac{1}{n}\right) = \infty$$
となる．

◆例題 **7.1** (無限等比級数) $a \neq 0$, $r \in \mathbb{R}$ とする．このとき，無限等比級数 $\sum_{n=1}^{\infty} ar^{n-1}$ は，

(1) $|r| < 1$ のとき収束して，
(2) $|r| \geqq 1$ のとき発散する．

証明．$n \in \mathbb{N}$ に対して，$a_n = ar^{n-1}$ とおく．まず，(2) から示す．$r = 1$ のとき，$a_n = a \neq 0$ より，a_n は 0 に収束しない．$r \leqq -1$ または $r > 1$ のときも，$a_n = ar^n$ は 0 に収束しない．よって，定理 7.1 より，無限等比級数 $\sum_{n=1}^{\infty} ar^{n-1}$ は発散する．

次に，(1) であるが，$|r| < 1$ とおくと，
$$S_n = \sum_{k=1}^{n} ar^{k-1} = \frac{a(1-r^n)}{1-r}$$
である．$|r| < 1$ のときは $r^n \to 0 \ (n \to \infty)$ だから，$S_n \to \dfrac{a}{1-r} \ (n \to \infty)$ となり，$\sum_{n=1}^{\infty} ar^{n-1}$ は収束する． □

○問 **7.2** 次の無限等比級数の収束・発散を調べ，収束すればその和を求めよ．
(1) $\sqrt{5} + 5 + 5\sqrt{5} + \cdots$ (2) $2 + 2\sqrt{2} + 4 + \cdots$
(3) $(3+\sqrt{2}) + (1-2\sqrt{2}) + (5-3\sqrt{2}) + \cdots$ (4) $\sum_{n=1}^{\infty} \dfrac{1}{6^n} \cos \dfrac{n\pi}{2}$

7.2 正 項 級 数*

級数 (7.1) において，各項 a_n が正数であるとき**正項級数**とよぶ．ここでは，正項級数の収束・発散について考える．

定理 **7.2** (比較判定法) $\sum_{n=1}^{\infty} a_n$ および $\sum_{n=1}^{\infty} b_n$ をともに正項級数とし，
$$\exists n_0 \in \mathbb{N}, \ \exists K > 0 : \forall n \geqq n_0, \quad a_n \leqq Kb_n$$
が成り立つとする．すなわち，「ある番号 n_0 と $K > 0$ が存在して，$n \geqq n_0$ を満たす任意の $n \in \mathbb{N}$ に対して，$a_n \leqq Kb_n$ が成り立つ」ものとする．この

とき，$\sum_{n=1}^{\infty} b_n$ が収束すれば，$\sum_{n=1}^{\infty} a_n$ も収束する．逆に，$\sum_{n=1}^{\infty} a_n$ が発散すれば，$\sum_{n=1}^{\infty} b_n$ も発散する．

証明． 無限級数は，有限個の項を付け加えても取り除いても収束・発散は変わらない．よって，はじめからすべての $n \in \mathbb{N}$ について，$a_n \leqq Kb_n$ を満たすとしてもよい．S_n と T_n を，それぞれ $\sum_{n=1}^{\infty} a_n$ と $\sum_{n=1}^{\infty} b_n$ の部分和とする：

$$S_n = a_1 + a_2 + a_3 + \cdots + a_n, \quad T_n = b_1 + b_2 + b_3 + \cdots + b_n.$$

すると，S_n, T_n どちらも単調増加である．また，$S_n \leqq KT_n$ である．よって，$\sum_{n=1}^{\infty} b_n = \lim_{n \to \infty} T_n = T < \infty$ ならば，$S_n \leqq KT$ が任意の $n \in \mathbb{N}$ について成立する．一方，S_n は有界な単調増加列だから S_n は収束する．よって，$\sum_{n=1}^{\infty} a_n$ は収束する．また，$\lim_{n \to \infty} S_n = \infty$ ならば，$T_n \geqq S_n/K \to \infty \ (n \to \infty)$ より，$\sum_{n=1}^{\infty} b_n$ は発散する． □

系 7.1 (コーシーの判定法) 正項級数 $\sum_{n=1}^{\infty} a_n$ について，

$$\lim_{n \to \infty} \sqrt[n]{a_n} = r \tag{7.2}$$

が (∞ となる場合も含めて) 存在するとする．このとき，

(1) $0 \leqq r < 1$ のとき $\sum_{n=1}^{\infty} a_n$ は収束し，

(2) $1 < r \leqq \infty$ のとき $\sum_{n=1}^{\infty} a_n$ は発散する．

証明． 仮定により，

$$\forall \varepsilon > 0, \ \exists N \in \mathbb{N} : \forall n \geqq N, \ \left| \sqrt[n]{a_n} - r \right| < \varepsilon.$$

(1) $0 \leqq r < 1$ のとき，ρ を $r < \rho < 1$ を満たすようにとり，$\varepsilon = \rho - r > 0$ とおくと，

$$\exists N \in \mathbb{N} : \forall n \geqq N, \quad 0 < \sqrt[n]{a_n} < r + \varepsilon = \rho \ \left(\implies a_n < \rho^n \right).$$

すなわち，$n \geqq N$ ならば $a_n < \rho^n$．一方，$0 < \rho < 1$ より，無限等比級数

7.2 正項級数*

$\sum_{n=1}^{\infty} \rho^n$ は収束する．よって，定理 7.2 (比較判定法) により，$\sum_{n=1}^{\infty} a_n$ は収束する．

(2) $1 < r \leqq \infty$ のとき，$1 < \rho < r$ を満たす ρ をとり，$\varepsilon = r - \rho > 0$ とおくと，
$$\exists N \in \mathbb{N} : \forall n \geqq N, \quad \rho = r - \varepsilon < \sqrt[n]{a_n} \quad (\implies \rho^n < a_n).$$
すなわち，$n \geqq N$ ならば $\rho^n < a_n$. 一方，$\rho > 1$ より，無限等比級数 $\sum_{n=1}^{\infty} \rho^n$ は発散する．したがって，定理 7.2 (比較判定法) により，$\sum_{n=1}^{\infty} a_n$ は発散する． □

系 7.2 (ダランベールの判定法) 正項級数 $\sum_{n=1}^{\infty} a_n$ について，
$$\lim_{n \to \infty} \frac{a_{n+1}}{a_n} = r \tag{7.3}$$
が (∞ となる場合も含めて) 存在するとする．このとき，

(1) $0 \leqq r < 1$ のとき $\sum_{n=1}^{\infty} a_n$ は収束する．

(2) $1 < r \leqq \infty$ のとき $\sum_{n=1}^{\infty} a_n$ は発散する．

証明． 条件 (7.3) により，
$$\forall \varepsilon > 0, \exists N \in \mathbb{N} : \forall n \geqq N, \quad \left| \frac{a_{n+1}}{a_n} - r \right| < \varepsilon.$$

(1) コーシーの判定法の証明と同様に，$0 \leqq r < 1$ のときは，$r < \rho < 1$ を満たす ρ をとり，$\varepsilon = \rho - r > 0$ とおくと，
$$\exists N \in \mathbb{N} : \forall n \geqq N, \quad 0 < \frac{a_{n+1}}{a_n} < r + \varepsilon = \rho \quad \left(\implies \frac{a_{n+1}}{a_n} < \rho \right)$$
となる．よって，$n > N$ に対して，
$$a_n = \frac{a_n}{a_{n-1}} \cdot \frac{a_{n-1}}{a_{n-2}} \cdot \frac{a_{n-2}}{a_{n-3}} \cdots \frac{a_{N+2}}{a_{N+1}} \cdot \frac{a_{N+1}}{a_N} \cdot a_N$$
$$< \underbrace{\rho \cdot \rho \cdot \rho \cdots \rho \cdot \rho}_{n-N} \cdot a_N = a_N \cdot \rho^{n-N}$$
が成り立つ．すなわち，$n > N$ に対して，

$$a_n \leqq \left(a_N \rho^{-N}\right) \cdot \rho^n$$

となる．したがって，$0 < \rho < 1$ に注意すると，無限等比級数 $\sum_{n=1}^{\infty} \left(a_N \rho^{-N}\right) \cdot \rho^n$ は収束するから，定理 7.1 (比較判定法) により，正項級数 $\sum_{n=1}^{\infty} a_n$ は収束する．

(2) $r > 1$ のときは，$1 < \rho < r$ を満たす ρ をとり，$\varepsilon = r - \rho > 0$ とおくと，
$$\exists N \in \mathbb{N} : \forall n \geqq N, \ 1 < \rho = r - \varepsilon < \frac{a_{n+1}}{a_n}$$
である．すなわち，$n \geqq N$ に対して，
$$0 \leqq a_n < a_{n+1} < a_{n+2} < \cdots$$
より，$a_n \to 0 \ (n \to \infty)$ とはならない．ゆえに，$\sum_{n=1}^{\infty} a_n$ は発散する． □

★注意 7.2　上の 2 つの系において，$r = 1$ の場合はどちらの場合も一般には判定できない．実際，$a_n = \dfrac{1}{n}$, $b_n = \dfrac{1}{n^2}$ とおくと，これらは
$$\lim_{n \to \infty} \sqrt[n]{a_n} = \lim_{n \to \infty} \sqrt[n]{b_n} = \lim_{n \to \infty} \frac{a_{n+1}}{a_n} = \lim_{n \to \infty} \frac{b_{n+1}}{b_n} = 1$$
が成立するが，$\sum_{n=1}^{\infty} \dfrac{1}{n}$ は発散し，$\sum_{n=1}^{\infty} \dfrac{1}{n^2}$ は収束する．

◆例題 7.2　p を定数，$0 \leqq a < 1$ とすると，正項級数 $\sum_{n=1}^{\infty} n^p a^n$ は収束する．

証明．$a = 0$ のときは明らか．$0 < a < 1$ のとき，$a_n = n^p a^n$ とおくと，
$$\lim_{n \to \infty} \frac{a_{n+1}}{a_n} = \lim_{n \to \infty} \frac{(n+1)^p a^{n+1}}{n^p a^n} = \lim_{n \to \infty} \left(1 + \frac{1}{n}\right)^p a = a$$
が成り立つ．したがって，系 7.2 (ダランベールの判定法) により，$\sum_{n=1}^{\infty} a_n$ は収束する． □

広義積分の収束性を用いた級数の収束・発散の判定法を述べておこう．

7.2 正項級数*

定理 7.3 (積分判定法) $\{a_n\}$ を非負値で単調減少列, $N \in \mathbb{N}$ とする. $f(x)$ を区間 $[N, \infty)$ 上の単調減少な非負値関数とし,

$$\forall n \geqq N, \quad f(n) = a_n \tag{7.4}$$

を満たすとする. このとき, 次が成立する:

$$\sum_{n=1}^{\infty} a_n < \infty \iff \int_N^{\infty} f(x)\,dx < \infty.$$

証明. $f(x)$ は $[N, \infty)$ において単調減少だから, 任意の $n \geqq N$ に対して,

$$a_{n+1} = f(n+1) \leqq f(x) \leqq f(n) = a_n, \quad n \leqq x \leqq n+1$$

であるから, 両辺を $[n, n+1]$ の範囲で x に関して積分すると,

$$a_{n+1} \leqq \int_n^{n+1} f(x)\,dx \leqq a_n$$

が成り立つ. よって, $n = N, N+1, \ldots, k$ を代入し, 辺々の和をとると,

$$\sum_{n=N}^{k} a_{n+1} \leqq \sum_{n=N}^{k} \int_n^{n+1} f(x)\,dx = \int_N^{k+1} f(x)\,dx \leqq \sum_{n=N}^{k} a_n$$

となる. ここで, 上記の等号は積分の性質を用いた. よって, $\sum_{n=1}^{\infty} a_n$ が収束するならば, $k \to \infty$ のとき $\int_N^{k+1} f(x)\,dx$ も収束する, したがって, 広義積分 $\int_N^{\infty} f(x)\,dx$ は収束する.

逆に, 広義積分 $\int_N^{\infty} f(x)\,dx$ が収束するならば, $k \to \infty$ のとき $\sum_{n=N}^{k} a_n$ も収束する. すなわち, $\sum_{n=N}^{\infty} a_n$ は収束する. ここで, 有限個の和 $\sum_{n=1}^{N} a_n$ を付け加えても収束するから, $\sum_{n=1}^{\infty} a_n$ も収束する. □

◆**例題 7.3** $p > 0$ に対して, 正項級数 $\sum_{n=1}^{\infty} \dfrac{1}{n^p}$ の収束・発散を調べる.

解答. 積分判定法を用いて示す. いま, $f(x) = \dfrac{1}{x^p}$, $x \geqq 1$ とおくと, $p \neq 1$ のときは,

$$\int_1^k f(x)\,dx = \int_1^k \frac{dx}{x^p} = \left[\frac{x^{1-p}}{1-p}\right]_1^k = \frac{k^{1-p}}{1-p} - \frac{1}{1-p}.$$

$k \to \infty$ のとき,右辺は $1 < p$ ならば収束し, $p > 1$ ならば発散する.また,

$$\int_1^k \frac{dx}{x} = \Big[\log x\Big]_1^k = \log k \to \infty \quad (k \to \infty)$$

となるから,広義積分 $\int_1^\infty \frac{dx}{x^p}$ は $1 < p$ のときに限って存在する.よって,$\sum_{n=1}^\infty \frac{1}{n^p}$ は $1 < p$ のときに収束し, $0 < p \leqq 1$ では発散する.特に, $p = 1$ のときは,注意 7.1 によってすでに $\sum_{n=1}^\infty \frac{1}{n}$ は発散することは示している. □

7.3 絶対収束と条件収束*

はじめに,ライプニッツによる次の結果を紹介しよう.

定理 7.4 数列 $\{a_n\}$ を単調減少列で, $a_n \to 0\ (n \to \infty)$ を満たすとする.このとき,無限級数

$$a_1 - a_2 + a_3 - a_4 + \cdots + (-1)^{n-1}a_n + \cdots = \sum_{n=1}^\infty (-1)^{n-1}a_n \qquad (7.5)$$

は収束する.

証明. $\sum_{n=1}^\infty (-1)^{n-1}a_n$ の部分和

$$S_n = a_1 - a_2 + a_3 - a_4 + \cdots + (-1)^{n-1}a_n$$
$$= \sum_{k=1}^n (-1)^{k-1}a_k$$

を考える.このとき,仮定より

$$S_{2n+2} - S_{2n} = \big(a_1 - a_2 + a_3 - a_4 + \cdots + a_{2n-1} - a_{2n} + a_{2n+1} - a_{2n+2}\big)$$
$$- \big(a_1 - a_2 + a_3 - a_4 + \cdots + a_{2n-1} - a_{2n}\big)$$
$$= a_{2n+1} - a_{2n+2} \geqq 0$$

だから, $\{S_{2n}\}$ は単調増加列である.また,

7.3 絶対収束と条件収束*

$$S_{2n} = a_1 - a_2 + a_3 - a_4 + \cdots + a_{2n-1} - a_{2n}$$
$$= a_1 - (a_2 - a_3) - (a_4 - a_5) - \cdots - (a_{2n-2} - a_{2n-1}) - a_{2n} \leqq a_1$$

より，$\{S_{2n}\}$ は上に有界である．よって，定理 1.3 (実数の連続性) により $\{S_{2n}\}$ は収束する．そこで，$\lim_{n\to\infty} S_{2n} = S$ とおく．$\lim_{n\to\infty} a_n = 0$ より，

$$\lim_{n\to\infty} S_{2n+1} = \lim_{n\to\infty} (S_{2n} + a_{2n+1}) = S + 0 = S$$

である．したがって，n が偶数・奇数のいずれの場合も $\lim_{n\to\infty} S_n = S$ が成り立つ． □

★**注意 7.3** 正・負の項が交互に現れる級数を**交代級数**という．

◆**例題 7.4** $p > 0$ に対して，級数 $\sum_{n=1}^{\infty} \dfrac{(-1)^{n-1}}{n^p}$ は収束する．

証明． $a_n = \dfrac{1}{n^p}$ とおくと，$p > 0$ より $\lim_{n\to\infty} a_n = 0$ である．よって，上の定理 7.4 により，交代級数 $\sum_{n=1}^{\infty} (-1)^{n-1} a_n = \sum_{n=1}^{\infty} \dfrac{(-1)^{n-1}}{n^p}$ は収束する． □

ところが，各項の絶対値をとった級数 $\sum_{n=1}^{\infty} \dfrac{1}{n^p}$ は，p の値によって収束したり，発散したりする (例題 7.3 をみよ)．

絶対収束と条件収束

無限級数 $\sum_{n=1}^{\infty} a_n$ が収束するとき，$\sum_{n=1}^{\infty} |a_n|$ は収束する場合も，発散する場合もある．そこで，次の定義を行う．

(1) $\sum_{n=1}^{\infty} |a_n|$ が収束するとき，$\sum_{n=1}^{\infty} a_n$ は**絶対収束**するといい，

(2) $\sum_{n=1}^{\infty} |a_n|$ は収束しないが $\sum_{n=1}^{\infty} a_n$ が収束するとき，$\sum_{n=1}^{\infty} a_n$ は**条件収束**するという．

定理 7.5 絶対収束する無限級数は収束する．

$\sum_{n=1}^{\infty} |a_n|$ は正項級数だから,級数 $\sum_{n=1}^{\infty} a_n$ の絶対収束性の判定は,これまでに述べた収束判定法を用いることができる.いくつかまとめておこう.

◇**例 7.1** (絶対収束のための判定条件) (1) ある番号 N があって,$|a_n| \leqq b_n$ $(n \geqq N)$,$\sum_{n=1}^{\infty} b_n < \infty$ を満たすならば,$\sum_{n=1}^{\infty} a_n$ は絶対収束する.

(2) $\lim_{n \to \infty} \sqrt[n]{|a_n|} < 1$,または $\lim_{n \to \infty} \left|\dfrac{a_{n+1}}{a_n}\right| < 1$ ならば,$\sum_{n=1}^{\infty} a_n$ は絶対収束する.

(3) $\sum_{n=1}^{\infty} a_n$ が絶対収束するとき,$\{c_n\}$ が有界な数列であれば,$\sum_{n=1}^{\infty} c_n a_n$ は絶対収束する.

◇**例 7.2** (1) $\sum_{n=1}^{\infty} \dfrac{(-1)^{n-1}}{n^p}$ は $p > 1$ のとき絶対収束し,$0 < p \leqq 1$ のときは条件収束する (例題 7.3 と例題 7.4 をみよ).

(2) $\sum_{n=1}^{\infty} \dfrac{\sin(a_n)}{n^p}$ は,$p > 1$ であれば,どのような数列 $\{a_n\}$ に対しても絶対収束する.

(3) $\sum_{n=1}^{\infty} \dfrac{x^n}{n!}$ はすべての実数 x に対して絶対収束する.

○**問 7.3** 次の級数は絶対収束するか,条件収束するか調べよ.

(1) $\sum_{n=1}^{\infty} \dfrac{(-1)^n}{2n+3}$ (2) $\sum_{n=1}^{\infty} \dfrac{(-1)^n}{\log(n+1)}$ (3) $\sum_{n=1}^{\infty} \dfrac{(-1)^n}{\sqrt{n+\frac{3}{n}}}$ (4) $\sum_{n=1}^{\infty} \dfrac{(-1)^n}{n^2+n}$

7.4 関数項級数*

ここでは,級数の応用について考えていく.

7.4.1 一様収束

区間 I 上の関数の無限個の列 $f_1(x), f_2(x), \ldots$ を I 上の**関数列**といい,これを $\{f_n(x)\}$ または,簡単に $\{f_n\}$ と書く.I の点 x_0 を固定すれば,数列 $\{f_n(x_0)\}$ を得る.これが収束または発散するとき,関数列 $\{f_n(x)\}$ は $\boldsymbol{x = x_0}$

7.4 関数項級数*

で**収束する**または**発散する**という．

I 上のすべての点で $\{f_n(x)\}$ が収束するとき，各点での極限値 $\lim_{n\to\infty} f_n(x)$ は x ごとに定まる．したがって，$\lim_{n\to\infty} f_n(x)$ は x の関数となる．これを $f(x)$ と書くことにする．このとき，関数列 $\{f_n(x)\}$ は，$\boldsymbol{f(x)}$ に区間 $\boldsymbol{I}$ において**各点収束する**といい，$f(x)$ を**極限関数**とよぶ．

◇**例 7.3** $f_n(x) = (1-x)^n$, $x \in I = [0,1]$ とおくと，関数列 $\{f_n(x)\}$ は I において各点収束し，極限関数は
$$f(x) = \begin{cases} 1 & (x = 0), \\ 0 & (0 < x \leqq 1) \end{cases}$$
である．

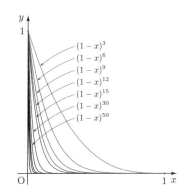

いい換えると，
$$\forall x \in I, \quad \lim_{n\to\infty} f_n(x) = f(x)$$
であるが，これを ε-δ 論法で表現すると，
$$\forall \varepsilon > 0, \exists N \in \mathbb{N} : \forall n \geqq N, \ |f_n(x) - f(x)| < \varepsilon.$$
このとき，$\varepsilon > 0$ に対して定まる N は，x が変われば当然変わってくるので，N も (ε を任意にとって固定しておけば) x に依存する．

上の例 7.3 で考えると，$0 < x < 1$ に対しては，$\varepsilon > 0$ を与えたとき，
$$(1-x)^n = |f_n(x) - f(x)| < \varepsilon \tag{7.6}$$
を n について解くと，$n > \dfrac{\log 1/\varepsilon}{\log 1/(1-x)}$ だから，(7.6) を成立させる n は，$\varepsilon > 0$ を固定していても，x が 0 に近いほど大きくとらなければならない．

一方，関数列
$$g_n(x) = \frac{n(x^2+1)}{1+n(x^2+1)}, \quad x \in I = [0,1], \quad n \in \mathbb{N}$$
とおくと，$g(x) = 1$, $x \in [0,1]$ に各点収束する．また，$0 \leqq x \leqq 1$ に対して，
$$0 \leqq 1 - \frac{n(x^2+1)}{1+n(x^2+1)} = \frac{1}{(1+nx^2)+n} \leqq \frac{1}{n}$$

より，
$$\left|g_n(x) - g(x)\right| = \frac{1}{(1+nx^2)+n} \leq \frac{1}{n}$$
が成り立つ．したがって，$\varepsilon > 0$ に対して $\left|g_n(x) - g(x)\right| < \varepsilon$ となるためには，n は，例えば $n > \dfrac{1}{\varepsilon}$ を満たす程度にとればよい．そこで，$\dfrac{1}{\varepsilon}$ を超える自然数 N を一つとると，$n \geq N$ を満たすすべての n と，すべての $x \in [0,1]$ に対して，$\left|g_n(x) - g(x)\right| < \varepsilon$ が成り立つ．いい換えると，
$$\forall \varepsilon > 0, \ \exists N \in \mathbb{N} : \forall n \geq N, \ \forall x \in I, \quad \left|g_n(x) - g(x)\right| < \varepsilon \quad (7.7)$$
が成り立つことがわかる．この N は ε に依存しているが x には依存しないことに注意する．この例のように (7.7) が成り立つとき，関数列 $\{g_n(x)\}$ は I 上で関数 $g(x)$ に**一様収束する**という．

◆**例題 7.5** $f_n(x) = \dfrac{x}{n}$, $x \in I = [0,1]$ とおくと，関数列 $\{f_n(x)\}$ は $f(x) = 0$ に $[0,1]$ 上で一様収束する．

証明． 任意の $\varepsilon > 0$ に対して，$N \in \mathbb{N}$ を $N > \dfrac{1}{\varepsilon}$ を満たすようにとると，すべての $n \geq N$ と $x \in [0,1]$ に対して，
$$\left|f_n(x) - f(x)\right| = \frac{x}{n} \leq \frac{1}{n} < \varepsilon$$
が成り立つ．よって，$\{f_n(x)\}$ は 0 に $[0,1]$ 上で一様収束する． □

定理 7.6 関数列 $\{f_n(x)\}$ を，区間 I 上で関数 $f(x)$ に一様収束するものとする．このとき，各 n について関数 $f_n(x)$ が I 上で連続であれば，極限関数 $f(x)$ も I 上で連続関数となる．

証明． $\{f_n(x)\}$ が $f(x)$ に I 上で一様収束しているから，
$$\forall \varepsilon > 0, \ \exists N \in \mathbb{N} : \forall n \geq N, \ \forall x \in I, \quad \left|f_n(x) - f(x)\right| < \frac{\varepsilon}{3}$$
となる[1]．

一方，$f_N(x)$ は連続だから，上の $\varepsilon > 0$ と任意の $a \in I$ に対して，

---
[1] $\varepsilon > 0$ は任意だったから (7.7) において，はじめから $\varepsilon/3$ を ε と思ってとった．

7.4 関数項級数*

$$\exists \delta > 0 : \forall x \in I \ (|x-a| < \delta), \quad |f_N(x) - f_N(a)| < \frac{\varepsilon}{3}$$

となる．よって，$|x-a| < \delta$ を満たす $x \in I$ に対して，

$$|f(x) - f(a)| \leqq |f(x) - f_N(x)| + |f_N(x) - f_N(a)| + |f_N(a) - f(a)|$$
$$< \frac{\varepsilon}{3} + \frac{\varepsilon}{3} + \frac{\varepsilon}{3} = \varepsilon$$

が成り立つ．これは $f(x)$ が $a \in I$ で連続であることを示している．$a \in I$ は任意だったから，$f(x)$ は I 上で連続となる． □

次の系は，上の定理の対偶命題である．

系 7.3 連続関数列 $\{f_n(x)\}$ が I 上の関数 $f(x)$ に各点収束するとする．このとき，極限関数 $f(x)$ が連続でなければ，各点収束は一様収束ではない．

○**問 7.4** 次の関数列はそれぞれの区間で各点収束か，一様収束か調べよ．
(1) $\left\{\dfrac{x^n}{n}\right\}$ $\ (0 \leqq x \leqq 1)$ (2) $\left\{\dfrac{1}{n}e^{-nx^2}\right\}$ $\ (0 \leqq x < \infty)$

7.4.2 関数項級数

区間 I 上の関数列 $\{f_n(x)\}$ からつくられた無限級数

$$f_1(x) + f_2(x) + f_3(x) + \cdots + f_n(x) + \cdots = \sum_{n=1}^{\infty} f_n(x) \qquad (7.8)$$

を**関数項級数**とよぶ．これに対する部分和 $\{S_n(x)\}$

$$S_n(x) = f_1(x) + f_2(x) + \cdots + f_n(x)$$

は関数列となる．(7.8) の収束・発散は，関数列 $\{S_n(x)\}$ の収束・発散を用いて定義される．関数列に関する諸結果は，関数項級数に対しても適用可能である．ここでは，**ワイエルシュトラスの M-判定法**とよばれる次の結果だけを述べておく．

定理 7.7 (ワイエルシュトラスの M-判定法) 区間 I 上の関数項級数 $\sum_{n=1}^{\infty} f_n(x)$ に対して，非負値の数列 $\{M_n\}$ が存在して，

$$|f_n(x)| \leqq M_n, \quad \forall n \in \mathbb{N}, \ x \in I$$

が成り立つとする．このとき，

$$\sum_{n=1}^{\infty} M_n < \infty \implies \sum_{n=1}^{\infty} f_n(x) \text{ は } I \text{ 上で一様収束する}.$$

◆例題 7.6 　関数項級数 $\sum_{n=1}^{\infty} \dfrac{\sin nx}{n^2}$ は $\mathbb{R}$ 上で一様収束し，その和は連続である．

解答． 実際，$\left|\dfrac{\sin nx}{n^2}\right| \leqq \dfrac{1}{n^2}$ かつ $\sum_{n=1}^{\infty} \dfrac{1}{n^2} < \infty$ だから，ワイエルシュトラスのM-判定法により，$\sum_{n=1}^{\infty} \dfrac{\sin nx}{n^2}$ は一様収束する．また，各 n に対して，$\dfrac{\sin nx}{n^2}$ は x の関数として連続だから和は連続となる． □

7.4.3 べき級数

$\{a_n\}$ を実数列とするとき，x を変数として

$$\sum_{n=0}^{\infty} a_n x^n = a_0 + a_1 x + a_2 x^2 + \cdots + a_n x^n + \cdots \tag{7.9}$$

の形の関数項級数を **$\{a_n\}$ を係数とする整級数**，あるいは**べき級数**とよぶ．べき級数は，例えば $x=1$ とおくと，

$$a_0 + a_1 + a_2 + \cdots + a_n + \cdots$$

となり，これまでに考えた無限級数そのものであり，$x=-1$ とおけば

$$a_0 - a_1 + a_2 - a_3 + \cdots + (-1)^n a_n + \cdots$$

となる．したがって，これらは収束するものもあり，発散するものもある．

ここでは，x がどのような値のときに，べき級数 (7.9) が収束するかについて考える．

補題 7.1 　$\{a_n\}$ を非負値の数列とし，$r>0$ を $\sum_{n=0}^{\infty} a_n r^n$ が収束するような定数とする．このとき，べき級数 (7.9) は，任意の $x \in [0,r]$ に対して収束する．

証明． 定理 7.2 (比較判定法) を用いることで証明できる． □

補題 7.2 　$\{a_n\}$ を実数列とし，$r>0$ を $\sum_{n=0}^{\infty} |a_n| r^n$ が収束するような定数とすると，

7.4 関数項級数*

$$\sum_{n=0}^{\infty} a_n x^n$$

は閉区間 $[-r, r]$ の各点 x で絶対収束する．さらに，$[-r, r]$ 上で一様収束する．

証明． 任意の $x \in [-r, r]$ に対して，$|a_n x^n| \leqq |a_n| r^n$ より，(7.9) は絶対収束する．また，$M_n = |a_n| r^n \geqq 0$ とおくと，$\sum_{n=1}^{\infty} M_n < \infty$ となる．したがって，ワイエルシュトラスの M-判定法により (7.9) は $[-r, r]$ 上で一様収束する． □

補題 7.3 べき級数 $\sum_{n=0}^{\infty} a_n x^n$ が，ある $x = r \ (> 0)$ で発散するならば，$|x| > r$ を満たす任意の x について発散する．

証明． もし $|x_0| > r$ を満たすある点 x_0 でべき級数 (7.9) が収束すれば，補題 7.2 により，$|x| \leqq |x_0|$ を満たすすべての x でべき級数 (7.9) は収束する．よって，$r < |x_0|$ だから $x = r$ でも収束する．これは矛盾である． □

まとめると，次の定理が成り立つ．

定理 7.8 べき級数 $\sum_{n=0}^{\infty} a_n x^n$ に対しては，次の 3 つの可能性がある：

(1) $\sum_{n=0}^{\infty} a_n x^n$ はすべての x に対して収束する．

(2) $x \neq 0$ を満たすすべての x に対して，$\sum_{n=0}^{\infty} a_n x^n$ は発散する．

(3) ある $R > 0$ があって，$\sum_{n=0}^{\infty} a_n x^n$ は $|x| < R$ を満たすすべての x で絶対収束し，$|x| > R$ を満たすすべての x で発散する．

★**注意 7.4** 定理の (3) に現れる正の数 R のことを，べき級数 (7.9) の**収束半径**とよび，開区間 $(-R, R)$ を**収束域**という．左端点 $-R$ や右端点 R では，べき級数 (7.9) は収束したり，発散したりする場合がある．また，(1) のときは，収束半径 R は ∞ と約束し，(2) のときは，収束半径 R は 0 と約束する．

定理 7.9 (**べき級数の収束半径**) べき級数 $\sum_{n=0}^{\infty} a_n x^n$ の収束半径を R とおく．このとき，

$$\lim_{n \to \infty} \left| \frac{a_{n+1}}{a_n} \right| = \rho, \quad \text{または} \quad \lim_{n \to \infty} \sqrt[n]{|a_n|} = \rho$$

ならば $R = 1/\rho$ である．ただし，$\rho = 0$ ならば $R = \infty$ であり，$\rho = \infty$ ならば $R = 0$ とする．

証明． べき級数 $\sum_{n=0}^{\infty} a_n x^n$ に対して，条件から

$$\lim_{n \to \infty} \left| \frac{a_{n+1} x^{n+1}}{a_n x^n} \right| = |x| \cdot \lim_{n \to \infty} \left| \frac{a_{n+1}}{a_n} \right| = |x| \rho,$$

または，

$$\lim_{n \to \infty} \sqrt[n]{|a_n x^n|} = |x| \lim_{n \to \infty} \sqrt[n]{|a_n|} = |x| \rho$$

となる．よって，ダランベールの判定法またはコーシーの判定法により，$|x|\rho < 1$ のとき，すなわち，$|x| < 1/\rho$ のとき $\sum_{n=0}^{\infty} a_n x^n$ は絶対収束する，また，$|x|\rho > 1$ のとき，すなわち，$|x| > 1/\rho$ のとき発散する．ゆえに，収束半径は $R = 1/\rho$ である． □

◆**例題 7.7** べき級数 $\sum_{n=0}^{\infty} \dfrac{x^n}{n!}$ の収束半径を求める．ただし，$0! = 1$ である．

解答． $a_n = \dfrac{1}{n!}$ とおくと，

$$\lim_{n \to \infty} \frac{a_{n+1}}{a_n} = \lim_{n \to \infty} \frac{1}{n+1} = 0$$

である．よって，収束半径を R とおくと，$R = \infty$ である．すなわち，すべての x に対して $\sum_{n=0}^{\infty} \dfrac{x^n}{n!}$ は収束する．じつは，

$$e^x = \sum_{n=0}^{\infty} \frac{x^n}{n!}, \quad x \in \mathbb{R} \tag{7.10}$$

である．実際，例題 4.18 から，すべての $n \in \mathbb{N}$ および $x \in \mathbb{R}$ に対して，

$$e^x = 1 + x + \frac{x^2}{2} + \cdots + \frac{x^{n-1}}{(n-1)!} + \frac{x^n}{n!} e^{\theta x}$$

$$= \sum_{k=0}^{n-1} \frac{x^k}{k!} + \frac{x^n}{n!} e^{\theta x}. \tag{7.11}$$

ただし，$\theta = \theta(n, x) \in (0, 1)$ である．いま，$|x|$ を超えない最大の整数を ℓ とする ($\ell = [|x|]$)．このとき，$n > 2(\ell + 1)$ を満たす任意の $n \in \mathbb{N}$ に対して，

7.4 関数項級数*

$$\left|\frac{x^n}{n!}e^{\theta x}\right| \leqq \frac{|x|^n}{n!}e^{|x|} = \overbrace{\frac{|x|}{1}\cdot\frac{|x|}{2}\cdots\frac{|x|}{2\ell+1}}^{2\ell+1}\cdot\overbrace{\frac{|x|}{2\ell+2}\cdots\frac{|x|}{n}}^{n-2\ell-1}\cdot e^{|x|}$$

$$< \overbrace{\frac{|x|}{1}\cdot\frac{|x|}{2}\cdots\frac{|x|}{2\ell+1}}^{2\ell+1}\cdot e^{|x|}\cdot\left(\frac{1}{2}\right)^{n-2\ell-1}$$

$$= M\cdot\left(\frac{1}{2}\right)^{n-1} \longrightarrow 0 \quad (n\to\infty)$$

となり,剰余項は 0 に収束する.ここで,

$$M = \overbrace{\frac{|x|}{1}\cdot\frac{|x|}{2}\cdots\frac{|x|}{2\ell+1}}^{2\ell+1}\cdot e^{|x|}\cdot\left(\frac{1}{2}\right)^{-2\ell}$$

である.また,

$$\lim_{n\to\infty}\sum_{k=0}^{n-1}\frac{x^k}{k!} = \sum_{k=0}^{\infty}\frac{x^k}{k!}$$

だから,(7.11) において,$n\to\infty$ とすると (7.10) が得られる. □

章末問題

問題 7.1 次の級数の和を求めよ.

(1) $\sum_{n=1}^{\infty}\frac{7}{(-3)^n}$ (2) $\sum_{n=1}^{\infty}0.7^{n-1}$ (3) $\sum_{n=1}^{\infty}\frac{1}{n(n+1)}$

問題 7.2 次の級数の収束・発散を調べよ.また,収束するならば,その和を求めよ.

(1) $\sum_{n=1}^{\infty}5\left(\frac{3}{4}\right)^{n-1}$ (2) $\sum_{n=1}^{\infty}\frac{(-5)^{n-1}}{4^n}$ (3) $\sum_{n=1}^{\infty}\frac{e^{n+1}}{3^n}$
(4) $\sum_{n=1}^{\infty}\frac{\pi^{n+1}}{3^n}$ (5) $\sum_{n=1}^{\infty}\frac{n}{n+3}$ (6) $\sum_{n=2}^{\infty}\frac{3}{n^2-1}$
(7) $\sum_{n=2}^{\infty}\frac{2n^2}{n^2-1}$ (8) $\sum_{n=1}^{\infty}\frac{1}{n^2+4n+3}$ (9) $\sum_{n=1}^{\infty}\sqrt[n]{3}$
(10) $\sum_{n=1}^{\infty}\log\frac{n}{n+1}$ (11) $\sum_{n=2}^{\infty}\log\frac{(n-1)(n+1)}{n^2}$ (12) $\sum_{n=1}^{\infty}(\sin 1)^{n-1}$

問題 7.3 次の正項級数の収束・発散を調べよ.

(1) $\sum_{n=1}^{\infty}\frac{n}{n^2+2}$ (2) $\sum_{n=1}^{\infty}\sin\left(\frac{1}{n+1}\right)$ (3) $\sum_{n=1}^{\infty}\frac{1}{n\sqrt[n]{n}}$

(4) $\displaystyle\sum_{n=2}^{\infty} \frac{1}{(\log n)^\alpha}$ $(\alpha > 0)$ (5) $\displaystyle\sum_{n=1}^{\infty} \frac{n+1}{n^2+2n+2}$ (6) $\displaystyle\sum_{n=1}^{\infty} \frac{n!}{n^n}$

問題 7.4 $0 < \theta < \dfrac{\pi}{2}$ とする．無限級数 $\displaystyle\sum_{n=1}^{\infty} \frac{\cos^n \theta}{\sin^n \theta}$ が収束するときの θ の範囲を求めよ．また，そのときの級数の和を $\tan \theta$ を用いて表せ．

問題 7.5 次のべき級数の収束半径を求めよ．

(1) $\displaystyle\sum_{n=1}^{\infty} \frac{x^n}{4^n}$ (2) $\displaystyle\sum_{n=1}^{\infty} \frac{x^n}{n+1}$ (3) $\displaystyle\sum_{n=1}^{\infty} 3^{n-1} x^n$

(4) $\displaystyle\sum_{n=1}^{\infty} \frac{n^2 x^n}{3^{n-1}}$ (5) $\displaystyle\sum_{n=1}^{\infty} \frac{(-2)^n x^n}{n^3}$ (6) $\displaystyle\sum_{n=1}^{\infty} \sqrt{n}\, x^n$

(7) $\displaystyle\sum_{n=1}^{\infty} n^3 x^n$ (8) $\displaystyle\sum_{n=1}^{\infty} \frac{x^n}{4^n n^4}$ (9) $\displaystyle\sum_{n=2}^{\infty} \frac{x^n}{(\log n)^n}$

問題 7.6 べき級数 $\displaystyle\sum_{n=1}^{\infty} a_n x^n$ の収束半径は 2 であり，べき級数 $\displaystyle\sum_{n=1}^{\infty} b_n x^n$ の収束半径は 4 である．このとき，べき級数 $\displaystyle\sum_{n=1}^{\infty} (a_n + b_n) x^n$ の収束半径を求めよ．

問題 7.7 次の関数項級数は，それぞれの区間において一様収束し，かつその区間の任意の点 x に対して，絶対収束することを示せ．

(1) $\displaystyle\sum_{n=1}^{\infty} \frac{n}{n^3 + x^2}$, $x \in [0, \infty)$ (2) $\displaystyle\sum_{n=1}^{\infty} \frac{\sin(n^2 x)}{n^{5/4}}$, $x \in \mathbb{R}$

(3) $\displaystyle\sum_{n=1}^{\infty} x^5 e^{-n^2 x}$, $x \in [0, \infty)$

問題 7.8 関数項級数
$$\sum_{n=1}^{\infty} \frac{nx^2}{n^3 + x}$$
は，区間 $[0, k]$ $(k > 0)$ 上で一様収束することを示せ．

問題 7.9 関数 $f(x)$ は，べき級数
$$f(x) = 1 + 2x + x^2 + 2x^3 + x^4 + 2x^5 + x^6 + \cdots$$
として定義されているとする．すなわち，各 $n \geqq 1$ に対して，$c_{2n} = 2$, $c_{2n-1} = 1$ であるような数列 $\{c_n\}$ を用いて，$f(x) = \displaystyle\sum_{n=1}^{\infty} c_n x^n$ と表されている．このとき，$f(x)$ を (和を用いず) 具体的に表示せよ．また，このべき級数の収束半径も求めよ．

8章

微分方程式

この章では，主に，1階の微分方程式を解くことを考える．

8.1 微分方程式

第4章において，区間 I 上の関数 $f(x)$ が与えられたとき，

$$y'(x) = f(x), \quad x \in I \tag{8.1}$$

を満たす $y = y(x)$ を求める不定積分について学んだ．ここでは，より一般に y や y の微分 y'', y''' を含んだ式から，y を求めることを考える．

関数 $y = y(x)$ に対して，その導関数 $y', y'', \ldots, y^{(n)}$ のあいだの関係式

$$F(x, y, y', y'', \ldots, y^{(n)}) = 0 \tag{8.2}$$

で与えられる方程式を**微分方程式**という．また，方程式から $y = y(x)$ を具体的に求めることを**微分方程式を解く**という．具体的に求めた $y = y(x)$ を (8.2) の**解**とよぶ．(8.2) に含まれる導関数のうち，最高次の導関数が $y^{(n)}$ であるとき，この微分方程式は **n 階の微分方程式**とよぶ．例えば，(8.1) は $F(s,t) = t - f(s)$ とおくことで，

$$y'(x) - f(x) = F(x, y') = 0$$

と書けることから，1階の微分方程式である．

◇**例 8.1** (微分方程式の階数)
 (1) $y'' = y + x$ は <u>2 階</u>の微分方程式である．
 (2) $y \cdot y''' - (y'')^2 = 3\sin x$ は <u>3 階</u>の微分方程式である．
 (3) $2y' + y = \cos x$ は <u>1 階</u>の微分方程式である．

◆例題 8.1　$y''(x) = 2$ を解く.

解答. まず, 両辺を (1 回) 積分すると,

$$y'(x) = 2x + C_1. \tag{8.3}$$

ただし, C_1 は積分定数である. さらに, (8.3) を積分すると,

$$y(x) = x^2 + C_1 x + C_2. \tag{8.4}$$

ただし, C_2 も積分定数である.

　逆に, (8.4) の $y = y(x)$ を 2 回微分すれば, $y''(x) = 2$ となる. よって, $y(x) = x^2 + C_1 x + C_2$ は微分方程式 $y''(x) = 2$ の解である. このように, 微分の階数の個数だけ積分定数が現れることがわかる. □

◆例題 8.2　$y''(x) = x^3 + \cos x$ を解く.

解答. 1 回積分を行うと,

$$y'(x) = \frac{1}{4}x^4 + \sin x + C_1.$$

もう 1 回積分すると,

$$y(x) = \frac{1}{20}x^5 - \cos x + C_1 x + C_2.$$

ただし, C_1, C_2 はともに積分定数である. □

○問 8.1　次の微分方程式を解け.
　(1)　$y'(x) = x^2 + \dfrac{x}{x^2+1} + 1$　　　(2)　$y''(x) = e^{2x} - 3x$

8.2　変数分離形

関数 $f(x), g(x)$ に対して, 微分方程式が

$$y' = f(x)g(y) \tag{8.5}$$

という形で表されるとき, **変数分離形**という. $g(y) \neq 0$ の範囲では,

$$\frac{y'}{g(y)} = f(x)$$

となる. $dy = y' dx$ なので, 両辺を積分すると,

$$\int \frac{1}{g(y)}\,dy = \int f(x)\,dx$$

だから，これを解くことで解が得られる．

◆**例題 8.3** $y' = x^2 y$ を解く．

解答． 与えられた微分方程式は変数分離形である．よって，$y \neq 0$ のとき，

$$\frac{y'}{y} = x^2.$$

両辺を x で積分すると，$\log|y| = \dfrac{x^3}{3} + C$ である (C は積分定数)．これより，$|y| = e^{x^3/3 + C}$，すなわち，$y = \pm e^C \cdot e^{x^3/3}$ となる．ここで，あらためて $\widetilde{C} = \pm e^C$ とおけば，

$$y = \widetilde{C} e^{x^3/3}$$

が解となる． □

〇**問 8.2** $y' = 2yx(1 + y^2)$ を解け．

8.3 同次形

微分方程式が

$$y' = F\left(\frac{y}{x}\right) \tag{8.6}$$

の形で与えられるとき，これを**同次形**という．

$u = \dfrac{y}{x}$ と変数変換すると，$y = ux$ となる．これを両辺を x について微分すると，積の微分公式により，

$$y' = u'x + u$$

となる．よって，(8.6) は，

$$u'x + u = F(u), \qquad u' = \frac{F(u) - u}{x}$$

と変形され，u と x の変数分離形の微分方程式となり，前節の方程式に帰着される．これを解いて u を y にもどせば解が得られる．

◆例題 8.4 $y' = \dfrac{y^2}{x^2} + \dfrac{3y}{x}$ を解く.

解答. $y = ux$ とおけば, $y' = u'x + u$ だから,

$$u'x + u = u^2 + 3u, \quad u' = \dfrac{u^2 + 2u}{x}$$

となり, u と x の変数分離形となる. よって,

$$\dfrac{u'}{u^2 + 2u} = \dfrac{1}{x}.$$

左辺を部分分数に分解することにより,

$$\dfrac{1}{2}\left(\dfrac{u'}{u} - \dfrac{u'}{u+2}\right) = \dfrac{1}{x}$$

となる. これを解くと,

$$\log\left|\dfrac{u}{u+2}\right| = \log x^2 + C \quad (C \text{ は積分定数})$$

となる. すなわち, $\dfrac{u}{u+2} = \pm e^C x^2$. ここで $\pm e^C$ をあらためて $\widetilde{C}$ とおき, u を y/x に置き換えて計算すると,

$$y = \dfrac{2\widetilde{C}x^3}{1 - \widetilde{C}x^2}$$

が得られる. □

○問 8.3 $y'y - 2x = y$ を解け.

8.4 線形微分方程式

関数 $f(x), g(x)$ に対して, 微分方程式が

$$y' + f(x)y = g(x) \tag{8.7}$$

の形で与えられるとき, **線形微分方程式**という. 特に $g(x) = 0$ の場合, すなわち,

$$y' + f(x)y = 0 \tag{8.8}$$

を**同次線形微分方程式**とよぶ. まずは, 同次形 (8.8) を考えると,

8.4 線形微分方程式

$$y' = -f(x)y$$

となるから,変数分離形である.したがって,

$$\frac{y'}{y} = -f(x)$$

より,両辺を x で積分すると,

$$\log |y| = -\int f(x)\,dx + C \quad (C \text{ は積分定数}),$$

すなわち,

$$y = \pm e^c \cdot e^{-\int f dx}$$

となる.ここで,$\pm e^C$ を $\widetilde{C}$ と置き換えると,

$$y = \widetilde{C} e^{-\int f dx}$$

が解となる.

次に,(8.7) を考えよう:

$$y' + f(x)y = g(x).$$

左辺は微分を含んだ関数の和で書き表されている.一方,積の微分公式を思い出すと,

$$(uv)' = u'v + uv'.$$

さらに,関数 $w = w(x)$ に対して,合成関数 e^w の微分は

$$(e^w)' = e^w \cdot w'$$

である.そこで,$w = \int f(x)\,dx$ とおき,(8.7) の両辺に e^w をかけると,

$$y'e^w + y(e^w \cdot f) = e^w g.$$

$w' = f$ に注意すると,左辺は

$$y'e^w + y(e^w \cdot f) = (y \cdot e^w)'.$$

ゆえに,(8.7) は,

$$(y \cdot e^w)' = e^w g$$

となることから,

$$ye^w = \int e^w g\,dx + C \quad (C \text{ は積分定数})$$

が成り立つ．よって，
$$y = \left(\int e^w g\, dx + C\right)e^{-w} = \left(\int e^{\int f dx} g\, dx + C\right)e^{-\int f dx}$$
が解となる．

この解を別の見方で求めることを考える．

定数変化法

同次線形微分方程式 (8.8) で現れた解
$$y = Ce^{-\int f dx}$$
の定数 C について，これがあたかも x の関数 $u = u(x)$ であると見立てて，
$$y = ue^{-\int f dx} \qquad (8.9)$$
が (8.7) の解となるとして，そのときに $u = u(x)$ の満たす微分方程式を求める問題に変換することを考える．そこで，(8.9) を x で微分すると，
$$y' = u'e^{-\int f dx} + ue^{-\int f dx}(-f) = \left(u' - uf\right)e^{-\int f dx}$$
である．これと (8.9) の y を (8.7) に代入すると，
$$\left(u' - uf\right)e^{-\int f dx} + f \cdot ue^{-\int f dx} = g,$$
すなわち，
$$u' = e^{\int f dx} g$$
となる．よって，
$$u = \int e^{\int f dx} g\, dx + C \quad (C \text{ は積分定数}).$$
これを (8.9) にもどすと，
$$y = ue^{-\int f dx} = \left(\int e^{\int f dx} g\, dx + C\right)e^{-\int f dx}$$
となり，先ほどの解と一致する．

このように，同次形の方程式を解いて得られた解に現れる積分定数を x の関数とみて解く解き方を，**定数変化法**とよぶ．

8.4 線形微分方程式

◆**例題 8.5** $x > 0$ の範囲で，$x^2 y' + 2xy = 3$ を解く．

解答． $x > 0$ より，与えられた微分方程式の両辺を x^2 で割ると，
$$y' + \frac{2y}{x} = \frac{3}{x^2}. \tag{8.10}$$
これは線形微分方程式である．まず，同次形の微分方程式
$$y' + \frac{2y}{x} = 0$$
を解こう．これは，変数分離形
$$\frac{y'}{y} = -\frac{2}{x}$$
なので，次のように解ける：
$$\log |y| = -2\log|x| + C = \log x^{-2} + C \quad (C \text{ は積分定数}).$$
よって，($\pm e^C$ を $\widetilde{C}$ とおいて書き表すことにすると，)
$$y = \pm e^C \cdot x^{-2} = \widetilde{C} x^{-2}.$$

次に，本来の微分方程式 (8.10) を解こう．そのために，$\widetilde{C}$ を x の関数 $u = u(x)$ と置き換え，定数変化法を用いる．
$$y(x) = \frac{u(x)}{x^2}$$
とおき，x で微分すると，
$$y' = \frac{u'x^2 - 2ux}{x^4} = \frac{u'x - 2u}{x^3}.$$
これらを (8.10) に代入すると，
$$\frac{u'x - 2u}{x^3} + \frac{2}{x} \cdot \frac{u}{x^2} = \frac{3}{x^2}$$
となる．まとめると，$u' = 3$ である．これを解くと，$u = 3x + C$．ゆえに，
$$y(x) = \frac{3x + C}{x^2} = \frac{3}{x} + \frac{C}{x^2}$$
が解となる． □

○**問 8.4** $x > 0$ の範囲で，$xy' + y = 2x^2$ の解を求めよ．

8.5 完全微分方程式

微分方程式 $y' = F(x, y)$ に対して,$y' = \dfrac{dy}{dx}$ を用いて,
$$\frac{dy}{dx} = F(x, y)$$
を形式的に
$$dy = F(x, y)\, dx$$
とおいて,y と x をともに独立変数とみなし,
$$dy - F(x, y)\, dx = 0$$
の形で書くことがある.

◆例題 **8.6** $\cos y\, dy = dx$ を解く.

解答. $\dfrac{dx}{dy} = \cos y$ だから,$x = \displaystyle\int \cos y\, dy = \sin y + C$($C$ は積分定数)となる. □

◆例題 **8.7** $x\, dy + y\, dx = 0$ を解く.

解答. 微分方程式は $\dfrac{dy}{y} + \dfrac{dx}{x} = 0$ となり,変数分離形である.よって,
$$\int \frac{dy}{y} + \int \frac{dx}{x} = C \quad (C \text{ は積分定数})$$
だから,
$$\log |y| + \log |x| = C.$$
ここで,$C = \log \widetilde{C}$ とおくと,$xy = \widetilde{C}$ となる. □

○問 **8.5** $\dfrac{dy}{dx} + \dfrac{2}{x^2} = 0$ を解け.

次に,2 変数関数 $F(x, y), G(x, y)$ があって,微分方程式が
$$\frac{dy}{dx} = -\frac{F(x, y)}{G(x, y)},$$
すなわち,

8.5 完全微分方程式

$$F(x,y)\,dx + G(x,y)\,dy = 0 \tag{8.11}$$

の形をしているとする．このとき，さらに 2 変数関数 $U(x,y)$ があって，

$$\frac{\partial U(x,y)}{\partial x} = F(x,y), \quad \frac{\partial U(x,y)}{\partial y} = G(x,y) \tag{8.12}$$

と書けるとき，微分方程式 (8.11) は**完全微分方程式**とよばれる．

全微分 (5.7) を思い出すと，

$$dU = F(x,y)\,dx + G(x,y)\,dy = 0,$$

$$\frac{\partial U(x,y)}{\partial x} = F(x,y), \quad \frac{\partial U(x,y)}{\partial y} = G(x,y)$$

となる．このような関数 $U(x,y)$ は，

$$U(x,y) = C \quad (C \text{ は積分定数}) \tag{8.13}$$

で書けることを意味する．実際，y を x の関数と考えて，(8.13) の両辺を x で微分すると，

$$\frac{\partial U(x,y)}{\partial x} + \frac{U(x,y)}{\partial y} \cdot \frac{dy}{dx} = 0$$

となるが，(8.12) によって，

$$F(x,y)\,dx + G(x,y)\,dy = 0,$$

すなわち，(8.11) を得る．

一方で，(8.11) がどのような条件のもとで完全微分方程式になるであろうか．いま，$U(x,y)$ が 2 階まで微分可能で，2 階の偏導関数が連続ならば，定理 5.2 より，

$$\frac{\partial^2 U(x,y)}{\partial x \partial y} = \frac{\partial^2 U(x,y)}{\partial y \partial x}$$

であるから，(8.12) に注意すると，

$$\frac{\partial^2 U(x,y)}{\partial y \partial x} = \frac{\partial F(x,y)}{\partial y} = \frac{\partial G(x,y)}{\partial x} = \frac{\partial^2 U(x,y)}{\partial x \partial y}$$

が成り立つ．よって，(8.11) が完全微分方程式であるためには

$$\frac{\partial F(x,y)}{\partial y} = \frac{\partial G(x,y)}{\partial x} \tag{8.14}$$

を満たすときに限ることがわかる．このとき (8.11) の解は，ある点 (x_0, y_0) に

対して，積分
$$U(x,y) = \int_{x_0}^{x} F(s, y_0)\, ds + \int_{y_0}^{y} G(x, t)\, dt$$
を考えると，$U(x,y)$ は (8.12) を満たす．実際，
$$\frac{\partial U}{\partial y} = G(x, y)$$
であり，また (8.14) によって，
$$\frac{\partial U}{\partial x} = F(x, y_0) + \int_{y_0}^{y} \frac{\partial G}{\partial x}(x, t)\, dt = F(x, y_0) + \int_{y_0}^{y} \frac{\partial F}{\partial y}(x, t)\, dt$$
$$= F(x, y_0) + \bigl(F(x, y) - F(x, y_0)\bigr) = F(x, y)$$
となることから，(8.11) は完全微分方程式となる[1]．

したがって，(8.11) の解は，C を積分定数として，
$$\int_{x_0}^{x} F(s, y_0)\, ds + \int_{y_0}^{y} G(x, t)\, dt = C$$
を $y = y(x)$ に関して解くことで得られる．

◆例題 8.8 $\bigl(3e^{3x}y - 2x\bigr) dx + e^{3x}\, dy = 0$ を解く．

解答．$F(x, y) = 3e^{3x}y - 2x$, $G(x, y) = e^{3x}$ とおくと，
$$\frac{\partial F(x, y)}{\partial y} = 3e^{3x} = \frac{\partial G(x, y)}{\partial x}$$
が成り立つことから，与えられた微分方程式は完全である．よって，
$$\int_{x_0}^{x} \bigl(3e^{3s}y_0 - 2s\bigr) ds + \int_{y_0}^{y} e^{3x}\, dt$$
$$= \bigl(e^{3x}y_0 - x^2\bigr) - \bigl(e^{3x_0}y_0 - x_0^2\bigr) + e^{3x}(y - y_0)$$
$$= e^{3x}y - x^2 + x_0^2$$
より，積分定数を C として $e^{3x}y - x^2 = C$ が得られる． □

---

[1] 積分記号のもとでの微分の公式：$\dfrac{\partial}{\partial x} \int_{y_0}^{y} G(x, t)\, dt = \int_{y_0}^{y} \dfrac{\partial}{\partial x} G(x, t)\, dt$ を用いたが，G の 2 階までの偏導関数が連続であれば成立することが知られている．よって，ここでは問題なく成立する．

◯問 **8.6**　$(x + \log y)\,dx + \dfrac{x}{y}\,dy = 0$ を解け．　$\left(\text{解}: \dfrac{1}{2}x^2 + x\log y = C\right)$

★注意 **8.1**　ここでは，不定積分を求めることから，それを一般化して微分方程式を解くことを行った．微分方程式の物理的な意味や幾何学的な意味については，「微分方程式」と名の付く教科書・専門書にあたられることを勧める．また，ここで扱った微分方程式は基礎的なものにすぎない．2階以上の微分を含む高階の微分方程式や，変数が2つ以上の場合の偏微分方程式などもきわめて重要であることはいうまでもない．

章 末 問 題

問題 8.1　次の1階または2階の微分方程式を解け．
(1)　$y' = -\dfrac{1}{x^2}$　　　(2)　$y' = x^3 - 3\cos x$　　(3)　$y' = \tan x$
(4)　$y'' = -x + \sin x$　(5)　$y'' = 2\log x + 1$　(6)　$y'' = xe^x + 3$
(7)　$y' + \dfrac{y}{3} = 0$　　(8)　$xy' - 2y = 0$　　　(9)　$(1+y) + (1-x)y' = 0$

問題 8.2　次の微分方程式を解け．
(1)　$2y\,dx - x(x-1)\,dy = 0$　　　　　(2)　$\sin x \cos y\,dx - \sin y \cos x\,dy = 0$
(3)　$x\sqrt{y^2-1}\,dx - y\sqrt{x^2-1}\,dy = 0$　(4)　$x^2\,dx + \cos(2y)\,dy = 0$

問題 8.3　次の微分方程式を解け．
(1)　$y' = \dfrac{y}{x} + 3$　　　　　(2)　$y' = \left(\dfrac{y}{x}\right)^2 - 2$
(3)　$y^2 = (2xy - x^2)y'$　　(4)　$(2x^2 + 3y^2) - xyy' = 0$

問題 8.4　次の微分方程式を解け．
(1)　$xy' + y^2 = 0$　　　(2)　$y' + y\sin x = 0$
(3)　$y' + 2y - x = 0$　　(4)　$xy' + y - 2x^2 = 0$

問題 8.5　次の微分方程式を解け．
(1)　$(x^2 - 3y)\,dx + (y^3 - 3x)\,dy = 0$
(2)　$(4x^3 + xy^2)\,dx + (x^2y + 3y^2)\,dy = 0$
(3)　$\left(\log y + \dfrac{1}{x^2}\right)dx + \left(2y + \dfrac{x}{y}\right)dy = 0$
(4)　$(x + e^x \sin y)\,dx + (y^2 + e^x \cos y)\,dy = 0$

章末問題の略解

第 1 章

問題 1.1: (1) 真; 逆 『$xy = 0 \implies y = 0$』 偽;
対偶 『$xy \neq 0 \implies y \neq 0$』 真

(2) 偽; 逆 『$x \geqq 0$ かつ $y \leqq 0 \implies xy \leqq 0$』 真;
対偶 『$x < 0$ または $y > 0 \implies xy > 0$』 偽

問題 1.2: 対偶が真であることを示す:

『n が 3 の倍数ではない $\implies n^2$ は 3 の倍数ではない』

証明. n は 3 の倍数でないので, 整数 m を用いて, $n = 3m + 1$ または $n = 3m + 2$ と書ける. $n = 3m+1$ のときは, $n^2 = (3m+1)^2 = 9m^2 + 6m + 1 = 3(3m^2 + 2) + 1$ となる. $n = 3m+2$ のときは, $n^2 = (3m+2)^2 = 9m^2 + 12m + 4 = 3(3m^2 + 4m + 1) + 1$ となる. どちらの場合も, n^2 は 3 の倍数ではない.

問題 1.3: (1) 上限 1, 下限 -1 (2) 上限 $\dfrac{1}{3}$, 下限 0 (3) 上限 1, 下限 0

(4) 上限 $\dfrac{1}{2}$, 下限 -1 (5) 上限 $\dfrac{1}{2}$, 下限 0 (6) 上限 4, 下限 3

問題 1.4: (1) 一般項 $\left\{\dfrac{1}{2n-1}\right\}$, 極限 0 (2) 一般項 $\left\{\dfrac{2n-2}{2n+1}\right\}$, 極限 1

(3) 一般項 $\left\{\dfrac{2^{n-1}}{3^{n-1}}\right\}$, 極限 0

問題 1.5: (1) $\dfrac{2}{3}$ (2) 0 (3) 0 (4) 1 (5) 0 (6) 0 (7) -1 (8) $\dfrac{4}{3}$

問題 1.6: $\{a_n\}$ が収束する $\iff -1 < 4\cos^2\theta + 2\sin\theta - 3 \leqq 1$.
$4\cos^2\theta + 2\sin\theta - 3 = 4(1 - \sin^2\theta) + 2\sin\theta - 3 = -4\sin^2\theta + 2\sin\theta + 1$ より, $t = \sin\theta \; (0 \leqq \theta \leqq \pi)$ とおくと,

$$-1 < -4t^2 + 2t + 1 \leqq 1 \iff -2 < -4t^2 + 2t \leqq 0.$$

$0 \leqq t \leqq 1$ に注意して解くと, $t = 0$, または $\dfrac{1}{2} \leqq t < 1$. したがって, $\theta = 0$, π, $\dfrac{1}{6}\pi \leqq \theta \leqq \dfrac{5}{6}\pi$, $\theta \neq \dfrac{1}{2}\pi$.

問題 1.7: $a_n = n^{1/n}$ とおくと, $n \geqq 2$ に対して $a_n > 1$. 実際, $n \geqq 2$ に対して,

$a_n \leqq 1$ とすると, $2 \leqq n = (a_n)^n \leqq 1^n = 1$ となり矛盾. 次に, $a_n = 1 + h_n$ とおくと, $h_n > 0 \ (n \geqq 2)$. よって, 二項定理により,

$$n = (a_n)^n = (1+h_n)^n = 1 + nh_n + \frac{n(n-1)}{2}h_n^2 + \cdots + h_n^n > \frac{n(n-1)}{2}h_n^2.$$

すなわち, $0 < h_n^2 < \dfrac{2}{n-1}$. したがって, $0 < h_n < \sqrt{\dfrac{2}{n-1}}$ となる. $\dfrac{\sqrt{2}}{\sqrt{n-2}} \to 0 \ (n \to \infty)$ より, はさみうちの定理を用いると, $h_n \to 0 \ (n \to \infty)$. よって, $n^{1/n} = a_n = 1 + h_n \to 1 + 0 \ (n \to \infty)$ となる.

問題 1.8: (1) $a_{n+1} - 3 = \frac{1}{3}(a_n - 3)$ より, $\{a_n - 3\}$ は初項 $a_1 - 3 = -1$, 公比 $\frac{1}{3}$ の等比数列: $a_n - 3 = -\left(\frac{1}{3}\right)^{n-1}$. $a_n = -\left(\frac{1}{3}\right)^{n-1} + 3$ より, $\lim\limits_{n\to\infty} a_n = 3$.

(2) $a_{n+1} - 2 = -\frac{1}{2}(a_n - 2)$ より, $\{a_n - 2\}$ は初項 $a_1 - 2 = 1$, 公比 $-\frac{1}{2}$ の等比数列: $a_n - 2 = \left(-\frac{1}{2}\right)^{n-1}$. よって, $a_n = \left(-\frac{1}{2}\right)^{n-1} + 2$ より, $\lim\limits_{n\to\infty} a_n = 2$.

問題 1.9: (1) $0 \leqq a_n < 3$ であることが帰納法で示される. 実際 $a_1 = 0$ より, $0 \leqq a_1 < 3$. 次に, 任意の $k \geqq 2$ について, $0 \leqq a_n < 3$, $n = 1, 2, \ldots, k$ を仮定する. このとき, 帰納法の仮定により,

$$0 \leqq \sqrt{0+6} \leqq \sqrt{a_k+6} = a_{k+1} < \sqrt{3+6} = \sqrt{9} = 3$$

であるから, すべての n について $0 \leqq a_n < 3$. また, $a_{n+1}^2 - a_n^2 = (a_n + 6) - a_n^2 = (3-a_n)(2+a_n) > 0$ より, $a_{n+1}^2 > a_n^2 \ (> 0)$, したがって, $a_{n+1} > a_n$ が成立する. よって, $\lim\limits_{n\to\infty} a_n = \alpha$ が存在する. 一方,

$$\alpha = \sqrt{\alpha+6} \iff (\alpha-3)(\alpha+2) = 0.$$

よって, $\{a_n\}$ の下限は 0 より, $\alpha = -2$ とはならない. ゆえに, $\alpha = \lim\limits_{n\to\infty} a_n = 3$.

(2) $1 \leqq a_n \leqq 2$ が帰納法で示される. 実際 $a_1 = \sqrt{2}$ より, $1 \leqq a_1 \leqq 2$. 任意の $k \geqq 2$ について, $1 \leqq a_n \leqq 2$, $n = 1, 2, \ldots, k$ を仮定する. このとき, 帰納法の仮定により,

$$1 \leqq \sqrt{2+1} \leqq \sqrt{2+a_k} = a_{k+1} \leqq \sqrt{2+2} = \sqrt{4} = 2$$

であるから, すべての n について $1 \leqq a_n \leqq 2$. また, $a_{n+1}^2 - a_n^2 = (a_n+2) - a_n^2 = (2-a_n)(1+a_n) \geqq 0$ より, $a_{n+1}^2 \geqq a_n^2$, したがって, $a_{n+1} \geqq a_n$ が成立する. よって, $\lim\limits_{n\to\infty} a_n = \alpha$ が存在する. 一方,

$$\alpha = \sqrt{\alpha+2} \iff (\alpha-2)(\alpha+1) = 0.$$

よって, $\{a_n\}$ の下限は 1 だから, $\alpha = -1$ とはならない. ゆえに, $\alpha = \lim\limits_{n\to\infty} a_n = 2$.

(3) $a_n > 0$ に注意する. したがって, a_n は下に有界である. 次に, $a_n^2 \geqq 2$ を示す.

章末問題の略解   221

$(a_n - 2/a_n)^2 \geqq 0$ より, $a_n^2 + 4/a_n^2 \geqq 4$. よって,
$$a_{n+1}^2 = \frac{1}{4}\left(a_n + \frac{2}{a_n}\right)^2 = \frac{1}{4}\left(a_n^2 + \frac{4}{a_n^2} + 4\right) \geqq \frac{1}{4}(4+4) = 2.$$
次に,
$$\frac{a_{n+1}}{a_n} = \frac{1}{2}\left(1 + \frac{2}{a_n^2}\right) \leqq \frac{1}{2}\left(1 + \frac{2}{2}\right) = 1$$
より, $\{a_n\}$ は単調減少. よって, $a_n \leqq a_{n-1} \leqq \cdots \leqq a_1 = 2$ から, a_n は上に有界である. あわせて $\{a_n\}$ は有界となる. ゆえに, a_n は極限 α をもつので $\lim_{n\to\infty} a_n = \alpha$. 漸化式において $n \to \infty$ とすると, $\alpha = \frac{1}{2}\left(\alpha + \frac{2}{\alpha}\right)$ より, 極限は $\alpha^2 = 2$ を満たす. α は $\{a_n\}$ の下限であるが, $a_n > 0$ より, $\alpha \geqq 0$ でなければならない. よって, $\alpha = \lim_{n\to\infty} a_n = \sqrt{2}$.

問題 1.10: $a > b \ (>0)$ のときは, $a^n \leqq a^n + b^n \leqq 2a^n$ である. したがって $a \leqq (a^n + b^n)^{1/n} \leqq 2^{1/n} a$ であるが, $2^{1/2} \to 1 \ (n \to \infty)$ より, $(a^n + b^n)^{1/n} \to a \ (n \to \infty)$ となる. 一方, $a \leqq b$ のときは, $b^n \leqq a^n + b^n \leqq 2b^n$, したがって $b \leqq (a^n + b^n)^{1/n} \leqq 2^{1/n} b$ である. よって, $(a^n + b^n)^{1/n} \to b \ (n \to \infty)$. ゆえに, $\lim_{n\to\infty} (a^n + b^n)^{1/n} = \max\{a, b\}$.

問題 1.11: $\lim_{n\to\infty} \left(1 + \frac{1}{2n}\right)^n = \lim_{n\to\infty} \left(\left(1 + \frac{1}{2n}\right)^{2n}\right)^{1/2} = e^{1/2}$

問題 1.12: $1 + \frac{2}{n} = \left(1 + \frac{1}{n}\right)\left(1 + \frac{1}{n+1}\right)$ より,
$$\lim_{n\to\infty} \left(1 + \frac{2}{n}\right)^n = \lim_{n\to\infty} \left(1 + \frac{1}{n}\right)^n \left(1 + \frac{1}{n+1}\right)^{n+1} \cdot \frac{1}{1 + \frac{1}{n+1}} = e \cdot e \cdot 1 = e^2.$$

問題 1.13: 省略

問題 1.14: 省略

第 2 章

問題 2.1: (1) $\lim_{x\to 1} \frac{x^2 - 5x + 4}{x^2 - 3x + 2} = \lim_{x\to 1} \frac{(x-1)(x-4)}{(x-1)(x-2)} = \lim_{x\to 1} \frac{x-4}{x-2} = 3$

(2) $\lim_{x\to 2} \frac{(x-2)^2}{x^2 - 3x + 2} = \lim_{x\to 2} \frac{(x-2)^2}{(x-1)(x-2)} = \lim_{x\to 2} \frac{x-2}{x-1} = 0$

(3) $\lim_{x\to\infty} (x - \sqrt{x + x^2}) = \lim_{x\to\infty} \frac{x^2 - (x + x^2)}{x + \sqrt{x + x^2}} = \lim_{x\to\infty} \frac{-1}{1 + \sqrt{\frac{1}{x} + 1}} = -\frac{1}{2}$

(4) $\displaystyle\lim_{x\to\infty}\frac{5^x}{5+5^x}=\lim_{x\to\infty}\frac{1}{\frac{1}{5^{x-1}}+1}=1$ (5) $\displaystyle\lim_{x\to 0}\frac{\sin 3x}{x}=\lim_{x\to 0}\frac{\sin 3x}{3x}\cdot 3=3$

(6) $\displaystyle\lim_{x\to 0}\frac{\sin(2x)}{\sin(5x)}=\lim_{x\to 0}\frac{\sin(2x)}{2x}\cdot\frac{5x}{\sin(5x)}\cdot\frac{2}{5}=\frac{2}{5}$

(7) $\displaystyle\lim_{x\to 0}\frac{\sin(3x)}{\tan x}=\lim_{x\to 0}\frac{\sin(3x)}{3x}\cdot\frac{x}{\sin x}\cdot 3\cos x=3$

(8) $\displaystyle\lim_{x\to 0}\frac{1-\cos x}{x^2}=\lim_{x\to 0}\left(\frac{\sin x}{x}\right)^2\cdot\frac{1}{1+\cos x}=\frac{1}{2}$

(9) $\displaystyle\lim_{x\to 0}\frac{x\sin x}{1-\cos x}=\lim_{x\to 0}\frac{x\sin x}{\sin^2 x}\cdot(1+\cos x)=\lim_{x\to 0}\frac{1}{\frac{\sin x}{x}}\cdot(1+\cos x)=2$

(10) $\displaystyle\lim_{x\to 0}\frac{\tan x-\sin x}{x^3}=\lim_{x\to 0}\frac{\sin x(1-\cos x)}{x^3\cos x}=\lim_{x\to 0}\frac{\sin^3 x}{x^3\cos x}\cdot\frac{1}{1+\cos x}=\frac{1}{2}$

(11) $x>0$ のとき, $0\leqq\left|\sqrt{x}\sin\frac{1}{x}\right|\leqq\sqrt{x}$ であり, $x\to 0+$ のとき $\sqrt{x}\to 0$. よって, はさみうちの定理により, $\displaystyle\lim_{x\to 0+}\sqrt{x}\sin\frac{1}{x}=0$.

(12) $t=\dfrac{1}{x}$ とおくと, "$x\to\infty\Leftrightarrow t\to 0+$" より,

$$\lim_{x\to\infty}\sqrt{x}\sin\frac{1}{x}=\lim_{t\to 0+}\frac{1}{\sqrt{t}}\sin t=\lim_{t\to 0+}\sqrt{t}\cdot\frac{\sin t}{t}=0\cdot 1=0.$$

(13) $\displaystyle\lim_{x\to 0}\frac{e^{2x}-1}{e^{3x}-1}=\lim_{x\to 0}\frac{(e^x-1)(e^x+1)}{(e^x-1)(e^{2x}+e^x+1)}=\lim_{x\to 0}\frac{e^x+1}{e^{2x}+e^x+1}=\frac{2}{3}$

(14) $x=\dfrac{1}{t}$ とおくと, "$x\to 0\Leftrightarrow t\to\pm\infty$". よって, 例題 2.3 より,

$$\lim_{x\to 0}\frac{\log(1+x)}{x}=\lim_{x\to 0}\log(1+x)^{1/x}=\lim_{t\to\pm\infty}\log\left(1+\frac{1}{t}\right)^t=\log e=1.$$

問題 2.2: 解と係数の関係から, $\alpha_n+\beta_n=n-1$, $\alpha_n\beta_n=n+\sqrt{n^2+3n}$. よって, $n\to\infty$ とすると,

$$\frac{1}{\alpha_n}+\frac{1}{\beta_n}=\frac{\alpha_n+\beta_n}{\alpha_n\beta_n}=\frac{n-1}{n+\sqrt{n^2+3n}}=\frac{1-1/n}{1+\sqrt{1+3/n}}\to\frac{1}{2}.$$

問題 2.3: $\theta=\dfrac{\pi}{2}$ のとき $\dfrac{1}{2}$, それ以外は 0.

問題 2.4: (1) $2=\displaystyle\lim_{x\to 1}\frac{\sqrt{x^2+bx+c}-2}{x-1}=\lim_{x\to 1}\frac{x^2+bx+c-4}{(x-1)(\sqrt{x^2+bx+c}+2)}$

より, $x^2+bx+c-4$ は $x-1$ を因数にもつから, $b+c=3$. よって,

$$\frac{x^2+bx-b-1}{(x-1)(\sqrt{x^2+bx+3-b}+2)}=\frac{(x-1)(x+1+b)}{(x-1)(\sqrt{x^2+bx+3-b}+2)}$$

章末問題の略解   223

$$= \frac{x+1+b}{\sqrt{x^2+bx+3-b}+2} \to \frac{2+b}{4} = 2 \ (x \to 1).$$

これより, $b = 6$, $c = -3$.

(2) $\left(3x+1-\sqrt{9x^2+4x+1}\right) = \dfrac{(3x+1)^2 - (9x^2+4x+1)}{3x+1+\sqrt{9x^2+4x+1}}$

$= \dfrac{2x}{3x+1+\sqrt{9x^2+4x+1}} = \dfrac{2}{3+1/x+\sqrt{9+4/x+1/x^2}} \to \dfrac{1}{3} \ (x \to -\infty).$

問題 2.5: (1) $c = 1$ (2) $c = 5$ (3) $c = 4$

問題 2.6: (1) ○ $f(g(x)) = 3 \cdot \dfrac{x}{3} = x$, $g(f(x)) = \dfrac{3x}{3} = x$.

(2) ○ $f(h(x)) = \dfrac{5}{9} \cdot \dfrac{9}{5}x = x$, $h(f(x)) = \dfrac{9}{5} \cdot \dfrac{5}{9}x = x$.

(3) × $f(i(x)) = \sqrt[3]{(x^3+2)+2} \neq x$, $i(f(x)) = \left(\sqrt[3]{x}+2\right)^3 + 2 \neq x$.

(4) ○ $f(j(x)) = \dfrac{1 - 1/(1+x)}{1/(1+x)} = x$, $j(f(x)) = \dfrac{1}{1+(1-x)/x} = x$.

問題 2.7: (1) $f^{-1}(x) = \sqrt[3]{x-1}$ (2) $f^{-1}(x) = (x+3)^3 - 3$

(3) $f^{-1}(x) = \dfrac{x+2}{x-1} \ (= f(x))$

問題 2.8: (1) $f^{-1}(x) = \sqrt{\dfrac{1-x}{x}}$, $x \in (0, 1]$

(2) $f^{-1}(x) = (3^x+1)^2$, $x \in (-\infty, \infty)$

問題 2.9: (1) $(g \circ f)(x) = g(f(x)) = \sqrt{\cos x}$

(2) $(g \circ f)(x) = g(f(x)) = \sqrt{\dfrac{x}{x^2+1}}$

(3) $(g \circ f)(x) = g(f(x)) = \dfrac{\frac{x}{x+1}}{\frac{x}{x+1}+1} = \dfrac{x}{2x+1}$

問題 2.10: 三角不等式により, $\bigl||f(x)| - |f(a)|\bigr| \leq |f(x) - f(a)| \to 0 \ (x \to a)$. よって, $|f(x)|$ は $x = a$ で連続.

問題 2.11: (1) $\sin \frac{\pi}{4} = \cos \frac{\pi}{4} = \frac{1}{\sqrt{2}}$ に注意すると, 倍角の公式によって, $\frac{1}{\sqrt{2}} = \cos \frac{\pi}{4} = \cos 2 \cdot \frac{\pi}{8} = 1 - 2\sin^2 \frac{\pi}{8}$ となる. したがって, $\left(\sin \frac{\pi}{8}\right)^2 = \frac{1}{2}\left(1 - \frac{1}{\sqrt{2}}\right)$. ゆえに, $\sin \frac{\pi}{8} = \sqrt{\frac{1}{2} - \frac{\sqrt{2}}{4}}$.   (2) $\frac{\sqrt{3}}{2} = \cos \frac{\pi}{6} = 2\cos^2 \frac{\pi}{12} - 1$ より, $\left(\cos \frac{\pi}{12}\right)^2 = \frac{1}{2}\left(1 + \frac{\sqrt{3}}{2}\right)$. ゆえに, $\cos \frac{\pi}{12} = \sqrt{\frac{1}{2} + \frac{\sqrt{3}}{4}}$.   (3) (2) より, $\sin \frac{\pi}{12} = \sqrt{1 - \cos^2 \frac{\pi}{12}} = \sqrt{\frac{1}{2} - \frac{\sqrt{3}}{4}}$.

ゆえに, $\tan\frac{\pi}{12} = \frac{\sqrt{\frac{1}{2}-\frac{\sqrt{3}}{4}}}{\sqrt{\frac{1}{2}+\frac{\sqrt{3}}{4}}} = \sqrt{\frac{2-\sqrt{3}}{2+\sqrt{3}}}$. (4) $\mathrm{Sin}^{-1}\left(-\frac{1}{2}\right) = \theta \Leftrightarrow \sin\theta = -\frac{1}{2}$ ($\theta \in \left[-\frac{\pi}{2}, \frac{\pi}{2}\right]$). よって, $\theta = \mathrm{Sin}^{-1}\left(-\frac{1}{2}\right) = -\frac{\pi}{6}$. (5) $\mathrm{Cos}^{-1}\left(-\frac{1}{\sqrt{2}}\right) = \theta \Leftrightarrow \cos\theta = -\frac{1}{\sqrt{2}}$ ($\theta \in [0, \pi]$). よって, $\theta = \mathrm{Cos}^{-1}\left(-\frac{1}{\sqrt{2}}\right) = \frac{3}{4}\pi$. (6) $\mathrm{Tan}^{-1}\left(\frac{\sqrt{3}}{3}\right) = \theta \Leftrightarrow \tan\theta = \frac{\sqrt{3}}{3}$ ($\theta \in \left(-\frac{\pi}{2}, \frac{\pi}{2}\right)$). よって, $\theta = \mathrm{Tan}^{-1}\left(\frac{\sqrt{3}}{3}\right) = \frac{\pi}{6}$.

問題 2.12: (1) $\mathrm{Sin}^{-1}x = t \Leftrightarrow x = \sin t$. $-\frac{\pi}{2} \leqq t \leqq \frac{\pi}{2}$ より, $\cos\left(\mathrm{Sin}^{-1}x\right) = \cos t \geqq 0$. ゆえに, $\cos\left(\mathrm{Sin}^{-1}x\right) = \sqrt{1-\sin^2 t} = \sqrt{1-x^2}$ ($-1 \leqq x \leqq 1$).

(2) $\mathrm{Sin}^{-1}x = t$, $\mathrm{Cos}^{-1}x = s$ とおくと, $\sin t = x = \cos s$, かつ $-\frac{\pi}{2} \leqq t \leqq \frac{\pi}{2}$, $0 \leqq s \leqq \pi$. また, $\sin t = \cos s = \sin(\frac{\pi}{2}+s)$ であるが, s と t の範囲により, $t = \frac{\pi}{2}+s = \frac{\pi}{2}$. すなわち, $t = \frac{\pi}{2}$, $s = 0$. ゆえに $s+t = \frac{\pi}{2}$ となる.

問題 2.13: (1) まず, 次の公式から示す.

$$\sinh x \cosh y + \cosh x \sinh y = \frac{e^x - e^{-x}}{2} \cdot \frac{e^y + e^{-y}}{2} + \frac{e^x + e^{-x}}{2} \cdot \frac{e^y - e^{-y}}{2}$$

$$= \frac{e^{x+y} + e^{x-y} - e^{-x+y} - e^{-x-y}}{4} + \frac{e^{x+y} - e^{x-y} + e^{-x+y} - e^{-x-y}}{4}$$

$$= \frac{e^{x+y} - e^{-(x+y)}}{2} = \sinh(x+y).$$

次に,

$$\sinh(-y) = \frac{e^{-y} - e^y}{2} = -\frac{e^y - e^{-y}}{2} = -\sinh y, \quad \cosh(-y) = \frac{e^{-y} + e^y}{2} = \cosh y$$

に注意すると,

$$\sinh(x-y) = \sinh\left(x+(-y)\right) = \sinh x \cosh(-y) + \cosh x \sinh(-y)$$

$$= \sinh x \cosh y - \cosh x \sinh y.$$

(2) (1) と同じく,

$$\cosh x \cosh y + \sinh x \sinh y = \frac{e^x + e^{-x}}{2} \cdot \frac{e^y + e^{-y}}{2} + \frac{e^x - e^{-x}}{2} \cdot \frac{e^y - e^{-y}}{2}$$

$$= \frac{e^{x+y} + e^{x-y} + e^{-x+y} + e^{-x-y}}{4} + \frac{e^{x+y} - e^{x-y} - e^{-x+y} + e^{-x-y}}{4}$$

$$= \frac{e^{x+y} + e^{-(x+y)}}{2} = \cosh(x+y),$$

$$\cosh(x-y) = \cosh\left(x+(-y)\right) = \cosh x \cosh(-y) + \sinh x \sinh(-y)$$

$$= \cosh x \cosh y - \sinh x \sinh y.$$

章末問題の略解   225

(3) $\cosh^2 x - \sinh^2 x = \left(\dfrac{e^x + e^{-x}}{2}\right)^2 - \left(\dfrac{e^x - e^{-x}}{2}\right)^2$

$\qquad = \dfrac{e^{2x} + 2 + e^{-2x}}{4} - \dfrac{e^{2x} - 2 + e^{-2x}}{4} = 1$

問題 2.14: (1) e^x および $-e^{-x}$ はともに $(-\infty, \infty)$ 上で狭義単調増加. よって, $\sinh x = \dfrac{e^x - e^{-x}}{2}$ も $(-\infty, \infty)$ で狭義単調増加だから逆関数をもつ. そこで, $x = \sinh y = \dfrac{e^y - e^{-y}}{2}$ を y について解くために, $e^y = t$ とおく. $t > 0$ に注意すると, $x = \dfrac{t - t^{-1}}{2} \Leftrightarrow t^2 - 2xt - 1 = 0 \Rightarrow t = x + \sqrt{x^2 + 1}$. ゆえに, $e^y = x + \sqrt{x^2 + 1}$. よって, $y = \log\left(x + \sqrt{x^2 + 1}\right)$, $x \in (-\infty, \infty)$.

(2) $y = \cosh x$ は, $(-\infty, 0]$ で狭義単調減少, $[0, \infty)$ で狭義単調増加. また, $[0, \infty)$ では, $y = \cosh x$ の値域は $[1, \infty)$. よって, $x = \cosh y$ とおき, これを y について解く. そのために, (1) のときと同じく $e^y = t$ とおく. $x \geqq 1$ のとき $y \geqq 0$, したがって, $t = e^y \geqq 1$ であるから, $x = \dfrac{t + t^{-1}}{2} \Leftrightarrow t^2 - 2xt + 1 = 0 \Rightarrow t = x + \sqrt{x^2 - 1}$. ゆえに $\cosh^{-1} x = \log(x + \sqrt{x^2 - 1})$, $x \geqq 1$.

次に, $(-\infty, 0]$ では, $y = \cosh x$ の値域は $[1, \infty)$. よって, $x = \cosh y$ とおき, これを y について解く. そのために, (1) のときと同じく $e^y = t$ とおく. $x \geqq 1$ のとき $y \leqq 0$, したがって, $0 < t = e^y \leqq 1$ であるから, $x = \dfrac{t + t^{-1}}{2} \Leftrightarrow t^2 - 2xt + 1 = 0 \Rightarrow t = x - \sqrt{x^2 - 1}$. ゆえに $\cosh^{-1} x = \log(x - \sqrt{x^2 - 1})$, $x \geqq 1$.

(3) $y = \tanh x$ の値域は $(-1, 1)$. $x = \tanh y = \dfrac{e^y - e^{-y}}{e^y + e^{-y}}$ を y について解く. $t = e^y$ とおく. $-1 < x < 1$ に注意すると, $x = \dfrac{t - t^{-1}}{t + t^{-1}} \Leftrightarrow t^2 = \dfrac{1 + x}{1 - x} \Rightarrow t = \sqrt{\dfrac{1 + x}{1 - x}}$. ゆえに, $y = \log\sqrt{\dfrac{1 + x}{1 - x}} = \dfrac{1}{2}\log\dfrac{1 + x}{1 - x}$, $-1 < x < 1$.

第 3 章 (微分)

問題 3.1: (1) $y' = 18x^2 + 1$ (2) $y' = \dfrac{2}{\sqrt{x}}$ (3) $y' = \dfrac{1}{2\sqrt{x}} - \dfrac{1}{x^2} - \dfrac{4}{x^3}$

(4) $y' = 3(1 + x)^2$ (5) $y' = 2\left(x + \dfrac{2}{x}\right)\left(1 - \dfrac{2}{x^2}\right)$ (6) $y' = \dfrac{1}{2\sqrt{x}} + \dfrac{1}{3x^{2/3}} - \dfrac{3}{x^2}$

(7) $y' = -\dfrac{3}{(2 + x)^2}$ (8) $y' = -\dfrac{17}{(2x - 3)^2}$ (9) $y' = \dfrac{-3x^2 + 10x - 1}{(2x^2 - x + 1)^2}$

(10) $y' = 40(5x+3)^7$ (11) $y' = -\dfrac{1}{2(3+x)^{3/2}}$ (12) $y' = \dfrac{x}{\sqrt{1+x^2}}$

(13) $y' = \dfrac{x(5x+4)}{2\sqrt{x+1}}$ (14) $y' = \dfrac{3-2x}{2(x^2-3x+2)^{3/2}}$ (15) $y' = \dfrac{1}{(1+x^2)^{3/2}}$

(16) $y' = 6\cos 2x$ (17) $y' = -\dfrac{1}{5}\sin\dfrac{x}{5}$ (18) $y' = \dfrac{4}{\cos^2 4x}$ (19) $y' = 2x\cos x^2$

(20) $y' = \dfrac{1}{\sqrt{1+2x}\cos^2\sqrt{1+2x}}$ (21) $y' = \sin x + x\cos x$

(22) $y' = 2x - \dfrac{4}{3}\sin\dfrac{x}{3}$ (23) $y' = \dfrac{2x(\cos 2x + x\sin 2x)}{\cos^2 2x}$ (24) $y' = \dfrac{1}{\sqrt{9-x^2}}$

(25) $y' = -\dfrac{2x}{\sqrt{1-x^4}}$ (26) $y' = -\dfrac{6x}{x^4+9}$ (27) $y' = \dfrac{x^2+1}{x^4+1-x^2}$

(28) $y' = 4e^{4x}$ (29) $y' = \dfrac{e^{\sqrt{x}}}{2\sqrt{x}}$ (30) $y' = 6xe^{3x^2}$ (31) $y' = (1-5x)e^{-5x}$

(32) $y' = e^{-\cos x}(\sin x \sin 3x + 3\cos 3x)$ (33) $y' = 3\cdot 10^{3x}\cdot \log 10$

(34) $y' = \dfrac{2x}{x^2+3}$ (35) $y' = \log(x+1) + \dfrac{x}{x+1}$ (36) $y' = \dfrac{2\cos 2x}{1+\sin 2x}$

(37) $y' = \dfrac{1}{\sqrt{x^2+4}}$ (38) $y' = \dfrac{1}{2\sqrt{x-2}\sqrt{x+2}}$ (39) $y' = \dfrac{e^x(x-1)}{x^2}$

(40) $y' = 14x(x^2+2)^6$ (41) $y' = \sin x(3\sin^2 x + \tan^2 x)$

(42) $y' = (2x-1)e^{1/x}$ (43) $y' = \dfrac{-2}{(1+\tan x)^2 \cos^2 x}$ (44) $y' = \dfrac{2}{\sin x}$

問題 3.2: (1) $y^{(n)} = \alpha(\alpha-1)(\alpha-2)\cdots(\alpha-n+1)x^{\alpha-n}$

(2) $y^{(n)} = (-1)^{n-1}(n-1)!(1+x)^{-n}$ (3) $y^{(n)} = n!(1-x)^{-(n+1)}$

(4) $y^{(n)} = (x+n)e^x$

問題 3.3: $f(x) = \sqrt{a+x}$ とおく．任意の $x > 0$ に対して，f は $[0,x]$ 上で連続，$(0,x)$ において微分可能だから，平均値の定理により $\dfrac{f(x) - f(0)}{x} = f'(c)$ を満たす $c \in (0,x)$ が存在する．ここで，$f'(x) = \dfrac{1}{2\sqrt{a+x}}$ かつ f' は狭義単調減少である．$a \geqq 1$ に注意して，$f'(c) < f'(0) = \dfrac{1}{2\sqrt{a}} \leqq \dfrac{1}{2}$．よって，$x > 0$ に対して，

$$\dfrac{f(x) - f(0)}{x} = f'(c) < \dfrac{1}{2} \implies \sqrt{a+x} < \sqrt{a} + \dfrac{1}{2}x \leqq a + \dfrac{1}{2}x.$$

問題 3.4: 帰納法を用いて示す．まず，$n=1$ のときは，積の微分公式より，左辺は $f'(x)g(x) + f(x)g'(x)$．一方，右辺は

$$_1C_0 f^{(0)}(x)g'(x) + {}_1C_1 f'(x)g^{(0)}(x) = f(x)g'(x) + f'(x)g(x)$$

章末問題の略解

となり，左辺と一致する．次に，自然数 n に対して，
$$\bigl(f(x)\cdot g(x)\bigr)^{(n)} = \sum_{k=0}^{n} {}_n\mathrm{C}_k f^{(k)}(x)\cdot g^{(n-k)}(x)$$
$$= {}_n\mathrm{C}_0 f(x)g^{(n)}(x) + {}_n\mathrm{C}_1 f'(x)g^{(n-1)}(x) + {}_2\mathrm{C}_1 f''(x)g^{(n-2)}(x)$$
$$+ \cdots + {}_n\mathrm{C}_k f^{(k)}(x)g^{(n-k)}(x) + \cdots + {}_n\mathrm{C}_n f^{(n)}(x)g(x)$$

が成立するとする．両辺を微分すると，左辺は $\bigl(f(x)\cdot g(x)\bigr)^{(n+1)}$ である．一方，
$$(\text{右辺}) = {}_n\mathrm{C}_0\bigl(f'(x)g^{(n)}(x) + f(x)g^{(n+1)}(x)\bigr)$$
$$+ {}_n\mathrm{C}_1\bigl(f''(x)g^{(n-1)}(x) + f'(x)g^{(n)}(x)\bigr)$$
$$+ {}_n\mathrm{C}_2\bigl(f'''(x)g^{(n-2)}(x) + f''(x)g^{(n-1)}(x)\bigr) + \cdots$$
$$+ \cdots + {}_n\mathrm{C}_k\bigl(f^{(k+1)}(x)g^{(n-k)}(x) + f^{k}(x)g^{(n+1-k)}(x)\bigr) + \cdots$$
$$+ \cdots + {}_n\mathrm{C}_n\bigl(f^{(n+1)}(x)g(x) + f^{(n)}(x)g'(x)\bigr).$$

右辺で，同じ微分の項についてまとめると，
$$(\text{右辺}) = {}_n\mathrm{C}_0 f(x)g^{(n+1)}(x) + \bigl({}_n\mathrm{C}_0 + {}_n\mathrm{C}_1\bigr)f'(x)g^{(n)}(x)$$
$$+ \bigl({}_n\mathrm{C}_1 + {}_n\mathrm{C}_2\bigr)f''(x)g^{(n-1)}(x) + \cdots$$
$$+ \cdots + \bigl({}_n\mathrm{C}_{k-1} + {}_n\mathrm{C}_k\bigr)f^{(k)}(x)g^{(n+1-k)}(x) + \cdots$$
$$+ \cdots + \bigl({}_n\mathrm{C}_{n-1} + {}_n\mathrm{C}_n\bigr)f^{(n)}(x)g'(x) + {}_n\mathrm{C}_0 f^{(n+1)}(x)g(x).$$

ここで，${}_n\mathrm{C}_0 = {}_n\mathrm{C}_n = 1 = {}_{n+1}\mathrm{C}_0 = {}_{n+1}\mathrm{C}_{n+1}$ および
$$_n\mathrm{C}_{k-1} + {}_n\mathrm{C}_k = \frac{n!}{(k-1)!(n-k+1)!} + \frac{n!}{k!(n-k)!}$$
$$= \frac{(k+(n-k+1))n!}{k!(n-k+1)!} = \frac{(n+1)!}{k!(n+1-k)!} = {}_{n+1}\mathrm{C}_k$$

に注意すると，
$$(\text{右辺}) = {}_{n+1}\mathrm{C}_0 f(x)g^{(n+1)}(x) + {}_{n+1}\mathrm{C}_1 f'(x)g^{(n)}(x) + \cdots$$
$$+ \cdots + {}_{n+1}\mathrm{C}_k f^{(k)}(x)g^{(n+1-k)}(x) + \cdots$$
$$+ \cdots + {}_{n+1}\mathrm{C}_n f^{(n)}(x)g'(x) + {}_{n+1}\mathrm{C}_{n+1} f^{(n+1)}(x)g(x)$$
$$= \sum_{k=0}^{n+1} {}_{n+1}\mathrm{C}_k f^{(k)}(x)g^{(n+1-k)}(x).$$

よって，$n+1$ のときも成り立つ．

以上より，すべての自然数 n についてライプニッツの公式は成り立つ．

問題 **3.5:** (1) $\log(3/2)$ (2) 0 (3) 0 (4) 0 (5) $\frac{1}{2}$ (6) $\frac{1}{3}$ (7) 0 (8) 0

問題 **3.6:** (1) $x = -1$ のとき極大値 3, $x = 1$ のとき極小値 -1.
(2) $x = 0$ のとき極大値 5, $x = \pm 1$ のとき極小値 4.
(3) $x = 0$ のとき極大値 1, $x = -4$ のとき極小値 $-\frac{1}{7}$.

問題 **3.7:** 省略

問題 **3.8:** (1) 凸 (2) 凸 (3) どちらでもない (4) 凸 (5) 凹 (6) 凸 (7) 凸

問題 **3.9:** $s + t = 1$, $s \geqq 0$, $t \geqq 0$ および $x, y \in I$ に対して, $f(sx + ty) \leqq sf(x) + tf(y)$, $g(sx + ty) \leqq sg(x) + tg(y)$ とすると,

$$(f+g)(sx+ty)$$
$$= f(sx+ty) + g(sx+ty) \leqq \bigl(sf(x) + tf(y)\bigr) + \bigl(sg(x) + tg(y)\bigr)$$
$$= s\bigl(f(x) + g(x)\bigr) + t\bigl(f(y) + g(y)\bigr) = s(f+g)(x) + t(f+g)(y).$$

よって, $f + g$ も I 上で凸である.

第 4 章 (積分)

(不定積分の問題における積分定数は省略する)

問題 **4.1:** (1) $\dfrac{3x^2}{2}$ (2) $\dfrac{5x^3}{3}$ (3) $\dfrac{5x^4}{2}$ (4) $\dfrac{x^4}{2} - \dfrac{4x^3}{3}$ (5) $\dfrac{7x^3}{3} - \dfrac{x^2}{2}$ (6) $2\sqrt{x}$
(7) $\dfrac{5x^{6/5}}{6}$ (8) $2\log|x|$ (9) $-\dfrac{\sqrt{2}}{3\sqrt{x}}$ (10) $x - 2\log|x+2|$ (11) $\dfrac{1}{3}\log|3x+2|$
(12) $\dfrac{1}{2}x^2 - 7\log|x|$ (13) $\dfrac{1}{3}(2x+5)^{3/2}$ (14) $-2\sqrt{2-x}$ (15) $-2\cos\dfrac{x}{2}$
(16) $\dfrac{1}{4}\sin(4x+1)$ (17) $-\dfrac{1}{2}\log|\cos(2x)|$ (18) $-\dfrac{1}{3}\log(1+\cos(3x))$
(19) $\dfrac{1}{2}\log(e^{2x}+5)$ (20) $\dfrac{1}{3}\log|3x-\cos(3x)|$ (21) $\dfrac{1}{4}\log\left|\dfrac{2+x}{2-x}\right|$ (22) $\arcsin\dfrac{x}{2}$
(23) $\log\left(\dfrac{x}{2} + \dfrac{\sqrt{x^2+4}}{2}\right) = \sinh^{-1}\dfrac{x}{2}$ (24) $-\arctan\left(\dfrac{1}{\sqrt{x^2-1}}\right)$
(25) $\log|x| - \log(\sqrt{x^2+1}+1)$ (26) $\dfrac{1}{3}\bigl(\log|x| - \log(\sqrt{9-x^2}+3)\bigr)$
(27) $\dfrac{1}{8}(4x + \sin(4x))$ (28) $\dfrac{1}{32}(12x - 8\sin(2x) + \sin(4x))$
(29) $\dfrac{1}{14}(7\cos x - \cos(7x))$ (30) $x\sin x + \cos x$ (31) $\dfrac{1}{4}(2x-1)e^{2x}$
(32) $\dfrac{1}{10}(\sin(3x) - 3\cos(3x))e^x$ (33) $\sqrt{1-x^2} + x\arcsin x$

(34) $x \arctan x - \dfrac{1}{2}\log(x^2+1)$ (35) $\dfrac{1}{8}\bigl((4x^2+1)\arctan(2x) - 2x\bigr)$

問題 4.2: (1) $\dfrac{26}{3}$ (2) $\dfrac{1}{4}(\pi-1)$ (3) $\dfrac{8}{3\log 3}$ (4) $\dfrac{1}{2}\log\dfrac{11}{3}$ (5) $\dfrac{1}{4}$ (6) $\dfrac{2}{3}\log 2 - \dfrac{5}{18}$

問題 4.3: (1) $\displaystyle\int_\varepsilon^1 \log x\,dx = \bigl[x\log x - x\bigr]_\varepsilon^1 = -1 - \varepsilon\log\varepsilon + \varepsilon \to -1\ (\varepsilon \to 0)$

(2) $\displaystyle 2\int_0^{1-\varepsilon} \dfrac{dx}{\sqrt{1-x^2}} = 2\bigl[\operatorname{Arcsin} x\bigr]_0^{1-\varepsilon} = 2(\operatorname{Arcsin}(1-\varepsilon) - \operatorname{Arcsin} 0)$
$$\to 2\cdot\dfrac{\pi}{2} = \pi\ (\varepsilon \to 0)$$

(3) $\displaystyle\int_0^a xe^{-x}dx = \bigl[-xe^{-x}\bigr]_0^a + \int_0^a e^{-x}dx = -(a+1)e^{-a} + 1 \to 1\ (a\to\infty)$

(4) $\displaystyle\int_1^a \dfrac{dx}{x^2(1+x)} = \left[-\dfrac{1}{x} - \log x + \log(x+1)\right]_1^a$
$$= -\dfrac{1}{a} - \log a + \log(a+1) + 1 - \log 2 \to 1 - \log 2\ (a\to\infty)$$

(5) $\displaystyle\int_0^a \dfrac{dx}{1+x^2} = \bigl[\operatorname{Arctan} x\bigr]_0^a = \operatorname{Arctan} a - \operatorname{Arctan} 0 \to \dfrac{\pi}{2}\ (a\to\infty)$

(6) $\displaystyle\int_0^a \dfrac{dx}{e^x + e^{-x}} = \int_1^{e^a} \dfrac{dt}{t^2+1} = \bigl[\operatorname{Arctan} x\bigr]_0^{e^a} = \operatorname{Arctan} e^a - \operatorname{Arctan} 1$
$\to \dfrac{\pi}{2} - \dfrac{\pi}{4} = \dfrac{\pi}{4}\ (a\to\infty)$

問題 4.4: (1) $-x - \dfrac{x^2}{2} - \dfrac{x^3}{3}$ (2) $x + \dfrac{x^3}{6}$ (3) $\dfrac{\pi}{2} - x - \dfrac{x^3}{6}$ (4) $1 - x^2$

(5) $x - \dfrac{x^3}{3}$ (6) $1 + 2x + \dfrac{3x^2}{2} + \dfrac{x^3}{3}$ (7) $x + \dfrac{x^3}{6}$ (8) $1 + \dfrac{x^2}{2}$ (9) $x - \dfrac{x^3}{3}$

問題 4.5: (1) $\log(2+x) = -\displaystyle\sum_{k=0}^{n-1} \dfrac{(-1)^k}{k\cdot 2^k}x^k - \dfrac{(-1)^n}{n}\left(\dfrac{x}{2+\theta x}\right)^n$

(2) $\sin x = \displaystyle\sum_{k=0}^{n-1} \dfrac{\sin\left(\frac{k}{2}\pi\right)}{n!}x^k + \dfrac{\sin\left(\theta x + \frac{n}{2}\pi\right)}{n!}x^n$. 特に, $n = 2m+1$ のときは, $\sin(\frac{k}{2}\pi) = 0,\ k = 0, 2, 4, \ldots, 2m$ に注意すると,
$$\sin x = x - \dfrac{x^3}{3!} + \dfrac{x^5}{5!}x^5 - \cdots + \dfrac{(-1)^m}{(2m-1)!}x^{2m-1} + \dfrac{\sin(\theta x + \frac{2m+1}{2}\pi)}{(2m+1)!}x^{2m+1}$$
$$= \sum_{k=1}^m \dfrac{(-1)^{k-1}}{(2k-1)!}x^{2k-1} + \dfrac{\sin(\theta x + \frac{2m+1}{2}\pi)}{(2m+1)!}x^{2m+1}$$

となる.

(3) $e^{2x} = \displaystyle\sum_{k=0}^{n-1} \dfrac{(-2)^k}{k!}x^k + \dfrac{(-2)^n e^{-2\theta x}}{n!}x^n$

問題 4.6: $k = 0, 1, \ldots, n+1$ に対して，$f^{(k)}(x) = e^x$ だから，$f^{(k)}(0) = e^0 = 1$. よって，マクローリンの定理より，$e^x = \sum_{k=0}^{n} \frac{f^{(k)}(0)}{k!} x^k + R_{n+1} = \sum_{k=0}^{n} \frac{x^k}{k!} + R_{n+1}$. ただし，$R_{n+1} = \frac{f^{(n+1)}(\theta x)}{(n+1)!} x^n = \frac{e^{\theta x}}{(n+1)!} x^{n+1}$, $0 < \theta < 1$. ゆえに，$x > 0$ に対して，$|R_{n+1}| = \left| \frac{e^{\theta x}}{(n+1)!} x^{n+1} \right| \leqq \frac{e^{\theta x}}{(n+1)!} |x|^{n+1} \leqq e^x \frac{|x|^{n+1}}{(n+1)!}$.

問題 4.7: (1) $y' = x$ より，$\int_0^2 \sqrt{1 + (y')^2}\, dx = \int_0^2 \sqrt{1 + x^2}\, dx = \left[\frac{1}{2} \left(x\sqrt{x^2+1} + \sinh^{-1} x \right) \right]_0^2 = \frac{1}{2} \left(2\sqrt{5} + \sinh^{-1} 2 \right) - \sinh^{-1} 0 = \sqrt{5} + \frac{1}{2} \log(2 + \sqrt{5})$. (注． $\sinh^{-1} x = \log(x + \sqrt{x^2+1})$（2 章の章末問題をみよ）だから，$\sinh^{-1} 2 = \log(2 + \sqrt{5})$.）

(2) $y' = \frac{\cos x}{\sin x}$ より，$\int_{\pi/4}^{\pi/2} \sqrt{1 + \frac{\cos^2 x}{\sin^2 x}}\, dx = \int_{\pi/4}^{\pi/2} \frac{dx}{\sin x} = \int_{\pi/4}^{\pi/2} \frac{\sin x}{1 - \cos^2 x}\, dx$
$= \frac{1}{2} \int_{\pi/4}^{\pi/2} \left(\frac{\sin x}{1 - \cos x} + \frac{\sin x}{1 + \cos x} \right) dx = \frac{1}{2} \left[\log(1 - \cos x) - \log(1 + \cos x) \right]_{\pi/4}^{\pi/2}$
$= \frac{1}{2} \log(3 + 2\sqrt{2})$.

問題 4.8: $f(\theta) = 2a \cos \theta$ より，$\int_{-\pi/2}^{\pi/2} \sqrt{(-2a \sin \theta)^2 + (2a \cos \theta)^2}\, d\theta$
$= 2a \int_{-\pi/2}^{\pi/2} d\theta = 2a\pi$.

問題 4.9: $f(\theta) = a \sin^3 \frac{\theta}{3}$ より，$\int_0^{3\pi} \sqrt{\left(a \sin^2 \frac{\theta}{3} \cos \frac{\theta}{3} \right)^2 + \left(a \sin^3 \frac{\theta}{3} \right)^2}\, d\theta$
$= a \int_0^{3\pi} \sin^2 \frac{\theta}{3}\, d\theta = a \left[\frac{x}{2} - \frac{3}{4} \sin \frac{2}{3} x \right]_0^{3\pi} = \frac{3a}{2} \pi$.

問題 4.10: $\int_0^{2\pi} \sqrt{\left(a(1 - \cos \theta) \right)^2 + a\left(\sin \theta \right)^2}\, d\theta = a \int_0^{2\pi} \sqrt{2(1 - \cos \theta)}\, d\theta$
$= 2a \int_0^{2\pi} \sin \frac{\theta}{2}\, d\theta = 8a$.

問題 4.11: $\int_0^{2\pi} \sqrt{\left(-3a \cos^2 \theta \sin \theta \right)^2 + \left(3a \sin^2 \theta \cos \theta \right)^2}\, d\theta$
$= 3a \int_0^{2\pi} |\sin \theta \cos \theta|\, d\theta = \frac{3a}{2} \int_0^{2\pi} |\sin(2\theta)|\, d\theta = 6a \int_0^{\pi/2} \sin(2\theta)\, d\theta = 6a$

第 5 章 (多変数関数)

問題 5.1: (1) $(0,0)$ (2) $\left(0, -\dfrac{3}{2}, 0, 2\right)$

問題 5.2: (1) $\left|\dfrac{xy^2}{x^2+y^2}\right| \leq \dfrac{|x|(x^2+y^2)}{x^2+y^2} = |x| \to 0 \ ((x,y)\to(0,0))$ より，極限は 0 である． (2) $m \in \mathbb{R}$ に対して，$y=mx$ に沿って $(x,y)\to(0,0)$ とすると，$\displaystyle\lim_{\substack{(x,y)\to(0,0)\\ y=mx}} \dfrac{3xy^3}{x^4+y^4} = \lim_{x\to 0}\dfrac{3m^3 x^4}{(1+m^4)x^4} = \dfrac{3m^3}{1+m^4}$ となり，m の値によって極限が異なる．よって，極限は存在しない． (3) $\left|\dfrac{x^2\sin y}{x^2+y^2}\right| \leq \dfrac{(x^2+y^2)|\sin y|}{x^2+y^2} = |\sin y| \to 0\ ((x,y)\to(0,0))$ より，極限は 0 となる． (4) $m\in\mathbb{R}$ に対して，$y=mx$ に沿って $(x,y)\to(0,0)$ とすると，$\displaystyle\lim_{\substack{(x,y)\to(0,0)\\y=mx}}\dfrac{xy\cos x}{2x^2+y^2} = \lim_{x\to 0}\dfrac{mx^2\cos x}{(2+m^2)x^2} = \lim_{x\to 0}\dfrac{m\cos x}{2+m^2} = \dfrac{m}{2+m^2}$ となり，m の値により極限が異なる．よって，極限は存在しない．

(5) $\displaystyle\lim_{(x,y)\to(0,0)}\dfrac{x^2+2y^2}{\sqrt{x^2+2y^2+1}-1}$
$= \displaystyle\lim_{(x,y)\to(0,0)}\dfrac{x^2+2y^2}{\sqrt{x^2+2y^2+1}-1}\cdot\dfrac{\sqrt{x^2+2y^2+1}+1}{\sqrt{x^2+2y^2+1}+1}$
$= \displaystyle\lim_{(x,y)\to(0,0)}\dfrac{(x+2y^2)(\sqrt{x^2+2y^2+1}+1)}{x^2+2y^2} = \lim_{(x,y)\to(0,0)}\left(\sqrt{x^2+2y^2+1}+1\right) = 2$

問題 5.3: (1) $0 \leq \left|\dfrac{(x^2+3y^2)}{\sqrt{x^2+y^2}}\right| \leq 3\sqrt{x^2+y^2} \to 0\ ((x,y)\to(0,0))$ より極限 0 をもつ． (2) $m\in\mathbb{R}$ に対して，$z=mx,\ y=x$ に沿って $(x,y,z)\to(0,0,0)$ とすると，$f(x,y,z) = f(x,x,mx) = \dfrac{(1+m)x^2}{(2+m^2)x^2} \to \dfrac{1+m}{2+m^2}\ (x\to 0)$ となり，m の値により極限が異なる．よって，$f(x,y,z)$ は原点では極限をもたない．

問題 5.4: (1) $z_x = 1,\ z_y = 2$ (2) $z_x = 2x,\ z_y = 6y$
(3) $z_x = \dfrac{1}{y},\ z_y = -\dfrac{x}{y^2}$ (4) $z_x = \dfrac{1}{2\sqrt{x-3y}},\ z_y = -\dfrac{3}{2\sqrt{x-3y}}$
(5) $z_x = -3\sin(x+y),\ z_y = -3\sin(x+y)$ (6) $w_x = 2x,\ w_y = 2y,\ w_z = 3$
(7) $z_x = 2x\sin(x-y^2) + (x^2+y^3)\cos(x-y^2)$,
  $z_y = 3y^2\sin(x-y^2) - 2y(x^2+y^3)\cos(x-y^2)$
(8) $z_x = \dfrac{2x}{x^2+2y^2},\ z_y = \dfrac{4y}{x^2+2y^2}$

(9) $w_x = e^{xyz} + yz(x+y+z)e^{xyz}$, $w_y = e^{xyz} + xz(x+y+z)e^{xyz}$, $w_z = e^{xyz} + xy(x+y+z)e^{xyz}$

(10) $w_x = z\tan^{-1}(x+y+z) + \dfrac{xz}{(x+y+z)^2+1}$, $w_y = \dfrac{xz}{(x+y+z)^2+1}$, $w_z = x\tan^{-1}(x+y+z) + \dfrac{xz}{(x+y+z)^2+1}$

問題 5.5: (1) $z_x = 2xye^{x^2y}$, $z_y = x^2 e^{x^2 y}$

(2) $z_x = 2e^{2x}\sin(3y)$, $z_y = 3e^{2x}\cos(3y)$

(3) $z_x = \dfrac{y}{x^2+y^2}$, $z_y = -\dfrac{x}{x^2+y^2}$

(4) $w_x = \dfrac{2x}{x^2+y^2+z^2}$, $w_y = \dfrac{2y}{x^2+y^2+z^2}$, $w_z = \dfrac{2z}{x^2+y^2+z^2}$

(5) $z_x = 4x^3 - 4xy^2$, $z_y = 4y^3 - 4x^2 y$ (6) $z_x = \dfrac{1}{x^2+1}$, $z_y = \dfrac{1}{y^2+1}$

(7) $z_x = -\dfrac{\sin(y^2)}{x^2}$, $z_y = \dfrac{2y\cos(y^2)}{x}$ (8) $z_x = -\dfrac{1}{2\sqrt{x}\sqrt{y-x}}$, $z_y = \dfrac{\sqrt{x}}{2y\sqrt{y-x}}$

問題 5.6: $f_x = x^{y^x} \cdot y^x \left((\log x)(\log y) + \dfrac{1}{x}\right)$, $f_y = x^{y^x+1} \cdot y^{x-1} \log x$

問題 5.7: $f_x = yx^{y-1}$, $f_{xx} = y(y-1)x^{y-2}$ より
$f_{xxy} = \big((2y-1) + y(y-1)\log x\big)x^{y-2}$. 同様に, $f_{xy} = (1 + y\log x)x^{y-1}$ より $f_{xyx} = f_{xxy}$ が確認できる.

問題 5.8: (1) $f(x,y) = f_{xx}(x,y) = f_{xy}(x,y) = f_{yx}(x,y) = f_{yy}(x,y) = e^{x+y}$

(2) $f_{xx}(x,y) = -\dfrac{2(x^2-2y^2)}{(x^2+2y^2)^2}$, $f_{xy}(x,y) = f_{yx}(x,y) = -\dfrac{8xy}{(x^2+2y^2)^2}$, $f_{yy}(x,y) = \dfrac{4(x^2-2y^2)}{(x^2+2y^2)^2}$.

問題 5.9: (1) 両辺 x で微分すると, $2x - 2yy' = 0$ より $y' = \dfrac{x}{y}$.

(2) $\dfrac{2}{3}x + \dfrac{yy'}{2} = 0$ より $y' = -\dfrac{4x}{3y}$.

(3) $3x^2 + 2y^2 + 4xyy' - 3y^2 y' = 0$ より $y' = \dfrac{3x^2 + 2y^2}{y(3y-4x)}$.

(4) $6x + 5y + 5xy' + 14yy' = 0$ より $y' = -\dfrac{6x+5y}{5x+14y}$.

(5) $2(x^2+y^2)(2x+2yy') - 3(2x-2yy') = 0$ より $y' = \dfrac{x(3-2x^2-2y^2)}{y(2x^2+2y^2+3)}$.

章末問題の略解

233

問題 5.10: $2yy' - 3 + 4y' = 0$ より, $y' = \dfrac{3}{2(y+2)}$. 曲線上の点 $(1, -5)$ における接線の傾きは $\dfrac{3}{2(-5+2)} = -\dfrac{1}{2}$. よって, 接線の方程式は $y = -\dfrac{1}{2}x - \dfrac{9}{2}$.

問題 5.11: $u = u(x, y)$ に対して, 関係式 $\log(uy) + y\log u = x$ の両辺を, それぞれ x, y に関して偏微分すると, $\dfrac{u_x y}{uy} + y \cdot \dfrac{u_x}{u} = 1$, $\dfrac{u_y y + u}{uy} + \left(\log u + y \cdot \dfrac{u_y}{u}\right) = 0$ より, $u_x = \dfrac{u}{1+y}$, $u_y = -\dfrac{u(1+y\log u)}{y(y+1)}$.

問題 5.12: (1) 連立方程式 $\begin{cases} f_x(x, y) = -2x + 2y = 0 \\ f_y(x, y) = 2x - 6y = 0 \end{cases}$ を解くと $(x, y) = (0, 0)$ となり, これが極値の候補である. 一方, $f_{xx}(x, y) = -2 < 0$, $f_{xy}(x, y) = 2$, $f_{yy}(x, y) = -6$ より, $f_{xy}(0,0)^2 - f_{xx}(0,0)f_{yy}(0,0) = 2^2 - (-2) \cdot (-6) = -8 < 0$. したがって, 定理 5.9 より, $(0, 0)$ は極大点となり, 極大値は $f(0, 0) = 0$ である.

(2) 連立方程式 $\begin{cases} f_x(x, y) = 2x - 3 + y = 0 \\ f_y(x, y) = -2y + 1 + x = 0 \end{cases}$ を解くと $(x, y) = (1, 1)$ となり, これが極値の候補である. 一方, $f_{xx}(x, y) = 2$, $f_{xy}(x, y) = 1$, $f_{yy}(x, y) = -2$ より, $f_{xy}(1,1)^2 - f_{xx}(1,1)f_{yy}(1,1) = 1^2 - 2 \cdot (-2) = 5 > 0$. 注意 5.3 によって. $(1, 1)$ は極大にも極小にもならない.

第 6 章 (重積分)

問題 6.1: (1) 6 (2) $\dfrac{116}{3}$ (3) 2 (4) $\dfrac{46}{3}$ (5) $\log(48\sqrt{3})$ (6) 6 (7) $\dfrac{9}{8}$ (8) $\dfrac{9}{20}$ (9) $\dfrac{4}{9}e^{3/2} - \dfrac{32}{45}$ (10) $-\dfrac{5}{6}$ (11) $\dfrac{1}{2}\log 2$ (12) $\dfrac{1}{2}(e-1)$

問題 6.2:

(1) $y = 0$ 部分の境界は含まず, (2) 境界は含まない (3) 境界を含む
$x = 0$ 部分の境界は含む.

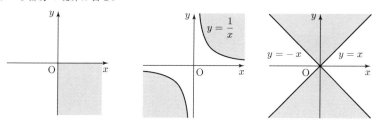

(4) 境界を含む

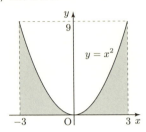

(5) 境界を含まない

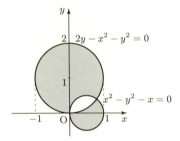

問題 **6.3**: (1) $\int_0^1 \left(\int_{\sqrt{y}}^1 f(x,y)\,dx \right) dy$

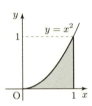

(2) $\int_0^1 \left(\int_{-\sqrt{y}}^{\sqrt{y}} f(x,y)\,dx \right) dy$

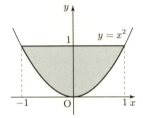

(3) $\int_0^3 \left(\int_{y^2}^9 f(x,y)\,dx \right) dy$

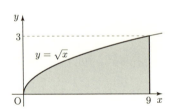

(4) $\int_0^1 \left(\int_y^{\sqrt{y}} f(x,y)\,dx \right) dy$

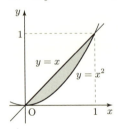

(5) $\int_0^2 \left(\int_{2x}^4 f(x,y)\,dy \right) dx$

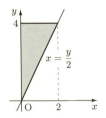

(6) $\int_{-3}^0 \left(\int_0^{\sqrt{9-x^2}} f(x,y)\,dy \right) dx$

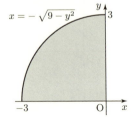

章末問題の略解

(7) $\int_0^1 \left(\int_{e^y}^e f(x,y)\, dx \right) dy$ (8) $\int_0^{\pi/4} \left(\int_0^{\tan x} f(x,y)\, dy \right) dx$

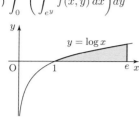
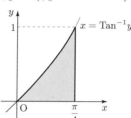

問題 6.4: (1) $\int_0^2 \left(\int_{-x}^x x^3 y^2\, dy \right) dx = \dfrac{256}{21}$

(2) $\int_1^2 \left(\int_0^{2y} \dfrac{2x}{y^3+1}\, dx \right) dy = \dfrac{4}{3} \log \dfrac{9}{2}$

(3) $\int_0^1 \left(\int_0^x y\sqrt{x^2-y^2}\, dy \right) dx = \dfrac{1}{12}$

問題 6.5: (1) $\int_0^1 \left(\int_{3x}^3 e^{y^2}\, dy \right) dx = \int_0^3 \left(\int_0^{y/3} e^{y^2}\, dx \right) dy = \dfrac{1}{6}(e^9 - 1)$

(2) $\int_0^1 \left(\int_{\sqrt{x}}^1 \sqrt{y^3+1}\, dy \right) dx = \int_0^1 \left(\int_0^{y^2} \sqrt{y^3+1}\, dx \right) dy = \dfrac{2}{9}(2\sqrt{2}-1)$

問題 6.6: $\int_0^\pi \left(\int_0^x x \sin(x+y)\, dy \right) dx = -2$

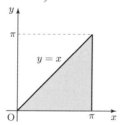

問題 6.7: $\int_0^1 \left(\int_0^{x+1} (1+x)\cos\left(\dfrac{\pi}{2}y\right) dy \right) dx = \dfrac{8(\pi-1)}{\pi^3}$

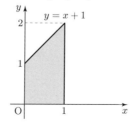

問題 **6.8:** $\int_0^\pi \left(\int_0^{\sin x} (x^2 - y^2) \, dy \right) dx = \pi^2 - \dfrac{40}{9}$

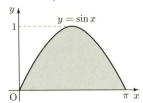

問題 **6.9:** $\int_{-1}^0 \left(\int_{-x-1}^{x+1} e^{x+y} \, dy \right) dx + \int_0^1 \left(\int_{x-1}^{-x+1} e^{x+y} \, dy \right) dx = e - \dfrac{1}{e}$

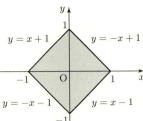

問題 **6.10:**

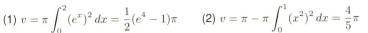

(1) $v = \pi \int_0^2 (e^x)^2 \, dx = \dfrac{1}{2}(e^4 - 1)\pi$ (2) $v = \pi - \pi \int_0^1 (x^2)^2 \, dx = \dfrac{4}{5}\pi$

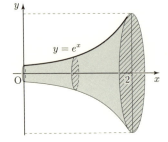 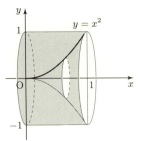

(3) $v = \pi \int_0^4 (\sqrt{y})^2 \, dy = 8\pi$ (4) $v = \pi \int_0^1 (\sqrt{y})^2 \, dy - \pi \int_0^1 (y^2)^2 \, dy = \dfrac{3}{10}\pi$

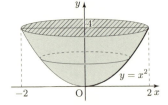 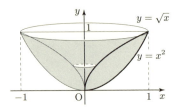

章末問題の略解

問題 6.11: $D = \left\{(x,y) : \dfrac{x^2}{a^2} + \dfrac{y^2}{b^2} \leqq 1\right\}$ とおくと，楕円体の表面，および内部 V は $V = \left\{(x,y,z) : (x,y) \in D, -c\sqrt{1 - \dfrac{x^2}{a^2} - \dfrac{y^2}{b^2}} \leqq z \leqq c\sqrt{1 - \dfrac{x^2}{a^2} - \dfrac{y^2}{b^2}}\right\}$ と表される．よって，求める体積 $v(V)$ は $v(V) = 2\iint_D c\sqrt{1 - \dfrac{x^2}{a^2} - \dfrac{y^2}{b^2}}\,dxdy$．こで，$x = ar\cos\theta$, $y = br\sin\theta$ と変数変換を考えると，$E = \{(r,\theta) : 0 \leqq r \leqq 1, 0 \leqq \theta \leqq 2\pi\}$ が D へ 1 対 1 に写される．また，$J(r,\theta) = abr$ であるから，$1 - \dfrac{x^2}{a^2} - \dfrac{y^2}{b^2} = 1 - \dfrac{a^2r^2\cos^2\theta}{a^2} - \dfrac{b^2r^2\sin^2\theta}{b^2} = 1 - r^2$ に注意すると，
$$v(V) = 2\int_0^{2\pi}\left(\int_0^1 c\sqrt{1-r^2}\,abr\,dr\right)d\theta = 4\pi abc\int_0^1 r\sqrt{1-r^2}\,dr = \dfrac{4}{3}\pi abc.$$

問題 6.12: (1) 部分積分の公式により，$L > 0$ に対して，$\displaystyle\int_0^L x^2 e^{-x^2}dx = \left[-\dfrac{x}{2}e^{-x^2}\right]_0^L + \dfrac{1}{2}\int_0^L e^{-x^2}dx = -\dfrac{L}{2}e^{-L^2} + \dfrac{1}{2}\int_0^L e^{-x^2}dx$. このとき，$-\dfrac{L}{2}e^{-L^2} \to 0\;(L \to \infty)$ となることから，$\displaystyle\int_0^\infty x^2 e^{-x^2}dx = \dfrac{1}{2}\int_0^\infty e^{-x^2}dx$. ゆえに，例題 6.7 より，$\displaystyle\int_0^\infty x^2 e^{-x^2}dx = \dfrac{\sqrt{\pi}}{4}$. (2) $\sqrt{x} = t$ と変数変換を行うと，$\displaystyle\int_0^\infty \sqrt{x}e^{-x}dx = 2\int_0^\infty t^2 e^{-t^2}dt$. (1) より，$\displaystyle\int_0^\infty \sqrt{x}e^{-x}dx = \dfrac{\sqrt{\pi}}{2}$.

問題 6.13: $x = \dfrac{y}{1+y}$ とおくと，$y = -\dfrac{x}{x-1}$（下左図）．x が $0 \to 1$ のとき，y は $0 \to \infty$．また，$dx = (1+y)^{-2}dy$．よって，
$$B(p,q) = \int_0^\infty \left(\dfrac{y}{1+y}\right)^{p-1}\left(1 - \dfrac{y}{1+y}\right)^{q-1}(1+y)^{-2}\,dy = \int_0^\infty \dfrac{y^{p-1}}{(1+y)^{p+q}}\,dy.$$

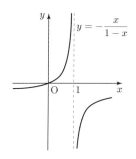
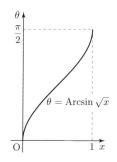

問題 6.14: $x = \sin^2\theta \,(\Leftrightarrow \theta = \mathrm{Arcsin}\sqrt{x}\,)$ とおくと (前頁右図参照), x が $0 \to 1$ のとき, θ は $0 \to \frac{\pi}{2}$. また, $dx = 2\sin\theta\cos\theta\,d\theta$. よって, $B(p,q) =$
$$\int_0^{\pi/2} (\sin^2\theta)^{p-1}(1-\sin^2\theta)^{q-1} \cdot 2\sin\theta\cos\theta\,d\theta = 2\int_0^{\pi/2} (\sin\theta)^{2p-1}(\cos\theta)^{2q-1}\,d\theta.$$

問題 6.15: 上の問題において, $p = q$ とおくと,
$$B(p,p) = 2\int_0^{\pi/2} (\sin\theta)^{2p-1}(\cos\theta)^{2p-1}\,d\theta = 2\int_0^{\pi/2} \left(\frac{1}{2}\sin 2\theta\right)^{2p-1}\,d\theta$$
$$= 2^{-2p+1}\int_0^{\pi} (\sin\alpha)^{2p-1}\,d\alpha \quad (2\theta = \alpha)$$
$$= 2^{-2p+1}\left(\int_0^{\pi/2} (\sin\alpha)^{2p-1}\,d\alpha + \int_{\pi/2}^{\pi} (\sin\alpha)^{2p-1}\,d\alpha\right).$$

ここで, 最後の式の第 2 項において, $\alpha = \pi - \beta$ と変換すると
$$\int_{\pi/2}^{\pi} (\sin\alpha)^{2p-1}\,d\alpha = -\int_{\pi/2}^{0} (\sin(\pi-\beta))^{2p-1}\,d\beta = \int_0^{\pi/2} (\sin\beta)^{2p-1}\,d\beta.$$

ゆえに, $B(p,p) = 2^{-2p+1}\cdot 2\int_0^{\pi/2} (\sin\alpha)^{2p-1}\,d\alpha = 2^{-2p+1}B(p,1/2)$.

第 7 章 (級数)

問題 7.1: (1) $-\frac{7}{4}$ (2) $\frac{10}{3}$ (3) 1

問題 7.2: (1) 20 (2) 収束しない (3) $\dfrac{e^2}{3-e}$ (4) 収束しない (5) 収束しない (6) $\frac{9}{4}$ (7) 収束しない (8) $\frac{5}{12}$ (9) 収束しない (10) 収束しない (11) $-\log 2$ (12) $\dfrac{1}{1-\sin(1)}$

問題 7.3: (1) $n \geqq 2$ のとき, $\dfrac{n}{n^2+2} \geqq \dfrac{n}{n^2+n} = \dfrac{1}{n+1}$ より, 発散.

(2) $a_n = \sin\dfrac{1}{n+1},\ b_n = \dfrac{1}{n+1}$ とおくと, $\dfrac{a_n}{b_n} = \dfrac{\sin\dfrac{1}{n+1}}{\dfrac{1}{n+1}} \to 1\ (n \to \infty)$ かつ $\sum\limits_{n=1}^{\infty} b_n = \infty$ より, $\sum\limits_{n=1}^{\infty} a_n$ は発散. (3) $a_n = \dfrac{1}{n\sqrt[n]{n}},\ b_n = \dfrac{1}{n}$ とおくと, $\dfrac{a_n}{b_n} = \dfrac{1}{\sqrt[n]{n}} \to 1\ (n \to \infty)$ かつ $\sum\limits_{n=1}^{\infty} b_n = \infty$ より, $\sum\limits_{n=1}^{\infty} a_n$ は発散.

(4) $0 < \alpha \leqq 1$ のとき, $(\log n)^\alpha \leqq \log n < n$ $(n \geqq 3)$ より, $\sum_{n=1}^\infty \dfrac{1}{(\log n)^\alpha}$ は発散. $\alpha > 1$ のときは, $\log n < n^{1/\alpha}$ $(n \geqq \alpha^\alpha)$ より $\sum_{n=1}^\infty \dfrac{1}{(\log n)^\alpha}$ は発散. いずれにしても $\alpha > 0$ ならば $\sum_{n=1}^\infty \dfrac{1}{(\log n)^\alpha}$ は発散.　(5) $\dfrac{n+1}{n^2+2n+2} = \dfrac{n+1}{(n+1)^2+1} \geqq \dfrac{n+1}{(n+1)^2+(n+1)} = \dfrac{1}{n+2}$ より, 発散.　(6) $n \geqq 3$ のとき, $\dfrac{n!}{n^n} = \dfrac{n}{n} \cdot \dfrac{n-1}{n} \cdots \dfrac{3}{n} \cdot \dfrac{2}{n} \cdot \dfrac{1}{n} \leqq \dfrac{2}{n^2}$, かつ $\sum_{n=1}^\infty \dfrac{1}{n^2}$ は収束するから, $\sum_{n=1}^\infty \dfrac{n!}{n^n}$ は収束する.

問題 7.4: $\left|\dfrac{1}{\tan\theta}\right| = \left|\dfrac{\cos\theta}{\sin\theta}\right| < 1 \Leftrightarrow \dfrac{\pi}{4} < \theta < \dfrac{\pi}{2}$ のとき収束する. このとき, $\sum_{n=1}^\infty \dfrac{\cos^n\theta}{\sin^n\theta} = \sum_{n=1}^\infty \dfrac{1}{\tan^n\theta} = \dfrac{1/\tan\theta}{1-1/\tan\theta} = \dfrac{1}{\tan\theta - 1}$.

問題 7.5: (1) $R=4$　(2) $R=1$　(3) $R=\frac{1}{3}$　(4) $R=3$　(5) $R=\frac{1}{2}$
(6) $R=1$　(7) $R=1$　(8) $R=4$
(9) $R=\infty$; $a_n = (\log n)^{-n}$ とおくと, $\sqrt[n]{|a_n|} = \dfrac{1}{\log n} \to 0$ より, $R = \infty$.

問題 7.6: 収束半径は 2.

問題 7.7: $S(x) = \sum_{n=1}^\infty f_n(x)$ の部分和を $S_n(x)$ とおく: $S_n(x) = \sum_{k=1}^n f_k(x)$.
(1) 各 $x \in [0,\infty)$ に対して, $|S(x) - S_n(x)| = \sum_{k=n+1}^\infty \dfrac{k}{k^3+x^2} \leqq \sum_{k=n+1}^\infty \dfrac{1}{k^2} \to 0$ $(n \to \infty)$ より, 収束は一様である. また, $\sum_{n=1}^\infty \left|\dfrac{n}{n^3+x^2}\right| \leqq \sum_{n=1}^\infty \dfrac{1}{n^2} < \infty$ より絶対収束する.　(2) 各 $x \in \mathbb{R}$ に対して, $|S(x) - S_n(x)| = \sum_{k=n+1}^\infty \dfrac{|\sin(k^2 x)|}{k^{5/4}} \leqq \sum_{k=n+1}^\infty \dfrac{1}{k^{5/4}} \to 0$ $(n \to \infty)$ より, 収束は一様である. また, $\sum_{n=1}^\infty \left|\dfrac{\sin(n^2 x)}{n^{5/4}}\right| \leqq \sum_{n=1}^\infty \dfrac{1}{n^{5/4}} < \infty$ より絶対収束する.　(3) 各 $x \in [0,\infty)$ に対して,

$$|S(x) - S_n(x)| = \sum_{k=n+1}^\infty \dfrac{x^5}{e^{k^2 x}} \begin{cases} = 0 & (x=0) \\ \leqq \sum_{k=n+1}^\infty \dfrac{x^5}{\frac{(k^2 x)^5}{5!}} = \sum_{k=n+1}^\infty \dfrac{5!}{k^{10}} & (0 < x < \infty) \end{cases}$$

より, いずれにしても $n \to \infty$ のとき, 一様に $|S(x) - S_n(x)| \to 0$ となることから, 収束は一様である. また, $\sum_{n=1}^\infty \left|\dfrac{x^5}{e^{n^2 x}}\right| \leqq \sum_{n=1}^\infty \dfrac{5!}{n^{10}} < \infty$ より, 絶対収束する. ここ

で，マクローリン展開 $e^{n^2 x} = \sum_{\ell=0}^{\infty} \dfrac{(n^2 x)^\ell}{\ell!}$ において，第 6 項だけを抜き出した不等式 $e^{n^2 x} \geqq \dfrac{(n^2 x)^5}{5!}$ を用いた．

問題 7.8: $k > 0$ とする．各 $x \in [0, k]$ に対して，$\left| S(x) - S_n(x) \right| = \sum_{m=n+1}^{\infty} \dfrac{mx^2}{m^3 + x} \leqq \sum_{m=n+1}^{\infty} \dfrac{mk^2}{m^3} = k^2 \sum_{m=n+1}^{\infty} \dfrac{1}{m^2} \to 0 \ (n \to \infty)$ より，$[0, k]$ において一様収束する．

問題 7.9: 収束半径が $R = 1$ である．よって，$|x| < 1$ に対して，$f(x)$ は絶対収束する．よって，$f(x) = \sum_{n=1}^{\infty} x^{2n-2} + 2 \sum_{n=1}^{\infty} x^{2n-1} = \dfrac{1}{1-x^2} + \dfrac{2x}{1-x^2} = \dfrac{1+2x}{1-x^2}$.

第 8 章 (微分方程式)

(C, C_1, C_2 は積分定数を表す．)

問題 8.1: (1) $y = \dfrac{1}{x} + C$ (2) $y = \dfrac{1}{4}x^4 - 3\sin x + C$ (3) $y = -\log|\cos x| + C$
(4) $y = -\dfrac{x^3}{6} + C_1 x - \sin x + C_2$ (5) $y = x^2 \log x - x^2 + C_1 x + C_2$
(6) $y = xe^x - 2e^x + \dfrac{3}{2}x^2 + C_1 x + C_2$ (7) $y = Ce^{-x/3}$ (8) $y = Cx^2$
(9) $y = C(x-1) - 1$

問題 8.2: (1) $y = \dfrac{C(x-1)^2}{x^2}$ (2) $y = \arccos(C \cos x)$
(3) $y = \sqrt{x^2 + C^2 + 2C\sqrt{x^2-1}}$ (4) $y = -\dfrac{1}{2}\sin^{-1}\left(\dfrac{2}{3}(C+x^3)\right)$

問題 8.3: (1) $y = 3x \log x + Cx$ (2) $y = \dfrac{x(e^C x^3 + 2)}{1 - e^C x^3}$
(3) $y = \dfrac{1}{2}\left(x \pm \sqrt{x^2 - 4Cx}\right)$ (4) $y = \pm x\sqrt{e^C x^4 - 1}$

問題 8.4: (1) $y = \dfrac{1}{C + \log x}$ (2) $y = Ce^{\sin x}$ (3) $y = \dfrac{1}{2}x - \dfrac{1}{4} + Ce^{-2x}$
(4) $y = \dfrac{C}{x} + \dfrac{2x^2}{3}$

問題 8.5: (1) $\dfrac{1}{3}x^3 - 3xy + \dfrac{1}{4}y^4 = C$ (2) $x^4 + \dfrac{1}{2}x^2 y^2 + y^3 = C$
(3) $x \log y - \dfrac{1}{x} + y^2 = C$ (4) $\dfrac{1}{2}x^2 + e^x \sin y + \dfrac{1}{3}y^3 = C$

索　引

あ　行

アステロイド曲線　127
アルキメデスの公理　9
一次変換　174
1対1　31
一様収束　200
一価関数　146
ε-N 論法　12
陰関数　146
陰関数の定理　148
上に有界　10
n 次多項式　86
凹関数　77

か　行

解 (微分方程式の)　207
開球　26
開区間　2
階数 (微分方程式の)　207
ガウス記号　16
下界　10
各点収束　199
下限　11
カージオイド曲線　125
傾き　50
関数　23
　　狭義単調減少——　33

狭義単調増加——　33
　　単調——　33
　　単調減少——　33
　　単調増加——　33
関数項級数　201
関数列　198
完全微分方程式　215
完備性　12
ガンマ関数　108, 109, 184
基本平均値の定理　139
逆関数　31
　　——の微分　59
共通集合　3, 7
共通部分　3
極限　12
極限関数　199
極限値　12
極座標変換 (2次元)　176
極小　154
極小値　74, 154
極小点　74, 154
曲線
　　——の長さ　122
　　連続——　121
極大　154
極大値　73, 154
極大点　73, 154

極値　74
極方程式　124
距離　131
近似増加列　181
近傍　26
空間　130
空集合　3
区間　3
　開——　2
　閉——　2
区分求積法　121
元　2
原始関数　80
高位の無限小　144
高階偏導関数　137
広義積分　103, 182
　——の収束判定条件　106
広義積分可能　182
合成関数　34
　——の微分　83, 86
交代級数　197
コーシーの判定法 (無限級数の)　192

さ　行

サイクロイド曲線　127
最小上界　11
最小値　72
最小点　72
最大下界　11
最大・最小　72
最大値　72
最大値・最小値の定理　31
最大点　72
座標空間　130
座標平面　130
三角不等式　10

次数　86
指数関数　36
指数法則　36
自然対数　39
下に有界　10
実数の連続性　11
周期　41
集合　1
重積分　162, 165
重積分可能　165
収束
　関数の——　24
　関数列の——　199
　級数の——　189
　広義積分の——　105
　数列の——　12
　点列の——　130
収束域　203
収束半径　203
従属変数　146
主枝　43
主値　43
上界　10
上限　11
条件収束　197
剰余項
　ベルヌーイの——　113
　ラグランジュの——　114
真数　37
数列　12
　上に有界な——　16
　下に有界な——　16
　単調減少——　17
　単調増加——　17
　(狭義の) 単調減少列　17

索　引

(狭義の) 単調増加列　17
すべて (∀)　5
整級数　202
正弦関数　41
正項級数　191
正接関数　43
積集合　3
積分　79
　——の平均値の定理　99
積分定数　80
積分判定法　195
絶対収束　197
絶対値　9
切片　50
線形微分方程式　210
全順序集合　9
全微分　144, 145
全微分可能　145
(互いに) 素　4
双曲線関数　46
外への 0 拡張　165
存在する (∃)　5

た　行

対数関数　37
多価関数　146
縦線領域　168
多変数関数　129
ダランベールの判定法 (無限級数の)　193
単射　31
端点　3
値域　23
置換積分　83
　定積分の——　100
中間値の定理　30

稠密性　9
長方形領域　161
調和級数　190
直積集合　8
底　37
　——の変換公式　38
定義域　23
定義関数　165
定数変化法　212
定積分　94
テイラー展開　113
テイラーの定理　111
　2 変数の——　152
デデキントの切断　12
点　130
　$\mathbb{R}^d$ の——　130
導関数　53
　高階の——　62
同次形　209
同次線形微分方程式　210
特異点　103
独立変数　146
凸関数　77
ド・モルガンの法則　5

な　行

二項定理　8
2 重積分　162
ネピアの数　18, 39

は　行

媒介変数　121
　——表示　121
はさみうちの定理　13
パスカルの三角形　8
発散　12

関数の―― 24
　　関数列の―― 199
　　級数の―― 189
　　広義積分の―― 105
巾 (分割の) 120
比　50
比較判定法
　　(級数)　191
　　(広義積分)　106
微係数　49
被積分関数　80
左端点　2
左微分係数　50
左連続　28
微分　49, 144
微分可能　49
微分形式　144
微分係数　49
微分積分学の基本定理　98
微分方程式　207
　　線形――　210
　　同次線形――　210
　　――を解く　207
不定形の極限　69
不定積分　80
部分集合　3
部分積分法　85, 86
　　定積分の――　101
部分分数 (に) 分解　86
部分列　20
部分和 (級数の)　189
分割 (区間の)　120
平均値の定理
　　コーシーの――　65
　　積分の――　99

　　ラグランジュの――　66
閉区間　2
平面　130
べき級数　202
ベータ関数　184
変数分離形　208
偏導関数　136
偏微 (分) 係数　134, 135
偏微分　136
補集合　5

ま 行

マクローリン展開　113
右極限　25
右端点　2
右微分係数　49
右連続　28
無限級数　189
　　(条件収束)　197
　　(絶対収束)　197
面積　166
面積確定　166
面積要素　162

や 行

ヤコビ行列式　174
有界　16
有界集合　10
有理関数　86
ユークリッド距離　132
陽関数　146
要素　2
余弦関数　42
横線領域　168

ら 行

ライプニッツの公式　77

索　引

リーマン積分　　98, 120
リーマンの近似和　　120
累次積分　　167
　　縦線領域 (または横線領域)　　168
　　長方形領域　　167
連鎖法則　　140
連続 (点で)　　28
連続関数　　28, 132

連続複利　　40
ロピタルの定理　　69, 70
ロルの定理　　64

わ

ワイエルシュトラスの M-判定法　　202
和集合　　3, 7

著者略歴

上 村 稔 大
（うえ　むら　とし　ひろ）

1990年　佐賀大学理工学部数学科卒業
1996年　大阪大学大学院基礎工学研究科
　　　　博士後期課程修了　博士（理学）
1996年　神戸商科大学（現兵庫県立大学）
　　　　商経学部助手，講師，助教授，
　　　　関西大学システム理工学部准教
　　　　授を経て
現　在　関西大学システム理工学部教授

Ⓒ 上村稔大　2019

2019年 4 月 1 日　初 版 発 行
2025年 3 月 10 日　初版第 4 刷発行

理工系のための
微 分 積 分 の 基 礎

著　者　上 村 稔 大
発行者　山 本　　格

発 行 所　株式会社　培 風 館
東京都千代田区九段南 4-3-12・郵便番号 102-8260
電 話 (03) 3262-5256(代表)・振 替 00140-7-44725

三美印刷・牧 製本

PRINTED IN JAPAN

ISBN 978-4-563-01227-4　C3041